NIXIANG GONGCHENG JI
ZHINENG ZHIZAO JISHU

逆向工程及智能制造技术

杨红娟　陈继文　著

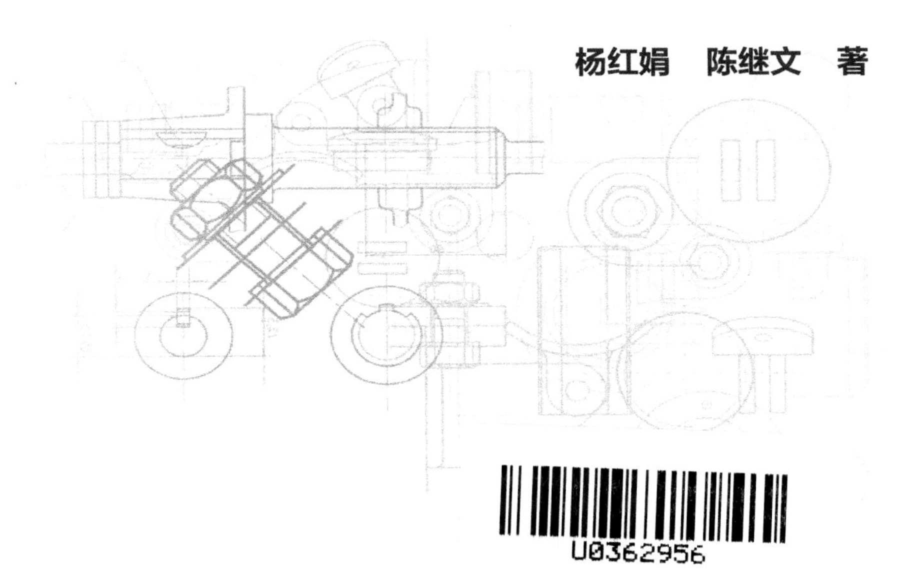

化学工业出版社
·北京·

本书围绕逆向工程及智能制造技术，重点介绍以数据点云语义特征理解和几何特征生成为手段还原产品设计意图，基于变量化设计的逆向工程CAD建模关键技术及其在智能制造领域的应用。首先综述了逆向工程的概念、CAD建模方法、建模技术及在智能制造中的应用；其次阐述了逆向工程的工作流程、软硬件平台；再次介绍了基于变量化设计的逆向工程CAD建模框架及关键技术：数据点云测量及预处理、基于多尺度分析的截面特征提取、曲面特征提取、约束驱动的特征模型优化重建；最后给出了逆向工程在创新设计、数控加工、3D打印及再制造等智能制造领域的应用。

本书可供从事计算机辅助几何设计、计算机视觉、机器视觉、数字化设计与制造等领域研究的科研人员以及从事计算机集成制造行业的企业界科技工作者阅读，也可作为高等院校机械工程、自动化及计算机应用等专业高年级本科生和研究生的参考用书。

图书在版编目（CIP）数据

逆向工程及智能制造技术/杨红娟，陈继文著. —北京：化学工业出版社，2020.3（2021.11重印）

ISBN 978-7-122-35952-0

Ⅰ.①逆… Ⅱ.①杨…②陈… Ⅲ.①工业产品-智能制造系统 Ⅳ.①TB4

中国版本图书馆CIP数据核字（2020）第007961号

责任编辑：张兴辉 毛振威　　装帧设计：王晓宇
责任校对：赵懿桐

出版发行：化学工业出版社（北京市东城区青年湖南街13号 邮政编码100011）
印　　装：北京虎彩文化传播有限公司
710mm×1000mm 1/16 印张$13\frac{3}{4}$ 字数234千字 2021年11月北京第1版第2次印刷

购书咨询：010-64518888　　售后服务：010-64518899
网　　址：http://www.cip.com.cn
凡购买本书，如有缺损质量问题，本社销售中心负责调换。

定　　价：79.00元

前言

复杂产品三维重建是计算机辅助设计、计算机视觉、机器视觉、模式识别等研究领域中极其重要的科学问题。以理解测量数据点云蕴含的设计意图为核心技术的产品三维重建，在产品开发和自主创新方面凸显了重要的理论价值。以测量数据点云机器理解与推理为技术核心的产品三维重建，在拓宽计算机视觉和机器视觉的检测应用功能方面，具有重要的理论价值。

本书围绕逆向工程及智能制造技术，重点介绍以数据点云语义特征理解和几何特征生成为手段还原产品设计意图，实现基于变量化设计的逆向工程 CAD 建模关键技术及在智能制造领域的应用。研究数据点云去噪、拼合、精简等预处理技术，获得完整、无噪声、无冗余的数据点云。受人类视觉识别系统“定位，定向，带通”认识事物的规律的启发，提出基于多尺度、多方向几何分析的数据点云分割方法，解决数据点云曲线、曲面分割的基础问题。通过研究数据点云中点、线、面几何特征信息和拓扑信息的识别，表达产品模型的整体几何属性和局部几何属性，研究满足语义特征结构的几何形体参数属性还原，提高三维重建精度。研究成果为产品开发和自主创新、以三维模型为基础的视觉检测与控制应用提供理论依据和实现技术。

全书共分 8 章。第 1 章综述了逆向工程的概念、CAD 建模方法、逆向工程 CAD 建模方法、逆向工程 CAD 建模技术及逆向工程在智能制造中的应用；第 2 章阐述了逆向工程技术的工作流程、逆向工程的硬件平台、逆向工程的软件平台；第 3 章论述了基于变量化设计的逆向工程 CAD 建模理论方法，给出了基于变量化设计的逆向工程 CAD 建模系统框架，分析了基于变量化设计的逆向工程 CAD 建模关键技术；第 4 章阐述了脉冲噪声的自适应检测和滤除、基于 3D 邻域的随机噪声滤波、基于 SIFT 特征的低区分度点云数据匹配、基于局部统计特性分析的数据精简；第 5 章论述了多尺度分析、研究了基于多尺度分析的截面特征分割、基于多尺度分析的区域分割法、截面曲线特征类型识别、截面曲线特征拟合；第 6 章阐述了基于截面特征相似性度量的曲面特征分割、基于 Curvelet 变换的曲面特征提取、曲面特征识别、曲面特征拟合；第 7 章阐述了基于图的几何约束分解、特征模型优化的数值求解、CAD 模型重建；第 8 章论述了逆向工程在创新设计、数控加工、3D 打印、再制造等领域中的应用。

本书由杨红娟、陈继文著，山东大学周以齐教授，山东建筑大学张运楚、董明晓、曹建荣等多位教授给出了宝贵的建议，在此向各位专家表示衷心的感谢。同时，感谢山东省智能建筑重点实验室的大力支持。

鉴于笔者学术水平有限，一些学术观点与书中文字的欠妥之处，恳请读者指正。

本书承蒙国家自然科学基金项目（No. 61303087）、山东省重点研发计划项目（2019GGX104095）、山东省研究生导师能力提升计划项目（SDYY18130）的资助。

著者

目录

第 3 章 基于变量化设计的逆向工程 CAD 建模

第 4 章 数据测量及预处理

第1章

绪论

逆向工程在产品开发和自主创新、拓宽计算机视觉和机器视觉的检测应用功能方面具有重要的理论价值。本章介绍了逆向工程的概念，论述了正向设计CAD建模方法，总结了逆向工程CAD建模的方法，分析了逆向工程CAD建模的关键技术，阐述了逆向工程在智能制造中的主要应用。

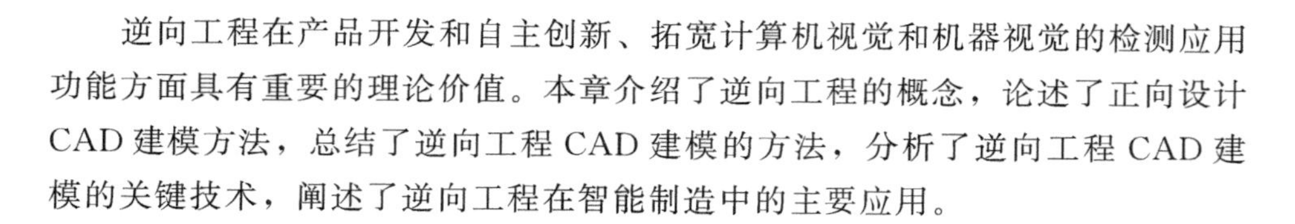

1.1 逆向工程技术

逆向工程是计算机辅助设计、计算机视觉、机器视觉、模式识别等研究领域中极其重要的科学问题。随着激光测量技术和几何造型技术的发展，以及新的几何信息处理技术的不断引入，逆向工程已由最初的仿形制造，发展成为消化、吸收先进技术，理解设计意图为核心技术的产品三维模型重建，在产品开发和自主创新设计方面凸显了重要的理论价值。同时，以测量数据机器理解与推理为技术核心的产品三维模型重建，在拓宽计算机视觉和机器视觉的检测应用功能方面，具有重要的理论价值。

1.1.1 逆向工程的概念

新产品开发主要有两种模式：一种是从市场需求出发，通过概念设计、结构设计、模具设计、制造、装配、检验等过程完成产品开发，称为正向工程（forward engineering，FE）；另一种是以已有产品为蓝本，在消化、吸收已有产品结构、功能或技术的基础上，进行必要的改进和创新，开发出新的产品，称为逆向工程（reverse engineering，RE）。逆向工程也称为反求工程或反向工程。

20世纪80年代初由美国3M公司、日本名古屋工业研究所以及美国UVP公司正式提出了逆向工程的概念，认为逆向工程的基本过程是：先获得实物表面的三维数据，再根据测量数据建立产品的数字模型，通过对这个数字模型进行修改、再设计，获得与产品对象不同的结构外形，达到产品设计创新，最终加工出更为先进的产品。逆向工程系统的工作流程图如图1-1所示。

实物逆向工程是一个复杂的系统工程，是数字化测量技术、几何模型重建技术和产品制造技术的总称。产品的几何模型重建技术是产品制造技术的基础，基于此，狭义的逆向工程可以看作从一个已有的物理模型或实物零件生成

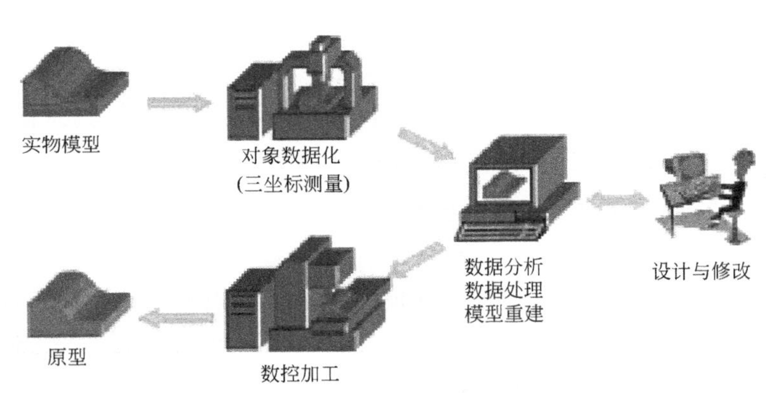

图 1-1 逆向工程系统的工作流程图

几何 CAD 模型的过程。

逆向工程是被证明了的消化、吸收先进技术，进行产品开发、创新设计的重要技术手段。先进技术的引进分为应用、消化和创新等三个层次。其中，应用层次直接购买国外的先进设备，用于制造系统中；消化层次通过引进国外先进技术、设备或产品，在开展理论分析、专项研究及性能测试的基础上，仿制引进的设备或产品；创新层次则是在消化引进技术的基础上，利用现代设计和制造手段，对原有技术或产品进行改进、创新，开发出技术更先进、结构更合理、性能更完善、市场竞争力更强的产品。显然，后两个层次都需要应用逆向工程技术，通过对已有产品原型进行解剖、消化与再创造，开发并制造出高附加值、高技术含量的新产品。在这种背景下，逆向工程作为一种产品设计开发的思想和方法得到了越来越多的重视。

目前逆向工程应用于产品设计，主要有两种方式：一种是由设计师、美工师事先设计好产品的油泥或木制模型，如汽车、摩托车的外形覆盖件，由坐标测量机将模型的数据扫入，建立计算机模型；另一种是针对已有的产品实物零件，通常是国内外一些最新的设计产品，由坐标测量机将模型的数据扫入，建立计算机模型。逆向工程以先进产品实物、样件、软件（图纸、程序、技术文件等）或影像（图片、照片等）等作为研究对象，以产品设计方法学为指导，以现代设计理论、方法和技术为基础，运用各种专业人员的工程设计经验、知识和创新思维，通过对已有产品进行数字化测量、测量数据分析、处理、曲面拟合重构产品的 CAD 模型，在理解设计意图的基础上，掌握产品设计的关键技术，实现对产品的修改和再设计，达到设计创新、产品更新及新产品开发的目的。

1.1.2 CAD建模方法

计算机辅助设计（computer aided design，CAD）产生于20世纪50年代后期，建模方法是CAD的核心。从20世纪50年代至今CAD建模方法经历了几何CAD建模、特征CAD建模及基于约束的CAD建模的发展过程。

（1）几何CAD建模

几何CAD建模是研究几何外形的属性描述、三维几何形体的计算机表示与建立、几何信息处理与几何数据管理以及几何图形显示的理论与方法。通常可分为线框造型、表面造型和实体造型。

1）线框造型（wireframe modeling）

20世纪60年代出现的线框模型是CAD技术发展过程中最简单的一种三维模型。由物体上点、直线和曲线组合描述产品轮廓外形的几何信息。仅仅给出了物体的框架结构，没有表面信息，无法识别曲面轮廓、不能有效表达几何数据间的拓扑关系。

2）表面造型（surface modeling）

20世纪70年代后，出现的表面模型是以物体的各个表面表示形体特征。它在线框模型的基础上，给出了顶点的几何信息及边与顶点、面与边的二层拓扑信息定义形体的全体边界。表面模型方法只能表达形体的表面信息，难以准确表达零件的其他特性，如质量、重心等。由于没有实体的概念，表面造型有时会引起混淆，不易显示内部结构。

3）实体造型（solid modeling）

实体模型能准确无误地反映物体完整的三维形貌，记录了物体点、线、面、体的全部几何信息和拓扑信息，给设计带来方便。

几何CAD建模着眼于完善产品的几何描述能力，在表达模型的拓扑结构的抽象层次上，只能支持低层次的几何、拓扑信息，不能方便地修改设计模型。随着CAD技术的发展，要求几何模型能够表示体现产品设计意图和功能的高层次特征信息。

（2）特征CAD建模

20世纪80年代出现的特征建模是CAD建模方法的另一个里程碑。特征是特征造型的基本单元，包含产品的工程信息，具有一定的工程语义。与传统的基于几何拓扑低层次设计的几何CAD建模相比，特征作为特征造型的基本几何体，是一个高层次的设计概念，能较好地表达产品的功能，体现设计意图。

（3）基于约束的CAD建模

从人工智能学的角度看，设计问题是约束满足问题，由给定的功能、结构、材料及制造等方面的约束描述，经过反复迭代、不断修改求得满足设计要求的解的过程。因此，基于约束的CAD建模方法强调基于特征的设计、全数据相关，可以实现约束驱动设计修改，包含了符合人们思维的高层次工程描述信息，能够真正反映产品的设计和制造意图。

参数化设计和变量化设计是基于约束的CAD建模方法中的两种主要形式。参数化设计的特点是基于特征、全数据相关、全尺寸约束、尺寸驱动设计修改；变量化设计的特点是基于特征、全数据相关、约束驱动设计修改。参数化设计和变量化设计的对比如表1-1所示。对比参数化设计和变量化设计，可以发现，变量化设计在约束定义方面将设计中所需的约束进一步区分为形状约束和尺寸约束，将满足设计要求的几何形状放在第一位，符合工程师的创造性思维规律，适用于新产品开发以及老产品改形创新式设计。变量化设计允许尺寸欠约束的存在，可以解决任意约束下的产品设计问题。变量化设计不仅可以尺寸驱动，也可以约束驱动实现几何形状的改变，这对产品创新设计意义重大，为基于约束的CAD建模的进一步发展提供了更大的空间。

表1-1 参数化设计和变量化设计对比

设计方法	参数化设计	变量化设计
特点	基于特征、全数据相关、全尺寸约束、尺寸驱动设计修改的参数化技术	基于特征、全数据相关、约束驱动设计修改的参数化技术
在特征方面	参数化造型将某些具有代表性的几何形状定义为特征，并将其所有尺寸存为可调参数，以此为基础来进行更为复杂的几何形体的构造；将形状和尺寸联合起来考虑，通过尺寸约束来实现对几何形状的控制	变量化造型在特征的定义方面，和参数化造型一样。在约束定义方面做了根本性改变，它将参数化技术中所需定义的尺寸"参数"进一步区分为形状约束和尺寸约束，而不是像参数化技术那样只用尺寸来约束全部几何
应用领域	参数化造型的应用领域适用于形状基本固定，只需采用类比设计，改变一些关键尺寸就可以得到新的系列化设计零件的稳定成熟的零配件行业	变量化造型的应用领域更广阔一些，除了一般的系列化零件设计，变量化系统比较适用于新产品开发、老产品改形设计这类创新式设计
支持模型的修改设计方面	特定情况（全约束）下的几何图形问题，表现形式是尺寸驱动几何形状修改	任意约束情况下的产品设计问题，可以通过尺寸驱动或者约束驱动，实现产品模型的修改设计

1.1.3 逆向工程CAD建模方法

作为新产品开发的重要手段，逆向工程经过几十年的研究和实践，特别是随着测量技术、计算机技术及CAD建模技术的发展，已由最初的仿形制造发展成为现代产品快速开发的重要技术手段。影响逆向工程CAD模型实用性的因素非常多，最重要的是恢复零件内在设计意图的能力。机械零件实现功能通常取决于功能表面或特征之间的几何关系（例如两个平面的平行性、轴间的正交性等）。因此，零件内在设计意图包含正确的特征集、特征集的尺寸定义和特征集的几何关系。逆向工程CAD建模从以构造满足一定精度和光顺性要求的几何形状重构为目的的逆向工程CAD建模，经过了基于特征的逆向工程CAD建模，发展到以反映原始设计意图和支持产品创新设计为目的的逆向工程CAD建模。

（1）以几何形状重构为目的的逆向工程CAD建模

在当前的一些比较实用的以几何形状重构为目的的逆向工程CAD建模软件中，仍以构造满足一定精度和光顺性要求、与相邻曲面光滑拼接的曲面CAD模型为最终目标。根据曲面拓扑形式的不同，将曲面重构方法分为两大类：基于矩形域曲面的方法和基于三角域曲面的方法。

1）基于矩形域曲面的方法

采用B样条或NURBS构造曲面的矩形域曲面模型方法，是逆向工程曲面重构的主要方法。代表性的研究如Park和Kim提出了边界插值并对内部点进行拟合的B样条曲面构造方法、B样条曲面的任意节点插入算法。蒙皮曲面拟合方面，Piegl和Park通过对两个方向的B样条曲线拟合，实现蒙皮曲面拟合。曲面的连续性条件研究方面，Milroy提出调整边界曲线控制顶点的方法，实现B样条曲面片之间的光滑拼接（G^1连续），得到双三次B样条曲面的G^1连续条件。

非均匀有利B样条（NURBS）能用统一的数学形式表示规则曲线曲面与自由曲线曲面实现曲面重建。较有代表性的研究有Kruth研究了满足边界约束条件的NURBS曲面重建和NURBS曲线曲面的形状改变方法。国内研究主要有基于NURBS的散乱数据点自由曲面重构，基于复杂截面线的NURBS曲面双向蒙皮造型，及采用NURBS过渡曲面生成等关键技术。

2）基于三角域曲面的方法

三角域曲面模型将测量的散乱数据点云三角划分后，用小三角平面片或三角Bezier曲面片构造出整体光滑的三角网格曲面模型。这种造型方法可以解决一般四边域曲面造型方法无法解决的任意拓扑结构的曲面造型问题。代表性的研究有双三次Bezier曲面的光滑连接、基于三角Bezier曲面的反求工程CAD建模关键技术。

分析得出：以几何形状重构为目的的逆向工程 CAD 建模方法对恢复原型是有效的，但是建模过程复杂，建模效率低，交互操作多，难以实现高精度产品的精确建模；缺乏对特征的识别，丢失了产品设计过程中的特征信息，与产品的造型规律不相符合，无法表达产品的原始设计意图。因此，这样的建模方法和模型表示对表达产品设计意图和创新设计是不适宜的，应寻求新的模型表达及建模方法。

（2）基于特征的逆向工程 CAD 建模

在复杂曲面外形产品的逆向工程 CAD 建模中，组成产品的表面一般都是按一定特征设计制造的，各曲面片都隐含着特征信息。以几何形状重构为目的的逆向工程建模方法虽然能按要求精度获得实物样件几何外形，但是在建模过程中掩盖了特征信息，很难捕捉产品的设计意图。

基于特征的逆向工程 CAD 建模是将正向设计中的特征技术引入逆向工程形成的一种逆向工程 CAD 建模思路。通过抽取蕴含在测量数据点云中的特征，重建基于特征表达的参数化 CAD 模型，表达原始设计意图。目前形成了两种具有代表性的基于特征的逆向工程 CAD 建模方法：特征模板匹配方法和特征元提取方法。特征模板匹配方法主要针对特定领域的逆向工程建模问题，通过将特征模板与测量数据点云进行匹配，按匹配结果对数据点云进行分块，然后基于模板与分块数据点云进行约束优化求解来修改特征参数，最后组装、编辑得到 CAD 模型。特征元提取方法通过提取测量数据点云中的各种曲线曲面基元实现数据点云的分块，然后提取参数重建特征曲面，或直接基于分块数据点云进行曲面拟合，最后基于分块曲面重建 CAD 模型。

在基于特征的逆向工程中，特征模板匹配方法在针对某一类实物的逆向工程建模时能够快速、准确地重建出参数化特征表达的 CAD 模型。特征元提取方法通过曲面元的提取可以获取平面、球面、柱面等二次曲面，以及拉伸、旋转等自由曲面造型特征，具有更为广泛的适用性。

分析得出：基于特征的逆向工程 CAD 建模方法，表达了原始设计信息，可以重建更为精确的 CAD 模型，提高 CAD 模型重建的效率；易于实现模型的参数化修改，推动产品的创新设计。特征包含了高层次的表达产品设计意图的工程信息，通过对特征参数的修改和优化，可以得到不同参数的系列化新产品 CAD 模型，加快新产品的开发速度。目前，基于特征的模型重建的研究主要集中在规则特征的识别，包括边界线和曲面特征。但在 CAD 模型重建方面，存在着这样一个缺陷，即将模型重建分割为孤立的曲面片造型，忽略了产品模型的整体属性。

(3) 支持产品创新设计的逆向工程CAD建模

从应用领域来看，逆向工程的应用可分为两个目标：原型复制和设计创新。对于复杂曲面外形产品的逆向工程CAD建模而言，其主要目的不是对现有产品外形进行简单复制，而是要以重建的产品CAD模型为基础实现产品外形的创新设计。具备进一步创新功能的逆向工程具有更加广阔的应用前景，包含了“三维重构”与“基于原型或重建CAD模型的再设计”，真正体现了现代逆向工程的核心与实质。

要进行以重建的产品CAD模型为基础的再设计，逆向工程CAD建模应满足内部结构要求，反映产品原始设计意图，模型可方便修改。为了提高重建CAD模型的再设计能力，以便对其进行变参数或适应性设计，就需要在逆向工程CAD建模时分析、理解实物模型的设计意图。设计意图是指设计者在设计过程中由于功能、制造、美学等方面的因素所施加的，反映产品几何形状及其相互关系的一些条件，包括两个方面：特征和约束。在此基础上，逆向工程CAD建模从数据点云中提取产品的几何特征和特征间的约束关系，再现产品的原始设计意图。

对于一些复杂实物零件来说，仅仅采用孤立地拟合测量数据点云形成特征曲面片的基于特征的逆向工程CAD模型重建方法，对只要求提供零件的位置信息的下游应用，如零件数控仿形、直接生成模具等，其数据模型描述是基本合适的。但是存在以下缺点：忽略了产品模型的整体属性，重建模型丢失了产品设计过程中的约束信息，不能准确地捕捉和还原原始设计意图；不能表达零件对象更高层次的拓扑结构信息，从严格意义上讲，重建的CAD模型不准确；组成模型的曲面片不易修改，难以实现产品的创新设计，尤其对自由曲面组成的复杂曲面产品的外形，存在编辑、修改和表达困难，不易实现产品的改型、创新设计。

分析得出：研究恢复实物原始设计意图和支持产品创新设计的逆向工程CAD建模方法是逆向工程模型重建所追求的目标和发展方向。理解设计意图、识别造型规律是逆向工程CAD建模的精髓，支持创新设计是逆向工程的灵魂。新的实际问题促进了逆向工程技术的发展，如集成约束的逆向工程特征建模和基于特征和约束的逆向工程建模方法。在具体研究过程中，集成约束的逆向工程CAD特征建模中复合曲面和复杂曲面特征的自动识别及大型非线性方程组的稳定求解是难点问题。在现有技术基础上，结合CAD建模理论的发展，进一步完善逆向工程CAD建模理论。基于变量化设计的逆向工程CAD建模方法，以激光扫描数据点云的几何特征理解和几何特征生成为手段还原产品设计意图，重建 CAD 模型，解决支持产品创新设计的实际问题。

1.1.4 逆向工程 CAD 建模技术

国内外学术界对于逆向工程模型技术进行了许多有益的研究，特别是许多新的设计思想方法、数学工具、信息分析与处理工具的引入，丰富了逆向工程研究的理论方法与实现技术，拓展了逆向工程的研究领域。美国、德国、英国、韩国、匈牙利等国在技术研究以及应用水平居世界先进行列。著名的 *Computer-Aided Design* 杂志在 1997 年编发了关于逆向工程的研究专集，一些重要国际学术会议也将逆向工程作为一个重要的会议专题，例如 Geometric Modeling and Processing、SIGGRAPH 等会议，表明国外学者对 RE 技术的研究已较深入。

我国对逆向工程技术的研究起步较晚，主要局限于一些大学和科研院所。目前我国已把逆向工程列为国家“863”计划高新技术攻关 CIMS 专题研究中的重要技术单元进行深入的研究。在国内逆向工程技术研究方面：浙江大学、西安交通大学、西北工业大学、南京航空航天大学、华中科技大学、上海交通大学、山东大学等单位都进行了相关研究并取得了一些研究成果，主要集中在逆向工程的原理、技术、应用研究方面，研究成果发表在《计算机辅助设计及图形学报》《机械工程学报》《计算机集成制造系统》《中国机械工程》等知名学术期刊上。但由于总体上我国研究起步相对较晚，投入经费少，限制了高水平研究的进展，在世界学术领域，还没有形成较大的影响力。

在应用研究方面，国内外逆向工程建模软件主要有：美国 EDS 公司的 Imageware，美国 PTC 公司的 ICEM Surf、Pro/DESIGNER、Pro/Scantools，美国 RainDrop 公司的 Geomagic，英国 DELCAM 公司的 CopyCAD，韩国 INUS 公司的 RapidForm，浙江大学的 RE-SOFT，西北工业大学的 NPU-SRMS，西安交通大学 CAD/CAM 研究所的 JdRe 等。这些软件采用不同的逆向工程建模思路，特点如表 1-2 所示。目前的逆向工程 CAD 建模软件，仍以构造满足一定精度和光顺性要求的 CAD 模型为最终目标，没有考虑到产品创新需求，还不能支持高层次的逆向工程需求。同时，缺乏明确的建模指导方针，建模过程复杂，效率较低，交互操作多，对建模人员的经验和技术技能依赖较重。

逆向工程通过特定的测量设备和测量方法对已有的物理模型或实物零件表面数据进行数字化，获取零件表面离散点的几何坐标数据；将数据点云分割为属于不同曲面片的数据子集；通过插值或拟合离散数据点云，利用原型的几何拓扑信息，构造完整一致的CAD模型。涉及的关键技术包括数据获取、数据预处理，特征分割，曲面拟合及集成约束的CAD模型优化。

表 1-2 国内外逆向工程建模软件及特点

RE 软件	开发单位	特点
Imageware	美国 EDS 公司	测量数据处理、曲面造型和误差检测功能；实时的编辑和调整能力。被广泛应用于汽车、航空、航天、消费家电、模具、计算机零部件等设计与制造领域
ICEM Surf，Pro/DESIGNER，Pro/Scantools	美国 PTC 公司	ICEM Surf 可以直接构造 A 级自由曲面、进行曲面质量的动态评价，应用于汽车外覆盖件等；Pro/DESIGNER 适用于测量数据比较少，仅有主要型线和边界线的逆向；Pro/Scantools 可以接受有序点、点云数据，用来构建非 A 级自由曲面，应用于电器产品、塑料件、汽车内饰等一般的工业产品
Geomagic	美国 RainDrop 公司	测量数据点云的三角网格化，自动数据分块；NURBS 曲面重建；需要较少的人工参与。主要用在玩具、工艺品等领域
CopyCAD	英国 DELCAM 公司	测量数据输入和转换处理；构造三角面片模型；交互或自动提取特征曲线；NURBS 曲面片重建；曲面片之间的光滑拼接；曲面模型精度和品质分析
RapidForm	韩国 INUS 公司	测量数据三角划分；基于曲率的特征分析；基于特征曲线的数据分块，NURBS 曲面拟合；通过曲线网编辑和全局联动，实现曲面变形
RE-SOFT	浙江大学	基于三角 Bezier 曲面理论开发，NURBS 曲面的分块重构，与 UGⅡ结合实现基于特征的反求建模
NPU-SRMS	西北工业大学	实物样件测量数据的曲线、曲面拟合重建三维模型。可以实现仿制及再设计
JdRe	西安交通大学	基于层析数据构造产品三维模型的逆向工程软件，主要有三个模块：层析数据处理；特征识别专家系统；三维实体重构

（1）数据获取

实物样件三维数字化是通过特定的测量设备和测量方法获取零件表面离散点的几何坐标数据。数据采集方法，主要分为物体外形轮廓测量的接触式测量和非接触式测量、物体内部结构和外形轮廓测量的破坏和非接触不破坏式四大类，其中代表性的数据采集设备有三坐标测量机、光学扫描仪、断层扫描仪和工业 CT 测量机，特点如表 1-3 所示。

表 1-3 典型数据采集方法的特点

设备	三坐标测量机	光学扫描仪	断层扫描仪	工业 CT 测量机
方法	接触式	非接触式	非接触、破坏	非接触、不破坏
优点	精确度高；可直接测量工件的特定几何特性	速度快；不必做探头半径补偿；无接触力，不伤害精密表面，可测量柔软工件等	测量具有内腔及其他可测量性较差的样件	物体内部结构与外形轮廓的测量
缺点	速度慢；需半径补偿；接触力大小影响测量值；接触力会造成工件及探头表面磨损	精度一般；陡峭面不易测量，激光无法照射到的地方便无法测量；工件表面的明暗程度会影响测量的精度	要破坏被测物体	测量精度很低，一般在 0.1mm 数量级；设备价格昂贵

从国内外的研究来看，研制高精度、多功能和快速的测量系统是目前数据采集的研究重点。相关的研究主要有：Song 和 Kimtel 等研究了自由曲面逆向工程中利用 CMM 进行自适应自动测量的方法，在保证测量精度的前提下提高了测量效率；基于线结构光视觉的多个视角光学坐标测量系统的研究；复杂实体测量的多传感器集成测量系统的研究；针对小尺寸，尤其是带有突变特征的零件，研究基于点采集的高精度非接触式激光三维扫描系统。

从应用情况来看，随着光学测量设备在精度与测量速度方面越来越具有优势，光学扫描仪测量得到了更为广泛的应用。激光扫描仪测量方法不破坏被测物体，不必做探头半径补偿，测量精度高、速度快，是进行产品数字化的主要方式之一。如英国 3D SCANNER 公司生产的 Reversa 激光测头扫描速度已达 15000 点/s，精度达 0.025mm。德国 GOM 公司的 Atos 光学扫描测量系统，可以在一分钟内完成一幅包括 430000 点的图像测量，精度达 0.03mm。中国台湾智泰科技公司的 LSH 系列四轴激光扫描系列系统，激光扫描速度为 2000～10000 点/s，精度为 0.05mm。

(2) 数据预处理

几何模型重建前后的大量工作都与测量数据点云的预处理密切相关。数据点云的质量是影响逆向工程 CAD 建模精度和效率的重要因素，主要体现在三个方面：数据点云是否完整、数据点云中是否含有噪声、数据点云中是否含有冗余数据。与数据点云是否完整对应的数据预处理技术有数据补齐和多视数据的拼合。与数据点云中是否含有噪声对应的数据预处理技术有脉冲噪声滤除和随机噪声滤除。与数据点云中是否含有冗余数据对应的数据预处理技术是数据点云的精简。

因为实物拓扑结构、物理模型内部空洞或者破损等原因，在测量过程中会出现数据缺失现象。这些现象使得测量数据内、外边界情况变得复杂，数据分割困难，CAD造型时曲面分块更零碎，影响逆向工程CAD建模效率。数据补齐方法有：在测量前使用临时填充物将物理模型缺口（破损部分、空洞等）补上，进行较完整的测量，测量过程结束后，再除去填充物；在完成数据测量后，采用曲线曲面插值补充法补全缺失数据。

复杂产品测量获得数据点云的过程中，由于受到被测件形状、测量方法等的限制，很难在同一坐标系下将复杂产品的数据点云一次测出，需要进行多次测量才能获得被测件表面的完整数据。多次测量数据点云多视融合主要包括多视数据的对齐和多视数据的统一，获得无冗余的统一数据点云。

由于激光法是利用光学反射原理进行测量的，其测量结果不可避免受测量工件表面反射特性和测量系统本身的影响，如激光散斑、测量系统的电噪声、热噪声等，导致在测量数据点云中存在噪声。对激光扫描数据点云的去噪处理，主要有脉冲噪声滤除和随机噪声平滑。测量数据点云中存在的脉冲噪声，可以采用脉冲噪声滤波法、随机噪声滤波法等滤除，也可以借鉴数字图像处理中考虑相邻层相关性的自适应3D中值滤波、自适应中心加权的改进均值滤波算法、局部极大极小值滤波等滤除。测量数据点云中存在的随机噪声，可以通过最小二乘拟合、曲线平滑拟合法、模糊加权均值滤波法等平滑。

针对激光测量系统获得的物体外形数据点云非常庞大，并不需要使用所有的数据点云进行曲面重构。数据精简是去除数据点云中存在的大量冗余数据。散乱数据点云可选择随机采样、均匀网格、非均匀网格、三角网格方法进行精简；扫描线和多边形数据点云可采用等间距缩减、倍率缩减、等量缩减、弦高差等方法进行精简；网格化数据点云可采用等分布密度法和最小包围区域法等进行精简。

（3）特征分割

无论采用哪种测量方法，得到的测量数据大多为离散状态的数据点云。以这种形式表达的几何模型是非常模糊的，几何层次低。从测量数据点云中分割并提取出几何特征对于几何建模具有决定性的影响。从实际应用的情况来看，往往通过设计人员与计算机之间的交互式操作来实现数据分割和特征提取。不同的设计者由于采取的策略不同，相应的数据分割方法也将有较大的差异。目前，自动数据分割和特征提取算法的效率和精确度方面还不理想，是逆向工程中公认的技术薄弱环节，并且缺乏创新设计手段。如何通过对测量数据点云的分析，实现数据点云的区域分割及特征识别，提高特征分割的效率和精确度，是有待深入研究的课题。

以数据点云网格化为基础的分割方法有基于PCA法向估计的散乱点三角网格分割法、特征敏感网格分割法、基于网格离散曲率的分水岭算法。这类方法计算过程中要维护网格间的拓扑关系，计算量大，易受网格化算法的影响。

基于几何属性分析的分割方法研究中，主要有基于几何属性曲率相似聚类的工程零件数据点云分割、基于微分几何量统计分析的数据点云分割。几何属性分析方法中，三点差分曲率法、十一点曲率法和三点圆心曲率法以固定窗口内采样点处的曲线曲面变分代替采样点处的曲率大小，提高了计算效率。

基于区域生长实现数据分割主要研究三个关键问题：种子区域的选择、种子的生长方式、种子是否增长的标准。目前有关种子区域的选择有交互式的选择、任意选择、基于边界初步选定。种子的生长方式方面，有基于双三次Bezier曲面重复的拟合实现种子区域的增长。种子是否增长的标准有距离的偏差和G^0、G^1一致性。因此，区域增长法中种子区域的自动选择、种子区域的增长方式和种子是否增长的标准方面还都有待于进一步的研究。

（4）曲面拟合

曲面拟合是考虑原型的设计方法，利用原型蕴含的语义，通过插值或拟合数据点云重建一个CAD模型来逼近原型。国内外学者从不同的侧面提出了各种模型重建，主要包括：基于曲线的模型重建，基于曲面的模型重建，基于特征的模型重建。

基于曲线的模型重建是指逆向工程中先将数据点云通过插值或拟合重建样条曲线或参数曲线，再通过曲面造型方式将曲线构建成曲面的建模方法。基于曲线的模型重建将造型曲面特征的识别转化为生成其特征曲线的识别，通过扫描、旋转、放样，重建造型曲面。目前曲线模型重建的研究主要有：无序点云的最小二乘曲线拟合，双圆弧拟合分段连续的参数平面几何曲线，基于截面复合曲线约束重构的反求工程参数化建模。基于曲线的曲面模型重建研究主要有：通过2D截面线和轮廓线扫描曲面重构的算法完成相对复杂曲面建模，通过2D截面线绕空间中的一条轴旋转生成旋转曲面的建模方法，由3D测量点云通过曲面放样算法实现平滑曲面重构。

基于曲面的模型重建是直接对测量数据点云进行曲面片的拟合，获得的曲面片经过过渡、混合、连接形成最终的曲面模型的过程。常用的曲面模型造型方法有基于法矢和曲率分析的初等曲面和二次曲面等规则曲面特征识别、四边曲面造型和三角曲面造型。从目前的研究现状和应用情况来看，曲面模型重建方法的研究相对比较成熟，以后研究的重点将逐渐转移到如何减

少曲面模型重建过程中的人机交互、提高曲面模型重建的精度和效率等方面。

基于特征的模型重建是将正向设计中的特征技术引入到逆向工程中，通过提取蕴含在测量数据点云中的表达原始设计意图的特征，重建基于特征的逆向工程 CAD 模型。基于特征的模型重建需要解决的是如何从离散的数据点识别和抽取原有的形状几何特征信息。目前研究尚处于起步阶段，关键技术包括 2 个内容：离散数据点云的自动特征分割，现有的研究多集中在数据分割的区域边界；复合曲面特征或者自由曲面组成的复杂曲面特征的识别抽取方法，依据几何特征的设计参数，自动分析判断曲线特征、曲面特征间的约束关系。

(5) 集成约束的 CAD 模型优化

产品的语义特征是具有工程语义的几何形体，兼有语义和形状两方面的信息，能反映设计人员的设计意图。其外在表现是几何信息、拓扑信息和参数属性。拓扑信息形成物体的“骨架”，形体的几何信息如附着在“骨架”上的肌肉，参数属性是形体的表达。

机械零件产品一般都是按一定特征设计制造的，产品特征间具有确定的几何约束关系。利用特征技术构造的特征模型包含了高层次的、表示产品设计意图的特征信息，无法表达产品特征间的约束关系。在产品的模型重建过程中，一个重要的目标应是还原这些特征以及它们间的拓扑关系，忽略几何信息或拓扑关系，得到的产品模型是不准确甚至是没有意义的。

约束关系确定的难点在于模型数字化后，测量数据点几乎不包含几何特征的约束关系。通过原型分析判断推理获得约束关系的方法，不可避免地带有不完整性和不确定性。目前的研究中主要是人工引导、有目的、半自动地实现这个过程。以线、面同一层次几何特征间约束识别为主的点云几何理解，不全面、不系统。除了数据点云的纯几何自动分析，设计师还要有关于零件的其他知识，如零件设计的目的、加工过程、与其他零件间的交互等。这些知识可以帮助逆向工程设计师定义正确的 CAD 模型拓扑结构、它的组成特征、几何约束的识别及精确的尺寸。基于预定义的已知特征和几何关系的 CAD 模板，可以实现基于知识的逆向工程 CAD 建模。这种方法需要 CAD 环境（如 Siemens NX）下专门的软件工具 TCRT（template-based CAD reconstruction tool），仅适用于低质量 3D 数据点云的重建。但是重构 CAD 模型的完全定义特征树、实施几何约束后反映原始设计意图并保留模型的可编辑性方面还有待进一步研究。

依据得到的几何信息和拓扑信息，建立几何形状参数属性的数学模型，拟合还原。在约束拟合实现模型重构的研究中，手动指定形状约束和特征间的几何约束，用传统的约束求解法非线性规划实现约束求解。Benko 通过顺序地满足约束优化曲面拟合。Arie Karniel 提出了基于矩阵法来实现约束分解进行大规模曲面和多约束问题的求解，基于约束有向图表示和 DSM 表示的几何约束系统分解和约束驱动特征模型优化问题的稳定的数值求解方法。以上研究均以同一层次（线间或面间）约束关系和几何特征数学模型结合，还原设计参数。

综上所述，逆向工程 CAD 建模技术中需要解决的问题有：

① 数据获取及预处理方面。数据测量技术的研究重点是进一步研制高精度、多功能的测量系统。为了获得完整、无噪声、无冗余的高质量数据点云，需进一步研究数据点云拼合、去噪、精简等预处理技术。

② 特征分割和曲面拟合方面。目前的特征识别技术对于组合特征和自由曲面组成的复杂特征的识别仍无完善的解决方案，因此应进一步研究复合曲面几何特征和自由曲面组成的复杂特征的识别。曲面拟合方面，除了保证单个曲面的拟合精度之外，进一步研究考虑几何约束关系的曲面拟合。

③ CAD 模型的优化求解方面。目前的几何约束求解方法是将其化为代数方程组，然后求解这一方程组。由于几何约束问题往往涉及到非常多的几何体，因而会产生大型非线性方程组。至今尚无求解大型非线性方程组的稳定的方法。

1.2 逆向工程在智能制造中的应用

1.2.1 智能制造

制造业是国民经济的支柱产业和经济增长的发动机，决定了一个国家的发展水平。全球主要经济体已不约而同地把制造业的发展放在首要位置，先后提出了国家性的制造业或工业转型升级战略规划布局，如美国的“先进制造业国家战略计划”、德国的“工业 4.0”、日本的“智能制造系统 IMS”、欧盟的“IMS 2020 计划”、我国的“中国制造 2025”以及英国的“工业 2050 战略”

等。我国中高端制造业增长面临的考验、制造业提质升级的任务、落实制造业高质量发展的需求，都对制造业提出了新的要求。以技术创新引领制造产业升级，智能化已成为制造业高质量发展的必然趋势。智能制造产业的发展成为世界各国竞争的焦点，把握智能制造将是当前各国竞相推动的新一轮产业革命的关键。发展智能制造既符合我国制造业发展的内在要求，也是重塑我国制造业新优势，实现制造业转型升级的新方向、新趋势。

智能制造（intelligent manufacturing，IM），20 世纪 80 年代由美国普渡大学智能制造国家工程中心（IMS-ERC）提出并实施。该中心以研究人工智能在制造领域的应用为出发点，开发了面向制造过程中特定环节、特定问题的智能单元，包括智能设计、智能工艺过程编制、生产过程的智能调度、智能检测、诊断及补偿、加工过程的智能控制、智能质量控制等 40 多个制造智能化单元系统。以数字化为基础的智能制造的实现可以分为三个不同的层面，即制造对象或产品的智能化、制造过程的智能化、制造工具的智能化。从智能设计到智能加工、智能装配、智能管理、智能服务，实现制造过程各环节的智能化，进而实现智能制造。

智能设计技术与智能加工技术是智能制造的重要组成部分，在工业领域有非常重要的作用。智能设计技术能够根据外界提供的机器识别的数字信号或程序代码设计工业产品，且设计的产品模型更加精准；智能加工技术由数控加工或 3D 打印实现高精度、高质量、高效率的制造效果，例如：在航空航天领域对某些金属制品的精度要求非常严格，传统自动化控制无法实现，人工制造加工也无法达到，采用数控加工保证产品的精度要求；某些金属制品的内部结构非常复杂，采用 3D 打印可以保证产品的内部结构要求和精度要求。

1.2.2 逆向工程技术在智能制造中的应用

作为一种产品设计方法和理念，逆向工程技术便于继承和吸收先进产品所蕴含的知识，能够显著地缩短产品开发周期，在复杂产品外形的建模和新产品开发中有着不可替代的重要作用。充分利用逆向工程，并将其和其他先进设计与制造技术相结合，能够提高产品设计水平和效率，加快产品创新步伐。

(1) 逆向工程在创新设计中的应用

数字化浪潮推动社会飞速发展，世界范围内的竞争将日趋激烈，企业必须充分吸收和利用现代高新技术成果以增强它们的竞争能力。产品的创新已经发展成为制造业的核心竞争力。逆向工程技术是实现创新设计的重要途径，对于提高产品的竞争力和满足个性化的需要有着重要的意义。

随着逆向工程技术的不断发展，逆向工程已经被广泛应用于汽车、摩托车、飞机、家用电器等产品的改型与创新设计。面向创新设计的逆向工程是一个“实物原型—还原实物—新产品”的过程，也是一种综合运用多种先进技术，以实现创新、提高产品设计品质新的设计方法。再设计过程是实现创新的基础。为了方便产品的再设计，以现有产品为基础，在逆向建模时先构建出符合原始设计意图的并可方便后续修改的数字模型，充分利用现有的计算机辅助分析、计算机辅助制造等先进技术进行创新设计，以获得更好的性能或者满足不同的需要。

（2）逆向工程在数控加工中的应用

逆向工程与数控加工结合加工形成产品的制造技术，作为新产品开发的必要手段，能够实现零件快速制造。逆向工程与数控加工结合的基本过程是：首先利用三维数字化测量设备测量三维实物（样品或模型），准确、快速测得实物或者模型的三维轮廓数据，其次在计算机中进行模型重构与再设计，生成具有通用输出格式的曲面或实体三维数字化模型，然后利用设计、编程软件生成NC加工刀具路径，最终和数控机床进行通信，以便快速进行加工制造。其主要工序包括样品数字化扫描及数据预处理、产品CAD建模、加工方式及参数最优选择、刀具轨迹生成、仿真建模及后置处理，最终形成NC程序代码，进行数控加工。

采用逆向工程与数控加工结合能够快速展开复杂曲面的制作过程，同时在CAD系统计算机建模中，能够对相关模型施以二次创新，因此在机械行业、航空航天、汽车、生活用品、医学等领域的模具型面设计及制作、复杂曲面产品快速开发制造应用偏多。

（3）逆向工程在3D打印中的应用

近年来，以3D打印为代表的新科技极有可能带来新的工业革命，而逆向工程的快速发展，又为3D打印技术提供了大批量成型复杂空间曲面结构零件的机会，如产品创新、外形改进等优化。逆向工程与3D打印技术相结合能有效解决结构复杂零部件难以获得精准的尺寸和外形、加工制造困难的问题。

逆向工程与3D打印技术相结合，首先获得实体产品的数据点云，然后采用几何建模方法重构实物三维模型，对重构的曲面进行在线精度分析、评价构造结果，最终生成适用于增材制造的标准模板库（STL）数据，据此进行3D打印成型。

（4）逆向工程在再制造中的应用

随着我国装备制造业的持续发展，以及产品升级换代速度的加快，我国已经进入了机械装备和家用电器报废的高峰期。由于机械装备关键零部件的失效，导致整机设备停机甚至废弃，造成巨大的资源浪费与经济损失。以徐滨士院士为代表的学者们率先提出了中国的再制造工程（remanufacturing engineering）的概念：再制造是以装备全寿命周期理论为指导，将废旧装备的性能提升作为目标，以优质、高效、节能、节材、环保为准则，利用先进技术和产业化生产等手段，对废旧装备进行修复、改造的一系列技术措施和工程活动的总称。

中国的再制造工程，在确保产品的质量和性能不低于新品的前提下，成本只有新品的50%，节能60%、节材70%。当前废旧零部件的再制造过程人工参与多，经验依赖性强，很多再制造修复工艺的参数，如磨削深度、堆焊或涂覆厚度等，都是由操作人员凭经验选取，因而导致零部件再制造修复过程效率低、修复可靠性差等问题，严重影响了再制造产品的质量。此外，废旧零部件的修复过程通常不可逆，修复过程中很可能由于操作或修复参数选取不当，造成可修复零部件的彻底报废。

逆向工程技术能够快速精确地获取废旧零部件的数字化模型，结合其他各种先进制造技术、信息技术、数控及自动化技术，易于实现废旧零部件再制造过程的数字化、自动化。将逆向工程技术应用到废旧零部件的再制造过程，通过表面数据采集设备，将废旧零部件实体转化为数字化模型，以数字化模型作为后续分析、模拟修复的载体，并结合使用数控加工、数控激光涂覆等自动化修复技术，实现再制造过程的数字化、信息化、自动化。

第2章

逆向工程的技术基础

逆向工程是以已有产品实物为蓝本，在消化、吸收已有产品结构、功能或技术的基础上，进行必要的改进和创新，开发出新产品的过程。本章介绍了逆向工程技术的工作流程，论述了逆向工程的硬件平台，包括数据采集设备和加工制造设备，阐述了逆向工程的软件平台，主要包括数据采集和分析软件、专用的逆向造型软件、CAD 建模软件、逆向工程在智能制造中的应用软件。

2.1 逆向工程技术的工作流程

实物逆向工程技术是以产品实物样件为依据，在产品样件分析的基础上，利用测量设备获得产品的数据点云，通过数据点云预处理获得完整、无噪声、无冗余的产品数据点云；再利用几何特征约束重构三维 CAD 模型，以产品性能分析、运动学和动力学仿真分析为基础，实现产品改进变型设计与创新设计；最后，采用数控加工、3D 打印等技术制造出性能更先进、结构更合理的产品。逆向工程的基本步骤主要包括测量、重构再设计和制造加工三个阶段，如图 2-1 所示。

在逆向工程开始前，分析产品样件的功能、原理、精度特征、加工及装配工艺等技术指标，对逆向工程能否顺利进行至关重要。分析产品样本功能的实现原理、结构组成，找出产品样本在结构、功能等方面存在的不足，可以为产品创新设计打下基础。综合考虑企业的加工装备水平和相关的国家标准等，分析产品样件的加工及装配工艺，分析确定产品样件几何尺寸和精度分配，在保证设计要求和满足功能的前提下，优选加工工艺方案，降低制造、装配的难度，提高制造和装配的效率。

根据产品样件的功能、原理、精度特征、加工及装配工艺等技术指标分析结果和产品样件的几何拓扑关系，确定测量设备、制定测量规划、测量顺序和测量精度等。分析测量数据，剔除由系统误差和随机误差产生的测量数据中的误差坏点、明显不合理数据点，补齐由产品样件破损、测量死区产生的数据间隙、数据空洞，拼合多视数据点云等。

模型重构是分割修正后的完整、无噪声、无冗余测量数据点云，识别几何特征及特征间的拓扑关系，重构产品 CAD 模型。模型重构有四种基本方式：一是由数据点云构造特征曲线，再由特征曲线构建曲面；二是直接利用数据点云构建特征曲面，通过曲线构建曲面的方式有放样、旋转、拉伸、扫描等；三

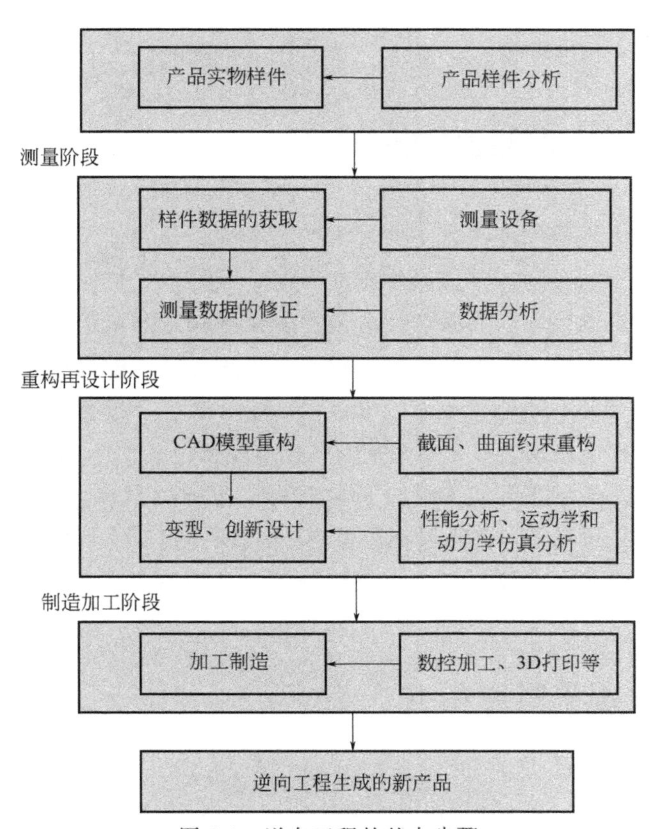

图 2-1 逆向工程的基本步骤

是以 B-Spline 或 NURBS 曲面为基础构造曲面；四是以三角 Bezier 曲面为基础构成的网格曲面模型。

按照数据点云的不同，模型重构可分为有序数据点云的模型重构和散乱数据点云的模型重构。有序数据点云是指所测量的数据点集不但包含了测量点的坐标位置，而且包含了测量点的数据组织形式，如按拓扑点阵排列的数据点云、按分层组织的轮廓数据点云、按特征线或特征面测量的数据点云等。散乱数据点云则是指除坐标位置以外，测量点集中不隐含任何的数据组织形式，测量点之间没有任何相互关系，而要凭借模型重构算法来自动识别和建立。

分析重构产品 CAD 模型在结构和功能等方面的性能，以运动学、动力学仿真分析为基础，进行变型、创新再设计，实现产品的创新和改进。采用数控加工、3D 打印等产品制造加工方法，辅助一定的检测手段，对逆向产品的结构和功能进行检测，完成逆向产品的制造。

2.2 逆向工程的硬件平台

逆向工程应用的硬件平台主要分为数据采集设备和加工制造设备。数据采集设备可实现产品实物样件原始数据的采集，又称数字化设备。根据工作原理不同，数据采集设备可分为破坏性测量、机械接触式测量、非接触式测量等测量设备。破坏性测量设备如断层扫描仪等，采用逐层铣削样件实物，逐层扫描断面的方法，获取不同位置截面的零件内外轮廓数据，组合获得零件的三维数据。由于对零件有破坏性，破坏性测量设备应用较少，主要应用于内部结构复杂的零件测量。机械接触式测量设备主要有三坐标测量机、关节臂测量机等。非接触式测量采用激光、数字成像、声学等实现实物样件数据的采集，非接触式测量设备有激光跟踪仪、激光扫描仪等。加工制造设备，主要是 3D 打印机等快速成型设备。

2.2.1 数据采集设备

(1) 三坐标测量机

三坐标测量机（coordinate measuring machine，CMM）是基于坐标测量的通用化数字测量设备，如图 2-2 所示。三坐标测量机一般由以下几个部分组成：主机机械系统（X、Y、Z 三轴或其他）、测头系统、电气控制硬件系统、数据处理软件系统（测量软件）。使用三坐标测量机进行测量时，首先将被测几何元素的测量转化为被测几何元素上点集坐标位置的测量，在测得这些点的坐标位置后，再根据这些点的空间坐标值，经过数学运算求出其尺寸和形位误差。

三坐标测量机按技术水平可分为数字显示及打印型、带有计算机进行数据处理型、计算机数字控制型；按测量范围可分为小型坐标测量机、中型坐标测量机、大型坐标测量机；按精度可分为精密型、中低精度型；按结构形式可分为移动桥式、固定桥式、龙门式、悬臂式、立柱式等。

三坐标测量机是测量和获得尺寸数据的最有效的方法之一，广泛应用于机械、汽车、航空、军工等行业的中小型配件模具中的箱体、机架、齿轮、凸轮、蜗轮、蜗杆、叶片、曲线、曲面等的测量，还可用于电子、五金、塑胶等行业中工件的尺寸、形状和形位公差的精密检测，从而完成零件检测、外形测量等任务。

(2) 关节臂测量机

关节臂测量机仿照人体关节结构，由几根固定长度的臂通过绕相互垂直轴线转动的关节（分别称为肩、肘和腕关节）互相连接，在最后的转轴上装有探测系统的坐标测量装置，如图 2-3 所示。关节臂测量机转轴上探测系统有触发式测头和激光扫描测头两种，可以实现不适合接触测量的实物样件数据的采集，分别如图 2-4、图 2-5 所示。关节臂的工作原理是以角度基准取代长度基准，设备空间旋转时，设备同时从多个角度编码器获取角度数据，而设备臂长为一定值，根据三角函数换算出测头当前的位置，转化为 X、Y、Z 坐标值的形式。

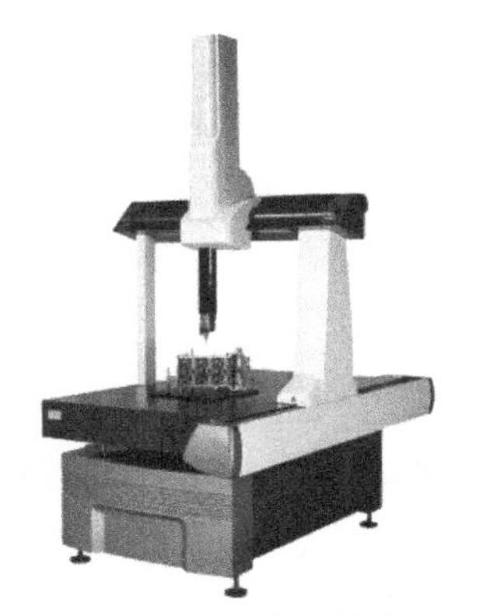

图 2-2　三坐标测量机

图 2-3　关节臂测量机

图 2-4　触发式测头

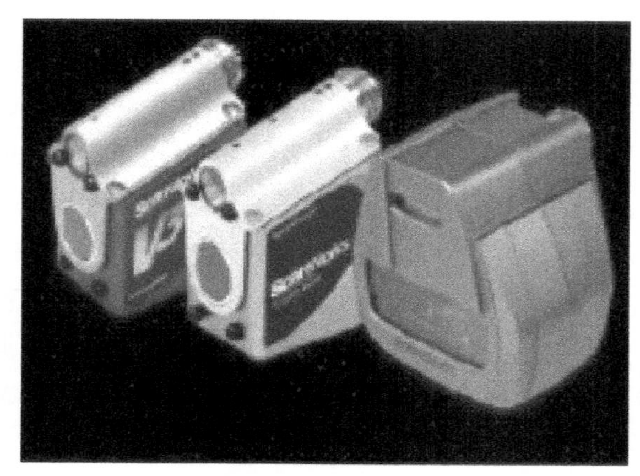

图 2-5 激光扫描测头

关节臂测量机具有机械结构简单、体积小、重量轻、柔性程度高、测量空间大、环境适应性强、成本低等优点。关节臂测量机广泛应用于航空航天、汽车制造、重型机械、轨道交通、产品检具制造、零部件加工等多个行业的在线检测、逆向工程、扫描检测、弯管测量等。

(3) 激光跟踪仪

激光跟踪测量系统（laser tracker system）是工业测量系统中一种高精度的大尺寸测量仪器。激光跟踪测量系统由激光跟踪头（跟踪仪）、控制器、用户计算机、反射器（靶镜）及测量附件等组成。激光跟踪测量系统的工作基本原理是在目标点上安置一个反射器，跟踪头发出的激光射到反射器上，又返回到跟踪头，当目标移动时，跟踪头调整光束方向来对准目标。同时，返回光束为检测系统所接收，用来测算目标的空间位置。激光跟踪测量系统集合了激光干涉测距技术、光电探测技术、精密机械技术、计算机及控制技术、现代数值计算理论等各种先进技术，对空间运动目标进行跟踪并实时测量目标的空间三维坐标。

激光跟踪仪是球坐标测量系统，利用激光干涉系统（IFM）及反射镜组成测距系统，两个角度编码器用来确定两个极角，形成完整的球坐标系；利用绝对距离探测器（ADM）进行断光再续；利用影像探测器上反射回的激光与伺服控制点的位置差来控制两个电动机的转动，进行靶标跟踪，如图 2-6 所示。激光跟踪仪的基本测量原理是：激光跟踪目标反射器，通过自身的测角系统（水平测角、垂直测角）及激光绝对测距系统来确定空间点（目标反射器的空间位置）的坐标，再通过仪器自身的校准参数和气象补偿参数对测量过程中产生的误差进行补偿，从而得到空间点的坐标。

激光跟踪仪可以用来测量静止目标，跟踪和测量移动目标或它们的组合。由于空间坐标点对应于一定的矢径及确定的两个极角，保证了它的唯一性。相对于关节臂测量机对空间点有任意多的组合而言，激光跟踪仪的精度及误差补偿优于关节臂测量机。激光跟踪仪作为一种大尺寸坐标测量仪器，具有精度高、操作简单等特点，在汽车、航空航天和通用制造领域的工装检测和机床控制与校准等方面有广泛的应用。

图 2-6 激光跟踪仪

(4) 激光扫描仪

激光扫描仪是指借助激光扫描技术测量工件尺寸及形状的一种仪器。激光扫描仪的基本结构包括激光光源及扫描器、受光感测器、控制单元等部分，如图 2-7 所示。激光光源为密闭式，不易受环境的影响，且容易形成光束，目前常采用低功率的可见光激光，如氦氖激光、半导体激光等。扫描器为旋转多面棱体或双面镜，当光束射入扫描器后，即快速转动使激光反射成一束扫描光束。受光感测器是获取被测表面形状的传感部件，如线阵 CCD 传感器，安装在一个由计算机控制能在 Z 向随动的伺服机构上。伺服控制系统将根据 CCD 传感器的信号输出控制伺服机构带动测头做 Z 向随动，以确保测头与被测曲面在 Z 方向始终保持恒定的距离。对被测曲面进行扫描，测头的扫描轨迹即被测曲面的形状。激光扫描仪具有高灵敏度、高几何精度、低噪声、低功耗等优点，适用于高精密非接触测量。

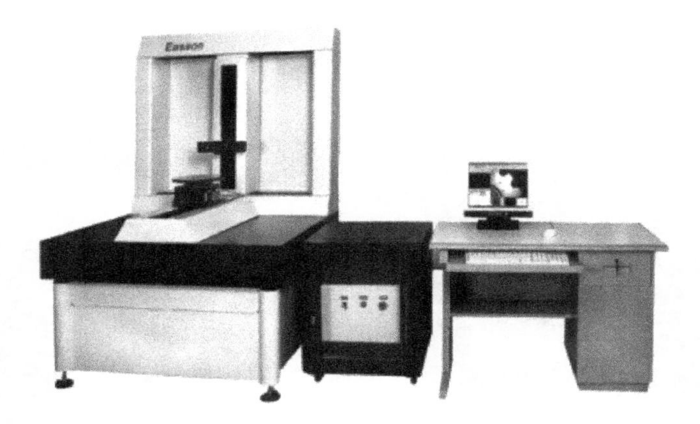

图 2-7 激光扫描仪

2.2.2 加工制造设备

3D 打印机把要打印物体的数字模型数据通过软件切成片（非常薄的横截面），运用高度工程化的粉末状金属或塑料等可黏合材料，通过逐层打印方式，来构造零部件，如图 2-8 所示。它无需机械加工或任何模具，能直接从数字模型生成任何形状的零部件，极大地缩短产品的研制周期，提高生产率和降低生产成本。3D 打印具有制造复杂物品不增加成本、产品多样化不增加成本、无需组装、零时间交付、设计空间无限、零技能制造、不占空间便携制造、废弃副产品少、材料无限组合、精确的实体复制等优势，广泛应用于制造、建筑、医疗等领域。目前，3D 打印机主要有熔融层积成型（fused deposition modeling，FDM）、选区激光烧结（selective laser sintering，SLS）和立体平版印刷（stereo lithography appearance，SLA）三种类型，分别如图 2-9、图 2-10、图 2-11 所示。

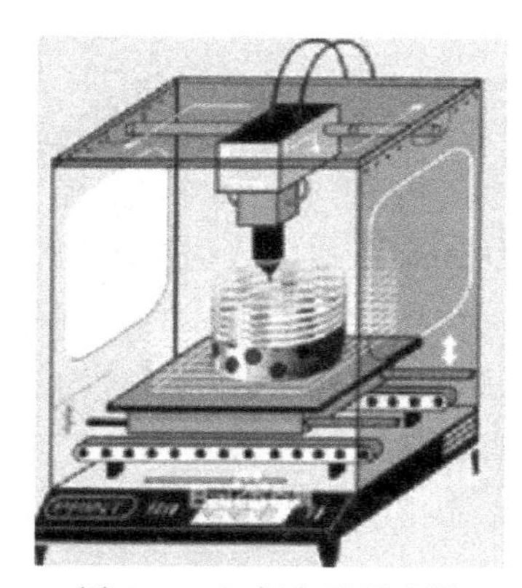

图 2-8　3D 打印机示意图

图 2-9　熔融层积成型 3D 打印机

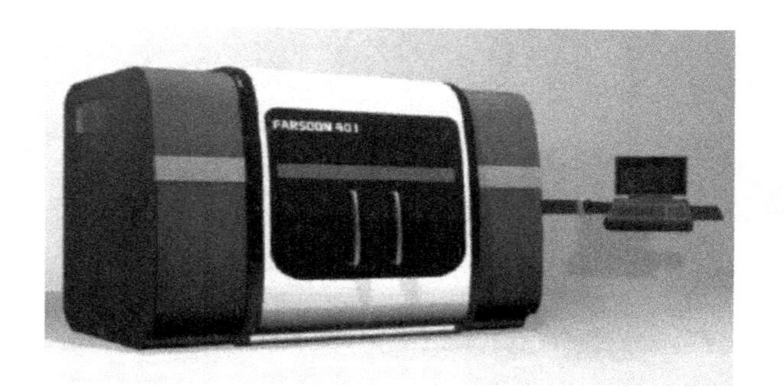

图 2-10　选区激光烧结 3D 打印机

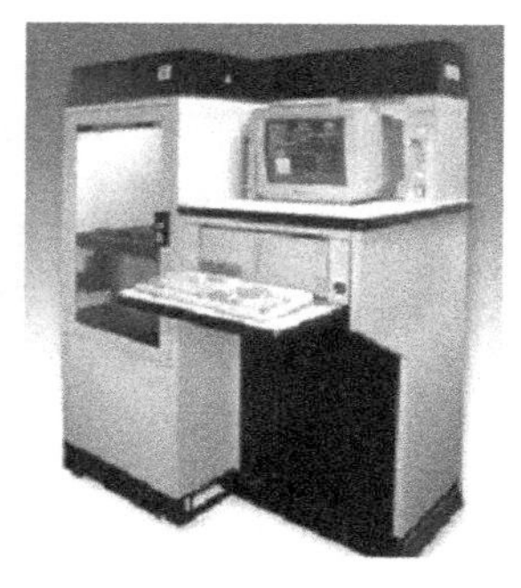

图 2-11　立体平版印刷 3D 打印机

熔融层积成型（FDM）技术是将丝状的热熔性材料加热融化，同时三维喷头在计算机控制下，根据截面轮廓信息，将材料选择性地喷敷在工作台上，快速冷却后形成一层截面。一层成型完成后，工作台下降一个高度再成型下一层，直至形成整个实体造型。

选区激光烧结（SLS）技术采用铺粉将一层粉末材料平铺在已成型零件的上表面，并加热至恰好低于该粉末烧结点的某一温度，控制系统控制激光束按照该层的截面轮廓在粉层上扫描，使粉末的温度升到熔化点，进行烧结并与下面已成型的部分实现黏结。一层完成后，工作台下降一层厚度，铺料辊在上面铺上一层均匀密实的粉末，进行新一层截面的烧结，直至完成整个模型。

立体平版印刷（SLA）在液槽中充满液态光敏树脂，在激光器所发射的紫外激光束照射下，会快速固化。在成型开始时，可升降工作台处于液面下，刚好一个截面层厚的高度，通过透镜聚焦后的激光束，按照机器指令将将截面轮廓沿液面进行扫描，扫描区域的树脂快速固化，从而完成一层界面的加工过程，得到一层塑料薄片。然后工作台下降一层截面层厚的高度，再固化另一层截面，这样层层叠加建构三维实体。

2.3 逆向工程的软件平台

逆向工程应用的软件平台主要有：数据采集与分析软件，如 PowerInspect、MATLAB 等；专用的逆向造型软件，如 Imageware、Pro/Scantools、Geomagic Studio 等；CAD 建模软件，如 UG NX、CATIA、SolidWorks 等；逆向工程在智能制造中的应用软件，如 ANSYS、ADAMS、Pro/NC 等。

2.3.1 数据采集与分析软件

（1）PowerInspect

PowerInspect 是英国 Delcam 公司（后被 Autodesk 公司收购）的一款支持多种测量设备类型的独立检测软件系统，软件界面如图 2-12 所示。对产品样件进行测量时，PowerInspect 支持的测量装置有传统的坐标测量机、测量臂或非接触装置。PowerInspect 通过测量特征面和扫描零件的复杂曲面，实现对零件的几何特征和曲面的检测，也可以将得到曲面的特征信息与数据点云输入到逆向工程软件进行各种预处理，还可以对照被扫描零件的 CAD 模型检查测量曲面和边缘的精度。

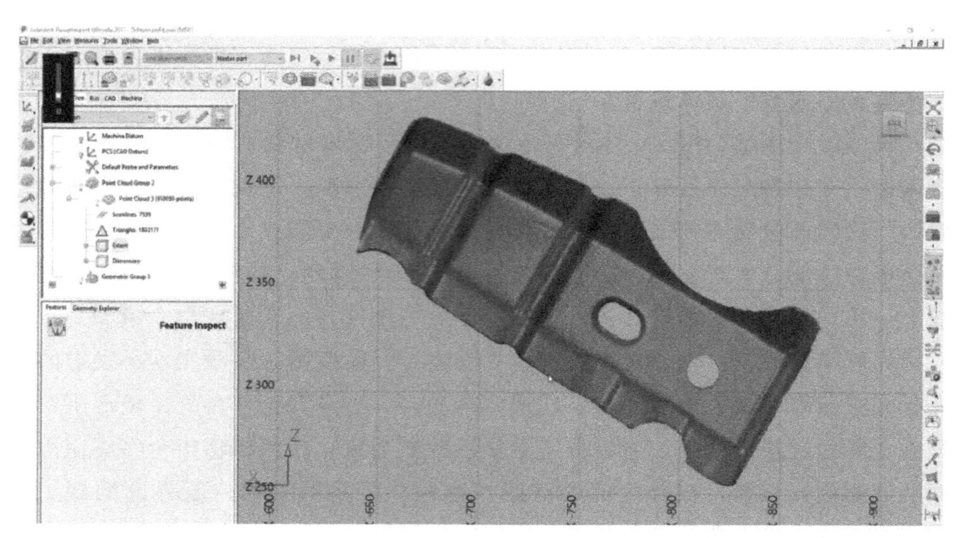

图 2-12 PowerInspect 软件界面

PowerInspect 支持广泛的检测设备和检测技术类型；支持所有主流三维CAD 模型输入、输出；提供强大的 CAD 数据接口转换软件，与广泛格式(包括 STL 三角形文件、主流 CAD 文件格式，如 CATIA 标准文件格式、IGES等）的三维数学模型进行联机或脱机检测、比较误差分析，并能生成图文并茂、清晰易懂的检测报告。

（2）MATLAB

MATLAB 是美国 MathWorks 公司出品的软件，将数值分析、矩阵计算、科学数据可视化以及非线性动态系统的建模和仿真等诸多强大功能集成在一个易于使用的视窗环境中，为科学研究、工程设计以及必须进行有效数值计算的众多科学领域提供了一种全面的解决方案，软件界面如图 2-13 所示。

MATLAB 具有高效的数值计算及符号计算功能，拥有 600 多个工程中要用到的数学运算函数，可以方便地实现用户所需的各种计算功能。函数中所使用的算法都是科研和工程计算中的最新研究成果，而且经过了各种优化和容错处理。在通常情况下，可以用它来代替底层编程语言，如 C 和 C＋＋。在计算要求相同的情况下，使用 MATLAB 的编程工作量会大大减少。MATLAB 的这些函数集包括从最简单最基本的函数到诸如包含矩阵、特征向量、快速傅里叶变换的复杂函数。函数所能解决的问题包括矩阵运算和线性方程组的求解、微分方程及偏微分方程组的求解、符号运算、傅里叶变换和数据的统计分析、工程中的优化问题、稀疏矩阵运算、复数的各种运算、三角函数和其他初等数学运算、多维数组操作以及建模动态仿真等。

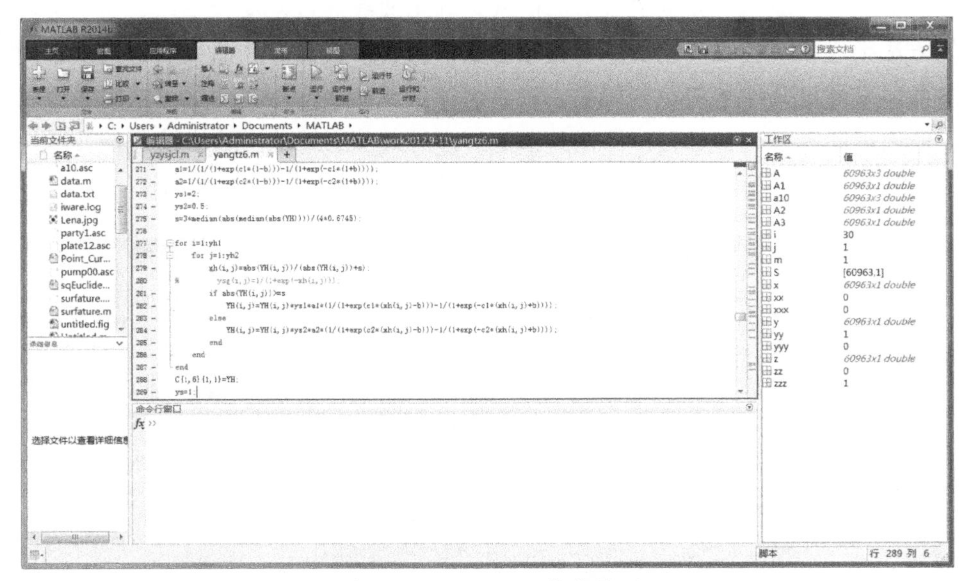

图 2-13　MATLAB 软件界面

MATLAB 包含了功能强大的模块集和工具箱（toolbox）。它们都是由特定领域的专家开发的，用户可以直接使用工具箱应用和评估不同的方法。数据采集、数据库接口、概率统计、样条拟合、优化算法、偏微分方程求解、神经网络、小波分析、信号处理、图像处理、实时快速原型等领域，都有专门的工具箱。MATLAB 接近数学表达式的自然化语言，具有完备的图形处理功能，在编程方面支持函数嵌套、条件中断等，可以直接向 Excel 和 HDF5 进行连接，可移植性好、可拓展性极强。

2.3.2　专用的逆向造型软件

(1) Imageware

Imageware 软件是由美国 EDS 公司出品的逆向工程软件，软件界面如图 2-14 所示。Imageware 软件可处理几万乃至几百万的数据点云，具有强大的数据处理和自由曲面造型能力，可以对数据点云与曲面进行误差分析，并进行实时的编辑和调整以达到产品设计要求。Imageware 软件因数据点云处理能力、曲面编辑能力和 A 级曲面构建能力被广泛应用于汽车、航空航天、消费家电、模具、计算机零部件等设计与制造领域。

Imageware 软件主要模块包括软件基础模块、点处理模块、曲线建模、曲面建模和评估模块。使用 Imageware 软件处理数据点云的流程遵循“点—曲线—曲面”的原则，先创建合适的曲线，利用曲线通过蒙皮、扫掠、四个边界等方法生成曲面；也可以由点云直接生成曲面、结合点云和曲线的信息来重构曲面，或通过其他元素，如圆角、过渡面等生成曲面。Imageware 软件还提供了曲面诊断和修改功能，用以比较曲面与点云的吻合程度，检查曲面的光顺性及与其他曲面的连续性，可以调整曲面的控制点，让曲面更加光顺。

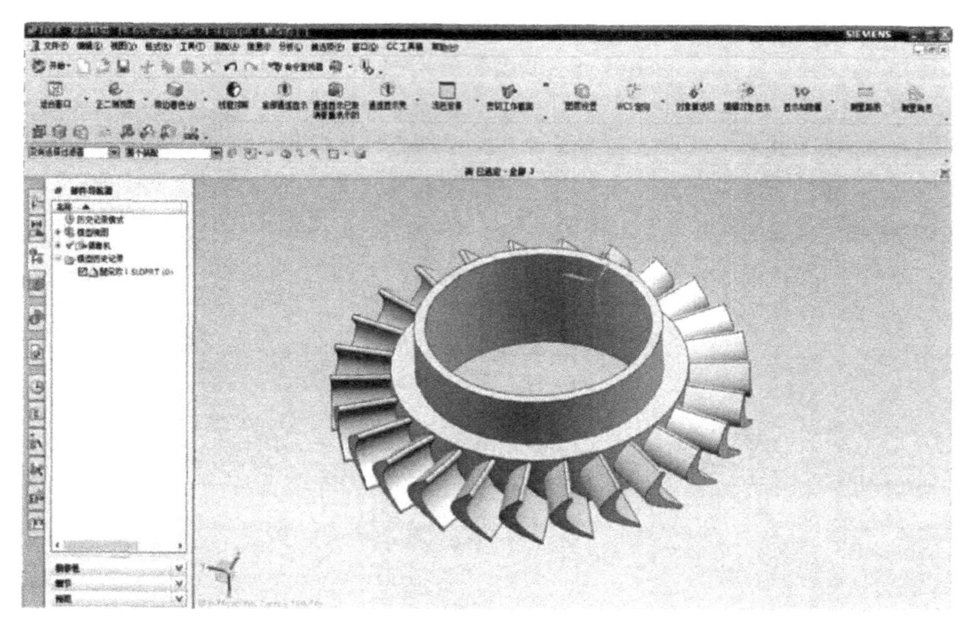

图 2-14　Imageware 软件界面

（2）Pro/Scantools

Pro/Scantools 是美国 PTC 公司出品的集成于 Pro/Engineer 的一个用于逆向工程的模块，软件界面如图 2-15 所示。Pro/Scantools 可将测量数据点云、输入曲面、面组转换为可制造的模型，获得测量数据点云的光滑曲线和曲面，维持曲面和 Pro/Engineer 的其他模块的关联性，并可以重新定义输入的曲面。Pro/Scantools 主要用来构建非 A 级自由曲面，应用于电器产品、塑料件、汽车内饰等一般的工业产品。

Pro/Scantools 是一种非参数化环境工具，它使用户可以专注于模型的特定区域，并使用不同的工具来获得期望的形状和曲面属性。为了将设计活动限定在单一的特征中，扫描工具使用了“型”特征的概念。“独立几何”特征即

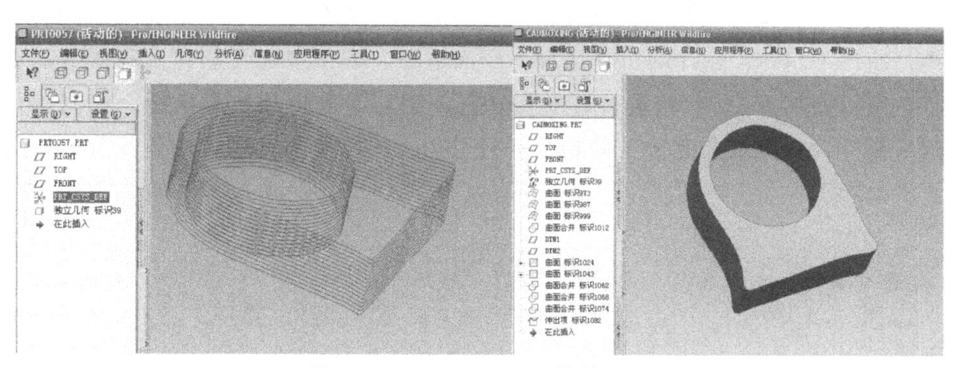

图 2-15 Pro/Scantools 软件界面

为“型”特征；“型”特征是一个复合特征，包含所有创建或输入到扫描工具中的几何特征和参照数据，在“型”特征内部，曲线称为“型（Style）曲线”，曲面称为“型（Style）曲面”。在所有输入的“型”特征中创建的几何特征都成为“型”特征的一部分。“型”特征的内部对象，如单独创建的曲线、曲面等，在“型”特征外部或它们相互之间没有父子从属关系，这样就可自由操作曲面，而不用考虑“型”特征对象之间及与模型其余部分间的参照或父子关系。

（3）Geomagic Studio

Geomagic Studio 是 Geomagic 公司开发的逆向工程专用软件，主要包括基础模块、点处理模块、多边形处理模块、形状模块、参数转换模块等。Geomagic Studio 的设计原理是利用空间细小的三角片来不断逼近，达到还原自由曲面实体模型的目的。

Geomagic Studio 可以输出行业标准格式，包括 STL、IGES、STEP 和 CAD 等众多文件格式。Geomagic Studio 还为新兴应用提供了理想的选择，如定制设备大批量生产、即定即造的生产模式以及原始零部件的自动重造。Geomagic Studio 软件主要应用于玩具、医学、文物和艺术等非工业成品方面。

2.3.3 CAD 建模软件

（1）UG NX

UG（Unigraphics）NX 是 Siemens PLM Software 公司出品的一个产品工程解决方案，为产品设计及加工过程提供了数字化造型和验证手段。作为三维设计的主流应用软件之一，UG NX 是一个交互式 CAD/CAM 系统，可以实现各种复杂实体及造型的建构，软件界面如图 2-16 所示。UG NX 软件采用复合建模技术，将实体建模、曲面建模、线框建模、几何建模及参数化建模融为一体。使用UG NX软件的实体造型、曲面造型、虚拟装配及创建工程图等功能时，可以使用CAE模块进行有限元分析、运动学分析和仿真模拟，提高设计的可靠性；根据建立起的三维模型，还可由CAM模块直接生成数控代码，用于产品加工。

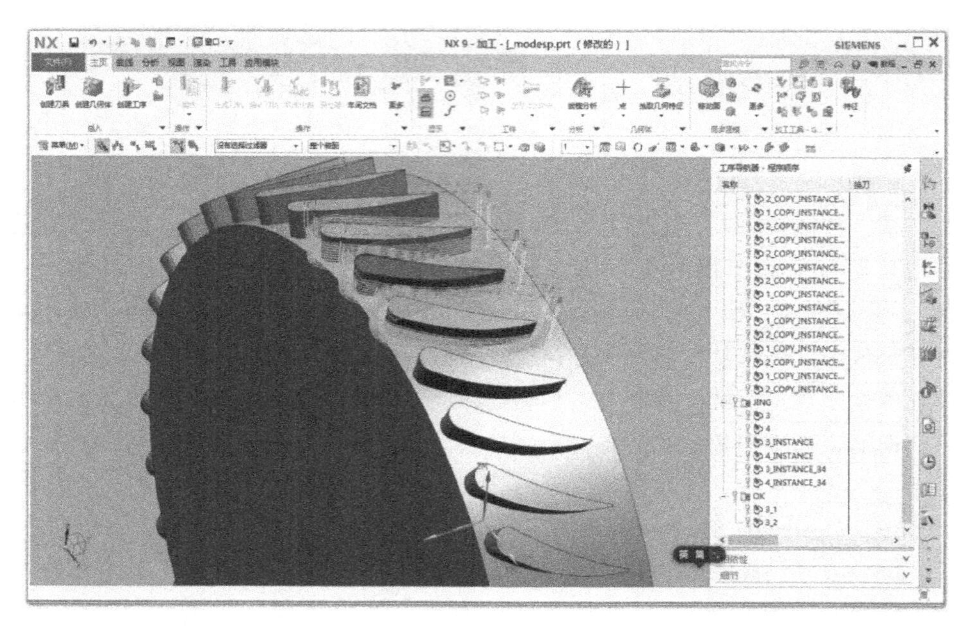

图 2-16　UG NX软件界面

UG NX软件以参数驱动，修改方便；曲面设计以非均匀有理B样条曲线为基础，可用多种方法生成复杂曲面；具有良好的二次开发环境，可选用多种方式进行二次开发；知识驱动自动化（KDA），便于获取和重新使用知识。

（2）CATIA

CATIA（Computer Aided Three-Dimensional Interactive Application）是法国Dassault Systèmes公司开发的一款CAD/CAE/CAM一体化软件，软件界面如图2-17所示。CATIA的集成解决方案覆盖所有的产品设计与制造领域，在CAD/CAE/CAM以及PDM领域内的领导地位已在世界范围内得到承认，广泛应用于航空航天、汽车制造、造船、机械制造、电子/电器、消费品等行业。CATIA具有先进的混合建模技术，主要表现在以下三个方面。

① 设计对象的混合建模方面：在CATIA的设计环境中，无论是实体还是曲面，做到了真正的交互操作。

② 变量和参数化混合建模方面：在设计时，设计者不必考虑如何参数化设计目标，CATIA 提供了变量驱动及后参数化能力。

③ 几何和智能工程混合建模方面：可以将企业多年的经验积累到 CATIA 的知识库中，指导新产品的开发。

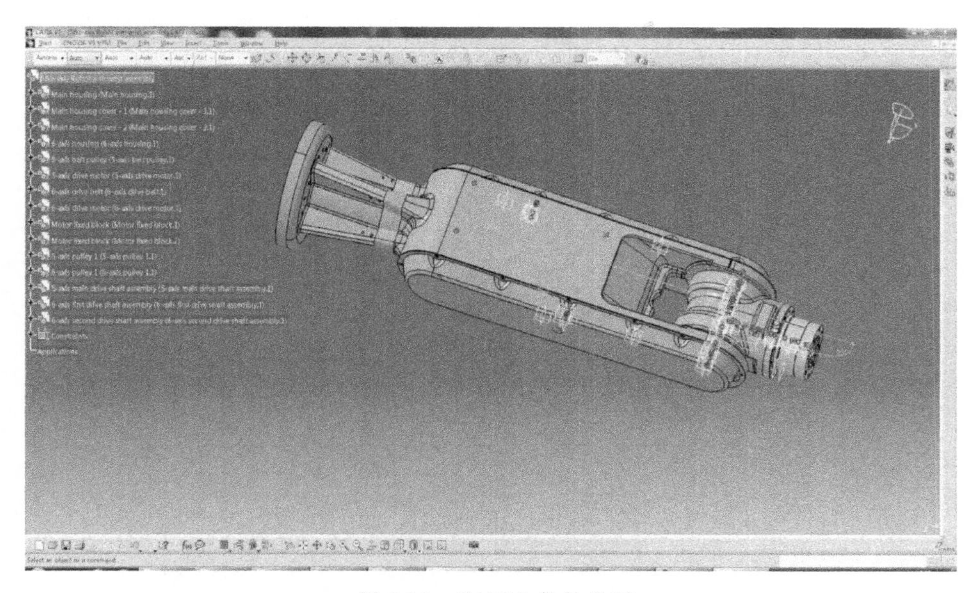

图 2-17 CATIA 软件界面

CATIA 提供了 2D 草图、钣金、复合材料、模塑、锻造或模具零件到机械组件的定义，以建立产品 CAD 模型。CATIA 提供了形状设计、样式、曲面工作流程和可视化的解决方案，以创建、修改和验证复杂产品创新设计方案。CATIA 具有整个产品周期内对实体建模和曲面造型的方便的修改能力。由于 CATIA 提供了智能化的树结构，用户可方便快捷地对产品进行重复修改，包括在设计的最后阶段需要做重大的修改，或者是对原有方案的更新换代。

（3）SolidWorks

SolidWorks 是由美国 SolidWorks 公司（Dassault Systèmes 的子公司）推出的三维机械设计软件，软件界面如图 2-18 所示。SolidWorks 功能强大、易学易用，是主流三维 CAD 设计软件之一，广泛应用于机械、航空航天、汽车、造船、通用机械、医疗器械和电子等诸多领域。

SolidWorks 提供了特征模板，包括标准件和标准特征。用户可以直接从特征模板上调用标准的零件和特征，并与同事共享。SolidWorks 提供了一整套完整的动态界面和鼠标拖动控制。“全动感的”的用户界面减少了设计步骤，减少了多余的对话框。SolidWorks 提供了属性管理员用来高效地管理整个设计过程和步骤。属性管理员包含所有的设计数据和参数，而且操作方便、界面直观。SolidWorks 提供了同 Windows 文件资源管理器类似的 CAD 文件管理器，可以方便地管理零件设计、装配设计和工程图。配置管理使得在一个 CAD 文档中，通过对不同参数的变换和组合，派生出不同的零件或装配体。SolidWorks 提供了技术先进的通过互联网进行协同工作的工具，如通过 eDrawings 方便地共享 CAD 文件、使用 3D Meeting 通过互联网实时地协同工作。

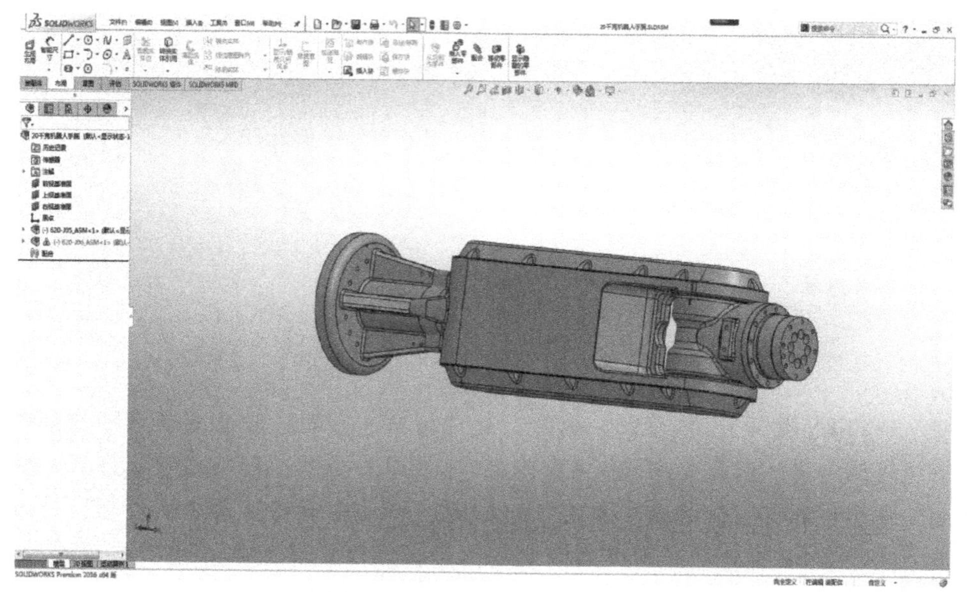

图 2-18　SolidWorks 软件界面

2.3.4　逆向工程在智能制造中的应用软件

(1) ANSYS

ANSYS 由世界上最大的有限元分析软件公司之一的美国 ANSYS 公司开发，软件界面如图 2-19 所示。ANSYS 是现代产品设计中集结构、流体、电场、磁场、声场分析于一体的大型通用有限元分析软件，广泛应用于航空航天、汽车工业、生物医学、桥梁、建筑、电子产品、重型机械、微机电系统、运动器械等工业领域。

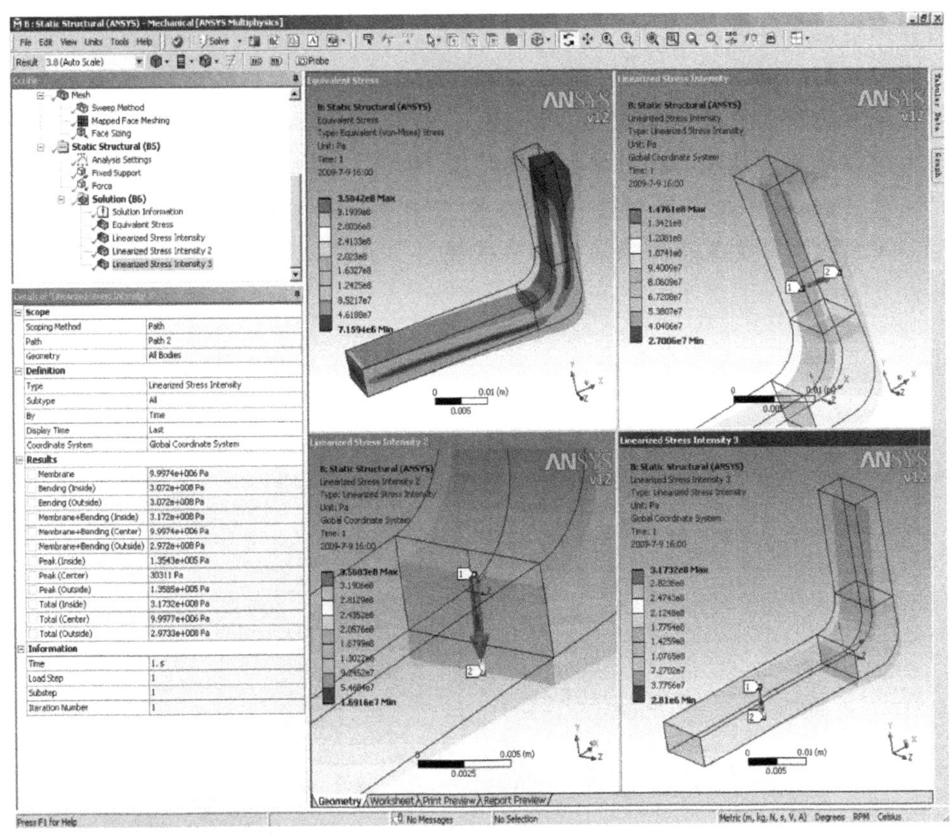

图 2-19 ANSYS 软件界面

ANSYS 软件主要包括三个部分：前处理模块、分析计算模块和后处理模块。前处理模块提供了一个强大的实体建模及网格划分工具，用户可以方便地构造有限元模型；分析计算模块包括结构分析（可进行线性分析、非线性分析和高度非线性分析）、流体动力学分析、电磁场分析、声场分析、压电分析以及多物理场的耦合分析，可模拟多种物理介质的相互作用，具有灵敏度分析及优化分析能力；后处理模块可将计算结果以彩色等值线显示、梯度显示、矢量显示、粒子流迹显示、立体切片显示、透明及半透明显示（可看到结构内部）等图形方式显示出来，也可将计算结果以图表、曲线形式显示或输出。

ANSYS 软件有多种版本，可以运行在从个人机到大型机的多种计算机设备上，如 PC、SGI、HP、SUN、DEC、IBM 和 CRAY 等。ANSYS 有与多数 CAD 软件的接口，实现数据的共享和交换，如 Pro/Engineer、I-DEAS、

AutoCAD 等。ANSYS 软件提供了 100 种以上的单元类型，用来模拟工程中的各种结构和材料。

（2）ADAMS

ADAMS 是美国 MDI 公司（Mechanical Dynamics Inc.）开发的机械系统动力学自动分析软件，软件界面如图 2-20 所示。使用 ADAMS 软件，用户可以非常方便地对虚拟机械系统进行静力学、运动学和动力学分析。通过 ADAMS 软件开放性的程序结构和多种接口工具，可以实现虚拟样机的分析开发。

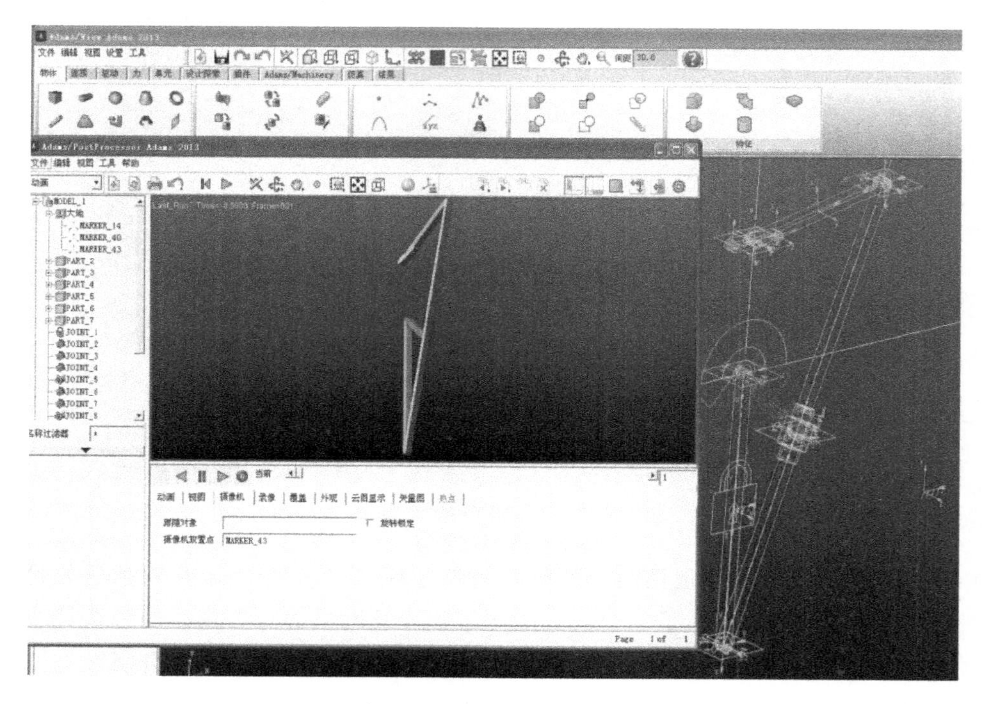

图 2-20　ADAMS 软件界面

ADAMS 软件使用交互式图形环境和零件库、约束库、力库，创建完全参数化的机械系统几何模型；其求解器采用多刚体系统动力学理论中的拉格朗日方程方法；可建立系统动力学方程，对虚拟机械系统进行静力学、运动学和动力学分析，输出位移、速度、加速度和反作用力曲线。ADAMS 软件的仿真可用于预测机械系统的性能、运动范围、碰撞检测、峰值载荷以及计算有限元的输入载荷等。

(3) Pro/NC

Pro/NC模块是美国PTC公司出品的集成于Pro/Engineer的一个加工制造模块，能生成驱动数控机床加工零件所必需的数据和信息，软件界面及生成的部分NC加工代码分别如图2-21、图2-22所示。Pro/NC模块具有数控车削、铣削和线切割加工编程功能，并且能根据加工复杂零件的需要提供车削中心、五轴车铣中心和四轴线切割数控加工等多种数控加工环境。

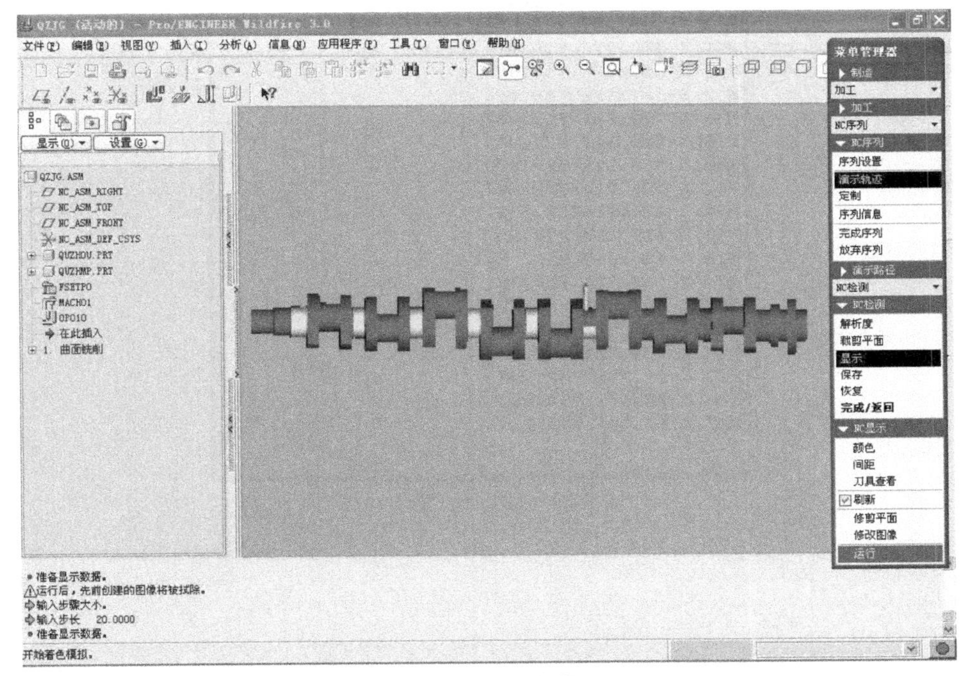

图2-21 Pro/NC软件界面

Pro/NC模块可灵活设置机床和工件坐标系，对各种加工机床所提供的各种加工方式进行数控加工编程，使加工环境完全符合实际加工工况。Pro/NC模块加工流程为：首先建立零件模型和毛坯模型；然后建立制造模型，分析待加工表面；根据毛坯形状及待加工表面的几何形态，选取机床设备和加工所需的夹具，设置加工环境参数；加工环境设置完成后，定义加工工序，选取一种合适的走刀方式，生成所需的刀具轨迹（主要是刀位数据）；根据所使用机床的数控系统，选取对应的后置处理器，生成驱动机床所需的NC代码数控加工程序；通过相应的接口技术将此程序传递给数控机床，实现预定的加工操作。

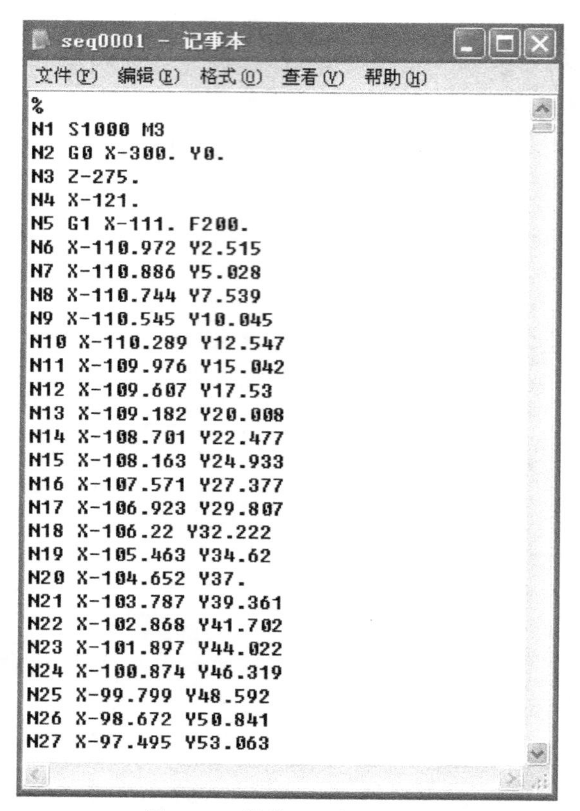


```
%
N1 S1000 M3
N2 G0 X-300. Y0.
N3 Z-275.
N4 X-121.
N5 G1 X-111. F200.
N6 X-110.972 Y2.515
N7 X-110.886 Y5.028
N8 X-110.744 Y7.539
N9 X-110.545 Y10.045
N10 X-110.289 Y12.547
N11 X-109.976 Y15.042
N12 X-109.607 Y17.53
N13 X-109.182 Y20.008
N14 X-108.701 Y22.477
N15 X-108.163 Y24.933
N16 X-107.571 Y27.377
N17 X-106.923 Y29.807
N18 X-106.22 Y32.222
N19 X-105.463 Y34.62
N20 X-104.652 Y37.
N21 X-103.787 Y39.361
N22 X-102.868 Y41.702
N23 X-101.897 Y44.022
N24 X-100.874 Y46.319
N25 X-99.799 Y48.592
N26 X-98.672 Y50.841
N27 X-97.495 Y53.063
```

图 2-22 部分 NC 加工代码

第3章

基于变量化设计的逆向工程CAD建模

本章分析了变量化设计造型方法的基本特点和实现过程，提出了基于变量化设计的逆向工程CAD建模方法。研究了实现该方法的系统框架，给出实现基于变量化设计的逆向工程CAD建模关键技术的新思路，为建立支持产品创新设计的逆向工程CAD模型奠定理论基础。

3.1 基于变量化设计的逆向工程CAD建模理论方法

以几何形状重构为目的的逆向工程CAD模型和基于特征的逆向工程CAD模型难以被工业界的设计师们广泛接受的原因在于难以适应产品设计中对模型经常性修改的要求。集成约束的逆向工程特征建模和基于特征和约束的逆向工程CAD建模技术，旨在恢复实物原始设计意图和支持产品改型设计、创新设计的需求，促进了逆向工程技术的发展。因此，有必要在现有的技术基础上，结合CAD建模理论的发展，进一步完善现有的逆向工程CAD建模理论，寻求更先进的支持产品改型设计和创新设计的逆向工程CAD建模方法，建立支持产品创新设计的逆向工程CAD模型。

3.1.1 变量化设计造型方法

变量化设计造型方法将形状特征建立的过程视为约束满足的过程，通过提取特征有效的约束，建立其约束模型并进行约束求解。变量化设计造型方法是基于特征、全数据相关、约束驱动设计修改的参数化技术。基于特征：将某些具有代表性的几何形状定义为特征，并将特征参数存为可调参数，以此为基础来进行几何形体的构造。全数据相关：特征参数的修改导致其他相关模块中的相关参数的更新。约束驱动设计修改：通过编辑约束来驱动几何形状的改变。变量化设计造型方法将几何约束进一步区分为形状约束和尺寸约束，除考虑几何约束之外，还可以将工程关系作为约束条件直接与几何方程联立求解。

变量化设计造型方法通过约束方程驱动形状特征的修改，赋予形状特征修改更大的自由度。变量化设计造型方法利用图论和可靠的数值求解技术以支持约束驱动特征模型的设计、修改和优化。对于含有大量特征和约束的复杂曲面系统，进行变量化设计的基本过程可分为约束系统的图表示、约束图分解、约束映射和数值求解四个步骤。将几何约束系统中的几何特征以图的顶点表示，而几何特征之间的约束以图的边表示，则一个复杂曲面系统就可以利用约束图来表达。对复杂曲面系统的分解则转换为对约束图的分解。按照预定义的映射规则把数据点云中的几何约束映射为以特征参数为变量的非线性方程组，通过数值优化求解方法计算出每个特征的参数值，从而得到整个曲面的优化参数表示。

3.1.2 基于变量化设计的逆向工程 CAD 建模的提出

基于变量化设计的逆向工程 CAD 模型建模是将变量化设计造型方法引入逆向工程 CAD 建模形成的一种逆向工程 CAD 建模方法。变量化设计中外形几何表示为基于特征的参数化形式，通过修改约束实现特征模型的修改。因此，从技术上来看，集成约束的逆向工程特征建模和基于特征和约束的逆向工程 CAD 建模，属于基于变量化设计的逆向工程 CAD 建模的范畴，但是变量化设计的概念不明显。

逆向工程 CAD 建模可以看作是从一个已有的物理模型或实物零件产生出相应的 CAD 模型的过程。变量化设计造型方法中将外形几何表示为基于特征的参数化形式，通过修改约束实现模型的修改。因此，基于变量化设计的逆向工程 CAD 模型重建的实质是将外形几何表示为基于特征的参数化形式，即从实物样件的激光扫描数据点云中提取出反映复杂曲面设计意图的特征信息，如特征点、特征线、特征面等；修改约束实现模型的修改，即从激光扫描数据点云中识别特征间的约束关系，并以这些约束关系驱动特征模型参数的优化进行模型重建。

逆向工程 CAD 建模主要包括数据获取、数据预处理、数据分块与曲面拟合、CAD 模型重建四个阶段。考虑到基于变量化设计的逆向工程 CAD 建模中，实物的外形几何采用特征的参数化形式，为此数据分块与曲面拟合都是以特征为基础进行的，统称为特征提取。基于变量化设计的逆向工程 CAD 建模中以约束驱动特征模型的参数优化，为此增加了约束识别阶段和约束驱动特征优化阶段。基于变量化设计的逆向工程 CAD 建模主要包括数据获取、数据预处理、特征提取、约束识别、约束驱动特征模型优化和 CAD 模型建立六个阶段，如图 3-1 所示。

数据获取是基于变量化设计的逆向工程 CAD 建模的基础，目的是获得实物样件的激光扫描数据点云。数据预处理的目的是得到模型重构需要的无噪、无冗余的高质量数据点云。特征提取是基于变量化设计的逆向工程 CAD 建模的关键，从激光扫描数据点云提取特征信息（包含曲线和曲面），重构特征设

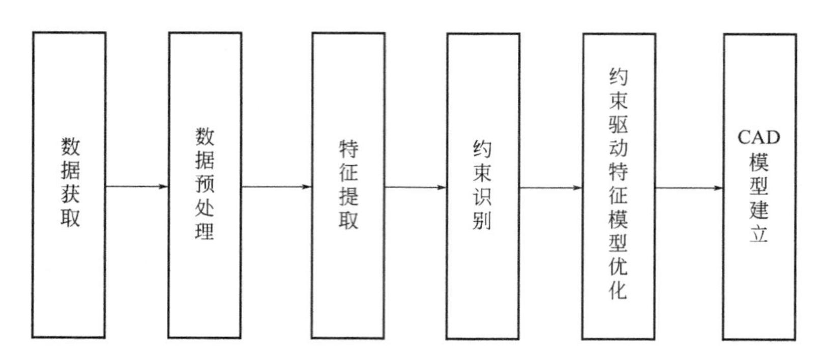

图 3-1　基于变量化设计的逆向工程 CAD 建模基本阶段

计参数。约束识别是从激光扫描数据点云提取特征间的约束信息。约束驱动特征模型的优化重建是实现基于变量化设计的逆向工程 CAD 建模的又一关键，目的是通过约束驱动使重构特征模型满足与数据点云的逼近误差要求及特征间的约束要求。CAD 模型建立是以优化特征参数在通用 CAD 软件中完成 CAD 模型重建。

3.1.3　基于变量化设计的逆向工程 CAD 建模的优势

将变量化设计造型方法引入逆向工程 CAD 建模，提出的基于变量化设计的逆向工程 CAD 建模方法，对发展逆向工程 CAD 建模理论具有重要的意义。该方法具有如下的优点。

① 为建立支持产品创新设计的逆向工程 CAD 模型提供一个明确的思路。

从实物样件的激光扫描数据点云中提取出反映复杂曲面设计意图的特征信息，如特征点、特征线、特征面等；识别特征间的约束关系，并以这些约束关系驱动特征模型参数的优化进行模型重建。

② 可以提高逆向工程 CAD 建模精度。

将外形几何表示为基于特征的参数化形式，建立的逆向工程 CAD 模型能够反映产品的设计意图；通过约束实现模型的优化，可以获得满足特征间约束关系更为精确的 CAD 模型。

③ 赋予模型修改更大的自由度，支持产品的创新设计。

基于变量化设计的逆向工程 CAD 建模，通过修改反映产品复杂曲面设计意图的设计约束使建立的 CAD 模型得到修改，在产品改型设计与创新设计中起积极的作用，能够很好地支持产品系列设计、改进设计和创新设计，适用于规则外形和自由曲面组成的外形的逆向工程 CAD 建模。

因此，研究能够反映产品的原始设计意图、注重产品重建模型创新设计能力的基于变量化设计的逆向工程 CAD 建模方法是本章的重点。

3.2 基于变量化设计的逆向工程 CAD 建模系统框架

产品的特征构成、特征间的几何约束关系是组成逆向工程 CAD 建模的关键要素，是产品设计要求、设计意图的总体体现。本节从产品的特征和特征间满足的约束分析入手，给出实现基于变量化设计的逆向工程 CAD 建模方法的系统框架。

3.2.1 逆向工程 CAD 建模的特征分析

特征是几何模型最原始的信息之一，反映了几何模型的设计思想，是逆向工程 CAD 建模的核心要素。目前逆向工程中基于测量数据点云提取原始模型的基本特征信息有特征点、特征线、特征面，如图 3-2 所示。

组成平面形状特征的截面特征间的特征点经常是曲线连续阶的变化点，根据曲线连续阶可将曲线连接点分为角点、折痕点、曲率极值点和拐点，在使用激光扫描法获得工业对象的数字化轮廓时，理想平面轮廓顶点经常退化为平滑连接。通过角点和光滑连接点的识别将曲线分成基本曲线特征，实现截面特征的自动分割。

曲线特征主要分为三类：主要曲线元、次要曲线元和辅助曲线元。主要曲线元是形成一个平面曲线主要骨架最重要的曲线段，如长线段、长圆锥曲线、骨架圆弧和主要的自由曲线段；次要曲线元是那些连接主要曲线特征元的曲线段，如倒边、倒圆角和连接两个主要特征元的自由曲线段；辅助曲线元是指那些局部小特征。

采用和曲线特征分类相同的模式，将曲面形状特征分为基本曲面特征、次要曲面特征和辅助曲面特征。基本曲面特征是表达实物总体形状的重要的曲面，主要包括：规则曲面、简单自由曲面造型特征和自由曲面。规则曲面具有规则的解析表达式，由少数几个参数就可以确定，包括平面、圆柱面、圆锥面等。简单自由曲面造型特征主要包括：拉伸类、扫掠类、旋转类、蒙皮类和混

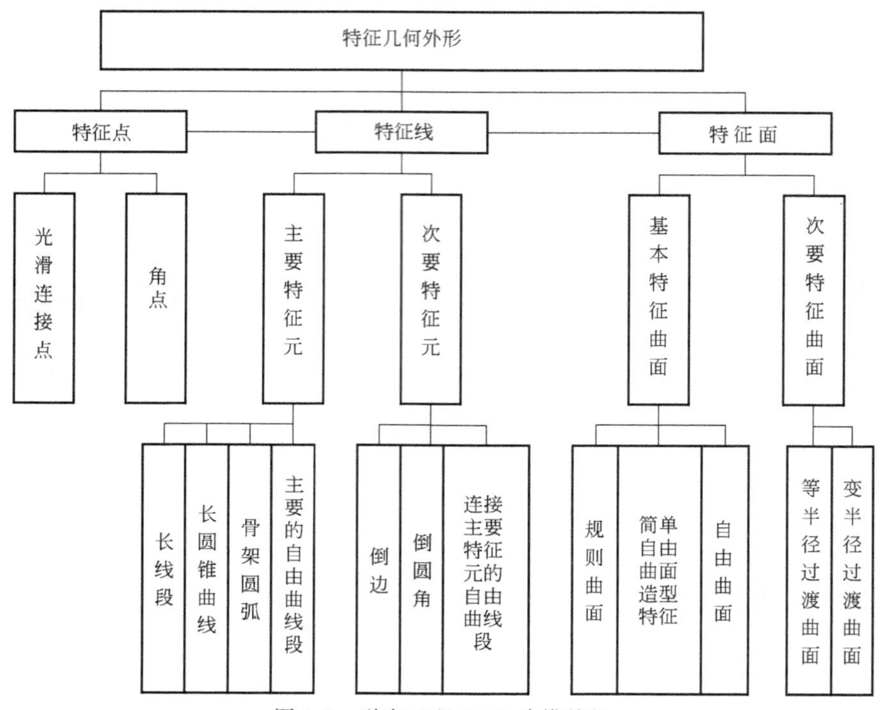

图 3-2 逆向工程 CAD 建模特征

合类等。扫掠曲面特征可以由截面曲线和导向曲线作为参数来描述，旋转曲面特征可以由截面曲线和旋转轴描述，蒙皮曲面特征可以用初始截面线和中间截面线来描述。自由曲面，是除了简单自由曲面造型特征外的自由曲面。过渡曲面特征对应基本特征之间的连接部分或局部特征，如倒角、圆角、局部过渡等曲面特征。辅助特征对应基本特征的局部特征，如凸起等。

在特征表示的研究中，特征信息可以在不同的抽象层次上进行表达，如低级的显式表达、高级的隐式表达方式。在显式表达中，特征信息的所有细节都被详细地描述。在隐式表达中，特征是由该特征生成过程的信息表示，或者用更抽象的中性语言来描述，并在需要时通过计算得到特征信息详细内容。本书中特征的表示主要分为代数表示和参数表示。代数表示用隐式方程表示曲线或曲面特征。参数表示是用参数 u 的表达式表示曲线特征或者用参数 u、v 的表达式表示曲面特征的方法。

3.2.2 逆向工程 CAD 建模的约束分析

约束的正确识别对充分地理解设计意图、提高重建模型的精度有重要的意义。约束是描述几何特征所必须满足的几何关系，包括几何约束和工程约束两大类。几何约束是把用户设计意图传递给几何模型的有效手段，是特征之间相对位置的定性表示和定量表示。工程约束是反映了产品在工程语义上的设计要求，来自工程分析和计算，一般以几何设计参数的约束方程式的形式表示。逆向工程中工程约束的添加一般是人工施加，处理方式是将工程约束转化为几何约束，体现在产品模型中。

几何约束又可分为尺寸约束、属性约束和结构约束。尺寸约束是指几何实体之间的距离或角度关系。属性约束主要是设计对象自身属性，即特征类型。结构约束是指图形几何元素之间的拓扑结构上的关系，包括几何元素的连接关系、从属关系和相对位置关系等，如图 3-3 所示。从属关系表现约束的层次关系和约束的整体性，又称为规则约束。相对位置关系是指几何特征之间对称、平行、垂直、相切等关系。

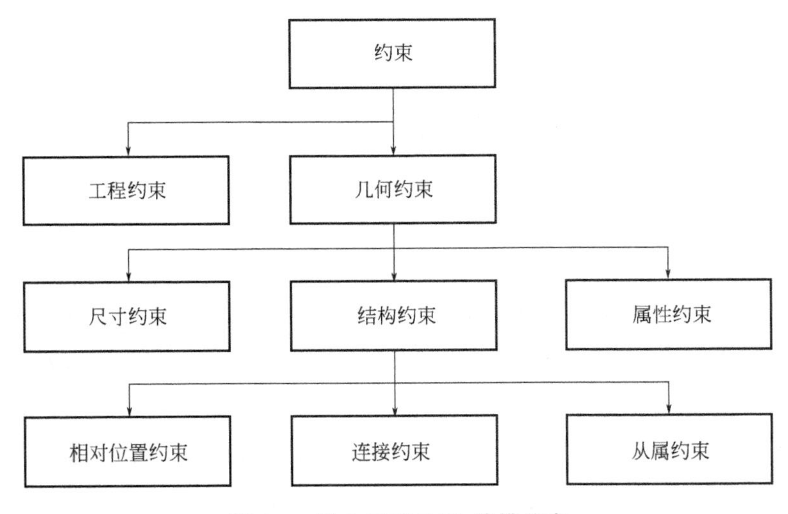

图 3-3 逆向工程 CAD 建模约束

依据几何约束中涉及的几何元素的数目，逆向工程中常见的几何约束有二元约束和多元约束。

① 二元约束：常见的二维二元几何约束如直线间的距离和角度、直线与圆相切、两个圆内切和外切等，如图 3-4 所示，大多数的几何约束均属于此类。

常见的三维二元几何约束如平面间的角度和平行、平面与圆柱的角度、两个圆柱轴线共线等，如图 3-5 所示。

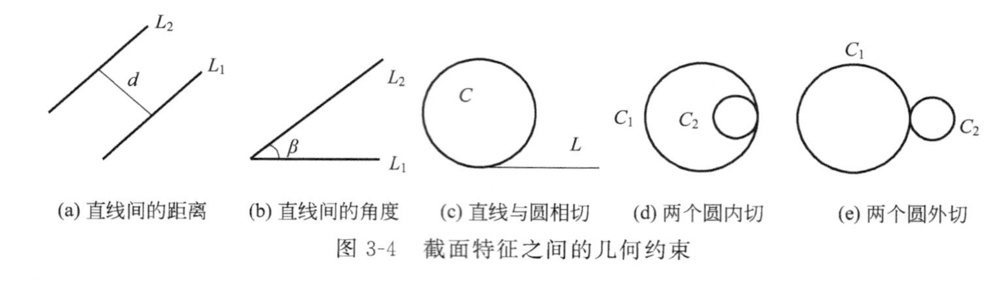

图 3-4 截面特征之间的几何约束

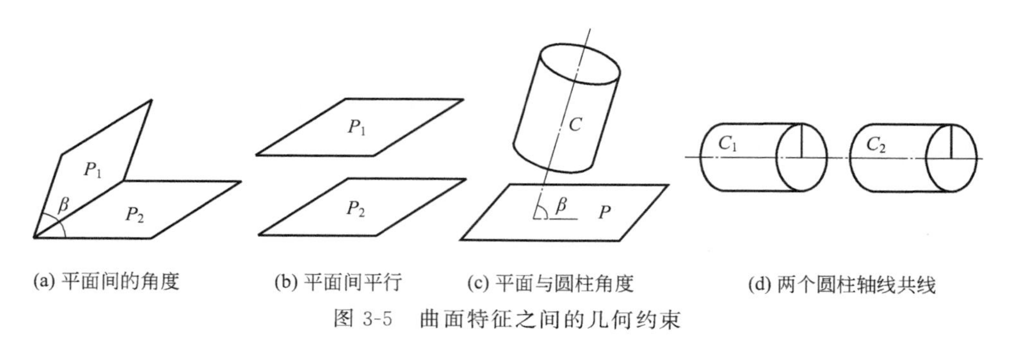

图 3-5 曲面特征之间的几何约束

② 多元约束：几何约束中涉及到两个以上的几何体。例如：A、B、C 共线，M 是线段 PQ 中点，线段的长度相等（$IA=IC$），角度相等。由于多元几何约束在具体处理时比较复杂，一般的处理方式是将其分解为多个二元约束。

在约束信息表示的研究中，约束主要是以公式、谓词描述、约束图等方式来表示。公式表示主要是采用代数形式表达用户的作图意图，但是公式法求解的规模和速度也难以得到有效的控制。谓词描述通过把逻辑论证符号化表达那些无法用命题逻辑表达的约束信息，这种表示模型庞大、无法处理循环约束，不利于产品的改进设计。约束图表示法将约束图有向化，求解效率比较高。综合采用几种表达方式，使得表述约束信息的效率得到提高，功能得到增强。本书采用约束图法和公式法进行约束的表示。

3.2.3 系统框架

在分析了逆向工程 CAD 建模的关键要素产品的特征构成、特征间的几何约束关系的基础上，进一步细化基于变量化设计的逆向工程 CAD 建模的基本阶段。通过变量化设计造型方法将产品特征和特征间的约束联系起来，实现约束驱动特征模型优化和创新设计。基于变量化设计的逆向工程 CAD 建模的系统框架如图 3-6 所示。

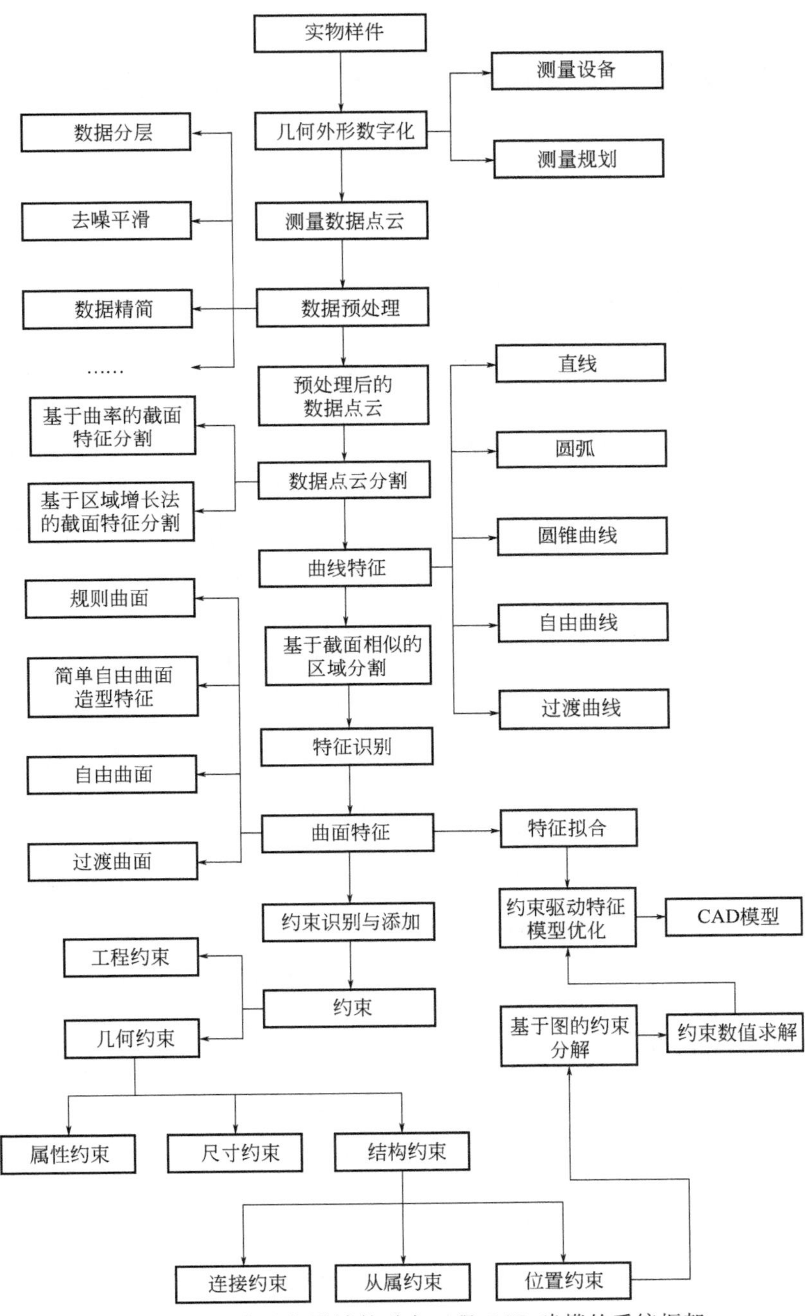

图 3-6 基于变量化设计的逆向工程 CAD 建模的系统框架

3.3 基于变量化设计的逆向工程 CAD 建模关键技术

本节依据基于变量化设计的逆向工程 CAD 建模的系统框架，分析实现该方法的关键技术，给出了实现关键技术的新思路。

3.3.1 数据点云预处理

数据预处理是实现基于变量化设计的逆向工程建模方法的基础。由于产品形状、测量设备、测量方法、测量人员及测量环境等的影响，原始数据点云中不可避免地存在噪声数据和冗余数据，对逆向工程重建模型的质量和精度有非常大的影响，必须通过预处理技术对数据点云进行处理。

以引入特征刚体变换的多视数据点云拼合方法，如标签定位法、固定球法等，易受引入特征抽取结果的影响。Besl 提出的迭代最近点（iterative closest point，ICP）算法，其改进算法迭代点到切平面距离算法、迭代最近线算法，利用多视数据点云的位置信息，运用局部最优的非线性优化方法计算坐标变换，要求比较准确的初始估计值，求解速度较慢，可能会陷入局部最小解。基于特征的多视数据点云拼合方法，结合了前面两类方法的优点，通过检测重叠数据点云间的对应特征点，寻找特征点间的变换矩阵，不需要初始位姿估计，提高了多视数据点云的拼合效率。激光扫描仪测量复杂产品的陡峭面，尖锐边界时，特征点不易识别，准确度低，特征点识别算法是影响基于特征的多视数据点云拼合质量的决定性因素。Lowe 提出尺度不变特征变换（scale-invariant feature transform，SIFT）表示区域特征，具有对旋转、尺度缩放保持不变性；对视角变化、仿射变换、噪声也保持一定程度的稳定性；SIFT 已经应用于图像的匹配，经优化的 SIFT 描述子图像匹配算法甚至可以达到实时匹配的要求。借鉴图像匹配中的 SIFT 区域特征表示，进行基于特征的多视数据点云拼合，可提高多视数据点云拼合中特征识别的稳健性和拼合的效率。

脉冲噪声点滤除方法将测量数据点云中偏离原始曲面的坏点去除，关键为脉冲噪声的检测和滤除。基于测量数据点云的统计特性的脉冲噪声检测方法，在处理大斜率曲率区域和断线型数据点云中的脉冲噪声检测时，存在误检和漏检。当局部脉冲噪声严重时，在窗口内的脉冲噪声数据个数大于窗口大小的一半时，基于固定窗口数据中值滤波的脉冲噪声滤除方法，容易出现错误的结果。应对以上问题进行进一步的研究。

随机噪声的平滑将测量数据点云中与原始曲面变化频率相差不大的随机噪声滤除，扫描线数据的随机噪声平滑已经有一些研究，由于组成物体的表面的连续性，除了扫描线上的激光扫描数据相关外，相邻层间激光扫描数据也相关。为此应研究基于3D空间的随机噪声平滑方法。

激光扫描数据的精简是用较少的数据表示最多的信息。现有的激光扫描数据点云精简方法采用固定的角度、弦长值或曲率作为度量进行数据点云精简，这种方式容易破坏数据点云的形状。

目前的数据点云预处理技术在处理平滑区域的数据点云时效果较好，但是在处理同时含有平滑区域和不平滑区域的数据点云时，保形性不好。应进一步研究保形性好的数据预处理方法，以得到满足后续操作要求的高质量激光扫描数据点云。

3.3.2 特征提取和特征间约束识别

由逆向工程CAD建模特征分析可知，底层特征是高层特征的再分解，高层特征是底层特征的组合或复合。特征点层是直接由测量数据提取的特征点几何要素。特征线层是指由特征点层提取特征组合而成的截面形状特征。特征面层特征、规则曲面特征是由特征线层提取特征组合而成的曲面形状特征；具有特定工程意义的CAD系统中的造型曲面特征是按照特定的特征形成规则（拉伸规则、旋转规则、扫掠规则、过渡规则及组合规则等）设计而成的高层特征。因此，特征提取过程可以看成是底层提取特征到高层组合特征的过程。基于变量化设计的逆向工程CAD建模中特征提取的基本思路是从激光扫描数据点云依次提取模型的特征点、特征线、特征面的信息，进行特征拟合。

激光扫描线特征点的提取方法以基于曲率的特征点提取方法为主。基于曲率的特征点提取方法的关键是数据点曲率的计算。目前用于逆向工程特征点识别的曲率计算方法有三点差分曲率法、三点圆心曲率法和十一点曲率法。目前的特征识别方法在检测含有不同尺度特征的截面组合曲线时，存在漏检和虚检，无法有效提取不同尺度的截面曲线特征、还原特征建模中的初等曲线特征和次要曲线特征。这是单一尺度特征检测方法普遍存在的问题。应进一步研究基于多尺度分析的自动特征分割方法。将多尺度分析引入数据点云分割方法的研究中，基于小波分析的数据点云分割，计算量大，没有考虑方向检测性和多尺度融合。基于曲率尺度空间的截面数据点云分割方法，将数据点云的曲率计算和多尺度分析统一于曲率尺度空间，充分考虑多尺度融合，可以提高截面数据点云分割的准确性和计算效率。通过分段截面数据点云的相容实现点云曲面分割的方法，易受截面特征分割结果的影响。Curvelet 变换是一种多分辨的、带通的、具有方向性的函数分析法，已经成功地应用于图像的多尺度分割。考虑相邻截面间数据点云的相关性，以具有方向性的函数分析法 Curvelet 变换为基础进行数据点云多尺度、多方向几何分析，提高数据点云分割的准确性。以固定窗口内数据点多尺度、多方向分析为基础的分割方法，为复杂产品中不同尺度形状特征的分割提供了一种新的方法。

特征线提取是将一条连续的截面组合曲线的数据点云分成若干相互连接的、只包含单一特征的数据段。基于种子增长的区域分割法的关键是种子区域的选择和种子增长方式。现有的区域分割法中多采用交互式种子区域选择，依赖于操作者的经验，且不稳定，不易于特征分割的自动实现。在种子增长方面，多以重复的参数拟合方式和距离度量为主，计算量大。应进一步研究自动种子区域的选择和高效的种子增长方式。

截面轮廓能够很好地表征复杂曲面的结构，是特征面识别的一个重要特征。由于截面轮廓数据点集中不显式包含相邻层轮廓之间的对应关系，需要根据激光扫描截面轮廓点集提供的有限信息推导出相邻层轮廓之间的对应关系，实现曲面特征的分割。

由于数据点云中不直接包含几何约束的信息，无法事先已知特征间的约束。如果任意手动设定几何约束，则可能出现约束系统无法求解的情况。自动识别约束能自动建立几何元素间的各种约束关系，易导致冗余或者冲突约束的出现，也可能出现约束被漏掉的情况。在 Langein 的研究中，这类问题部分得到了解决，他将识别出的约束分解为一致良性问题的子集，对每个新添加的约束与已经选择的约束进行一致性检测。然而，自动提取的约束可能不能确切地表示原始的设计意图。如会出现将接近 90°相交的平面认为是正交的情况，而原始设计中可能是添加一个小的拔模角度以方便铸件能够从模具中脱离。

为了使建立的约束模型能够全面、准确反映产品功能和设计意图，可将自动识别约束与人工施加约束结合起来，在分块数据点云的基础上，理解产品结构中隐含的各种约束关系。对于规则约束可以在后续人为添加中确定，类型约束在第 5 章、第 6 章介绍特征类型自动识别时介绍。关系约束主要依据约束的数学公式表示法半自动确定。

3.3.3 特征拟合

特征拟合是指选用合适的特征表示方法，通过插值或拟合得到与离散数据点云逼近的特征参数。特征拟合同样适用于基于变量化设计的逆向工程 CAD 建模中特征参数的求解。特征拟合方法主要包括最小平方、最小绝对值或最小中值的平方。采用最小平方作为特征拟合的目标函数，属于典型的最小二乘拟合问题：

$$E=\min s(x)=\sum_{i=1}^{n} f_i^2(x) \tag{3-1}$$

当 $f_i(x)$ 是线性函数时，即：

$$f_i(x)=\sum_{i=1}^{n} a_i x-b_i, i=1,2,\cdots,m \tag{3-2}$$

为线性最小二乘问题，令

$$\mathbf{A}=\begin{bmatrix} a_{11} & \cdots & a_{1n} \\ \vdots & & \vdots \\ a_{m1} & \cdots & a_{mn} \end{bmatrix}, \boldsymbol{b}=\begin{bmatrix} b_1 \\ \vdots \\ b_m \end{bmatrix}$$

则

$$s(\boldsymbol{x})=f(\boldsymbol{x})^{\mathrm{T}} f(\boldsymbol{x})=(\mathbf{A}\boldsymbol{x}-\boldsymbol{b})^{\mathrm{T}}(\mathbf{A}\boldsymbol{x}-\boldsymbol{b})=\|\mathbf{A}\boldsymbol{x}-\boldsymbol{b}\|^2 \tag{3-3}$$

线性最小二乘问题的解也称为线性方程组的最小二乘解。

$$\mathbf{A}\boldsymbol{x}=\boldsymbol{b}, \mathbf{A}\in \boldsymbol{C}_{m\times n} \tag{3-4}$$

线性方程组的最小二乘解的求解方法有三种，分别是特征向量估计法、法方程法和奇异值分解法。

(1) 特征向量估计法

当 $\boldsymbol{b}=0$ 时，方程变为 $\mathbf{A}\boldsymbol{x}=0$，矩阵 $\mathbf{A}^{\mathrm{T}}\mathbf{A}$ 的特征值为 $\lambda_i(i=1,2,\cdots,n)$，则 $(\mathbf{A}^{\mathrm{T}}\mathbf{A})\boldsymbol{x}=\lambda_i\boldsymbol{x}$。如果存在其中的一个特征值 $\lambda_i=0$，对应特征值 λ_i 的特征向量 $\boldsymbol{x}$ 即为方程的解。由于特征值 λ_i 不会恰好为 0，因此将绝对值最小的特征值对应的特征向量作为系数矩阵的解。

(2) 法方程法

当 $\boldsymbol{b}\neq 0$，$\mathbf{A}$ 为非奇异矩阵，$(\mathbf{A}^{\mathrm{T}}\mathbf{A})^{-1}$ 存在，系数矩阵 $\boldsymbol{x}$ 解为：

$$\boldsymbol{x}=(\mathbf{A}^{\mathrm{T}}\mathbf{A})^{-1}\mathbf{A}^{\mathrm{T}}\boldsymbol{b} \tag{3-5}$$

(3) 奇异值分解法

当 $\boldsymbol{b}\neq 0$，$\mathbf{A}$ 为奇异矩阵，$(\mathbf{A}^{\mathrm{T}}\mathbf{A})^{-1}$ 不存在时，将矩阵 $\mathbf{A}$ 进行奇异值分解

为$\boldsymbol{A}=\boldsymbol{UWV}^{\mathrm{T}}$，元素为非负值的对角矩阵$\boldsymbol{W}$、$\boldsymbol{U}$和$\boldsymbol{V}$都是正交矩阵，即

$$\boldsymbol{W}=[\mathrm{diag}(w_j)]$$

$$\boldsymbol{U}^{\mathrm{T}}\boldsymbol{U}=\boldsymbol{V}^{\mathrm{T}}\boldsymbol{V}=1$$

系数矩阵$\boldsymbol{x}$解为：

$$\boldsymbol{X}=\boldsymbol{V}[\mathrm{diag}(1/w_j)]\boldsymbol{U}^{\mathrm{T}}\boldsymbol{b} \tag{3-6}$$

当$f_i(x)$是非线性函数时，为非线性最小二乘拟合问题。非线性最小二乘法对应的方程为非线性方程组，非线性方程组的求解通常采用两种迭代方法Gauss-Newton法和Levenberg-Marquardt法。

目前的二次曲面特征拟合，一种是以二次曲面的统一方程表示，采用最小二乘法进行参数拟合；另一种是不考虑特征的类型，直接采用样条曲线进行拟合。由于二次曲面的统一方程中的参数没有明显的几何意义，无法表达设计的意图和设计的过程。采用样条曲线进行拟合，虽然可以精确地重构产品的几何形状，但是无法表达设计意图。为此特征拟合的思路是以具有明显几何意义的参数表示特征，并进行特征拟合，可以更好地表达设计意图。

3.3.4 基于图论的约束分解

目前应用于逆向工程特征拟合的约束求解方法主要为基于数值计算的约束求解方法。由于几何约束问题往往涉及非常多的几何体，因而会产生大型非线性方程组。至今尚无求解大型非线性方程组的稳定方法。

基于变量化设计的逆向工程CAD建模方法中，采用基于图论和数值求解相结合的思路对逆向工程中复杂曲面的几何约束系统进行优化求解。通过建立复杂曲面的几何约束系统的图表示，采用基于图论的分割算法将约束图分解为能够独立求解的几何约束子系统，缩小问题约束求解问题的规模。

基于图论的几何约束系统分解是基于约束驱动的特征模型优化的关键步骤之一。对于含有大量特征和约束的复杂曲面逆向工程，基于图论的几何约束求解，首先构造约束问题的图表示。将几何约束系统中的几何特征以图的顶点表示，几何特征间的约束以图的边表示，则一个复杂曲面就可以用约束图来表达。以复杂曲面几何约束系统约束图为基础，根据图论的有关知识和节点元素的性质，推导出几何体的相互关系，对约束图进行分割、化简和求解。基于图论的几何约束系统分解应用于基于变量化设计的逆向工程建模型重建的一个难点是几何约束系统中耦合约束的处理，几何约束图的DSM矩阵表示能有效地反映约束之间的耦合，为此可以研究基于DSM矩阵理论的耦合约束消除方法。基于图论的几何约束系统分解应用于基于变量化设计的逆向工程建模的另一难点是几何约束系统的分解，可以从宏几何体的角度出发，研究基于多尺度特征的有效约束分解方法。

3.3.5 优化数值求解

在基于变量化设计的逆向工程 CAD 建模方法中，重建模型既要满足与原始数据点云的逼近精度要求，同时以各种几何约束和工程约束驱动优化重建特征模型。重建的目标曲线（曲面）特征模型与数据点云的逼近精度可以通过最小二乘法来满足。基于约束驱动的特征模型优化可以转化为一组约束方程组进行求解。综上所述，可以描述为，在约束驱动方程下，目标函数曲线（或曲面）特征模型与逼近数据点云的最小二乘误差达到最小，即约束最优化问题：

$$\min f(x), x \in R^n$$

$$\text{s.t.} \begin{array}{l} c_i(x)=0, i \in E\{1,2,\cdots,l\} \\ c_i(x) \leqslant 0, i \in I\{l+1,l+2,\cdots,l+m\} \end{array} \tag{3-7}$$

通过罚函数法将约束问题转化为一系列无约束问题，得到约束问题的最优解。罚函数法是将目标函数附加上由约束函数构成的“处罚项”，把约束问题的求解转化为一系列以新函数为目标的无约束问题的求解。对式(3-7) 表示数学模型的优化问题构造罚函数为：

$$F(x,\sigma_1,\cdots,\sigma_m)=f(x)+\sum_{i=1}^{l}\sigma_i c_i^2(x)+\sum_{i=l+1}^{m}\sigma_i[\max\{0,g_i(x)\}]^2$$

采用罚函数法得到的无约束优化问题属于典型的非线性最小二乘问题，L-M 法是求解非线性最小二乘问题的比较有效的方法。L-M 法的基本思想是将目标函数线性化，用线性最小二乘问题的解去逼近非线性最小二乘问题的解。这种方法在使用时，选取惩罚因子过大，或者惩罚因子增加很快，可以使算法收敛得快，但是很难精确地求解；选取惩罚因子过小，或者缓慢地增加惩罚因子，可以保持求解参数值与惩罚函数的极小点接近，收敛太慢，效果很差。因此这种方法对初始值很敏感，求解的精确性不高。因此应进一步研究数学模型约束条件尺度规范化下、将罚函数乘子法及拟牛顿法用于约束驱动特征模型优化的稳定的数值求解。

罚函数乘子法将罚函数与 Lagrange 函数结合构造新的目标函数。先构造原约束优化问题的罚函数代替原目标函数，得到一个增广极值问题，然后再构造增广极值问题的 Lagrange 函数作为原问题的无约束优化问题。对式(3-7)

表示数学模型的优化问题构造包括原目标函数和约束函数的乘子罚函数为：

$$L(x,\sigma_1,\cdots,\sigma_m,v_1,\cdots,v_m,\lambda_1,\cdots,\lambda_m)$$

$$=f(x)+\sum_{i=1}^{l}\sigma_i c_i^2(x)-\sum_{i=1}^{l}\lambda_i c_i(x)+\sum_{i=l+1}^{m}\sigma_i[c_i(x)-v_i^2]^2-\sum_{i=l+1}^{m}\lambda_i[c_i(x)-v_i^2]$$

采用罚函数乘子法得到的无约束优化问题属于一般的无约束优化问题，拟牛顿法是有效的求解无约束优化问题的方法。拟牛顿法的基本思想是利用目标函数的二阶导数信息和一阶梯度信息来构造目标函数的曲率近似，并将其极小化。

从以上分析可以看到，特征拟合、约束驱动的特征模型优化作为基于变量化设计的逆向工程 CAD 建模方法中的核心技术，其相关的数学基础理论已经比较成熟，数学工具也比较丰富，是基于变量化设计的逆向工程 CAD 建模方法赖以实现的数学基础。同时数据点云预处理技术、特征提取技术和约束识别技术等也都有学者研究，这些是基于变量化设计的逆向工程 CAD 建模方法赖以实现的技术基础。因此，要实现基于变量化设计的逆向工程 CAD 建模方法虽然存在许多困难，但只要在现有技术的基础上，充分利用各种数学工具，是完全可以实现的。

第4章

数据测量及预处理

本章在分析激光扫描数据点云特点的基础上，重点研究保形性好的数据预处理技术。在对激光扫描数据点云全局统计特性分析的基础上，研究激光扫描数据点云脉冲噪声的自适应检测和滤除算法。引入激光扫描数据点的3D邻域的概念，研究激光扫描数据点云随机噪声的平滑。从稳健的特征点识别方法入手，提出基于SIFT特征的低区分度点云数据匹配方法。最后基于激光扫描数据点局部统计特性分析，研究保形性好的激光扫描数据点云精简方法。

4.1 数据测量

逆向工程的第一任务是产品实物样件的数字化，通过特定的测量设备获取产品实物样件表面的数据点云。采用中国台湾智泰科技公司的LSH-800激光扫描仪，实现实物样件表面数据点云的获取。该激光扫描测量系统主要包括激光扫描探头（LSH）、激光扫描控制器（LSC）、影像采集卡、动力转盘、步进电机、现场扫描用PC机、四轴CNC电动床台，控制软件Scan3Dnow，见图4-1。

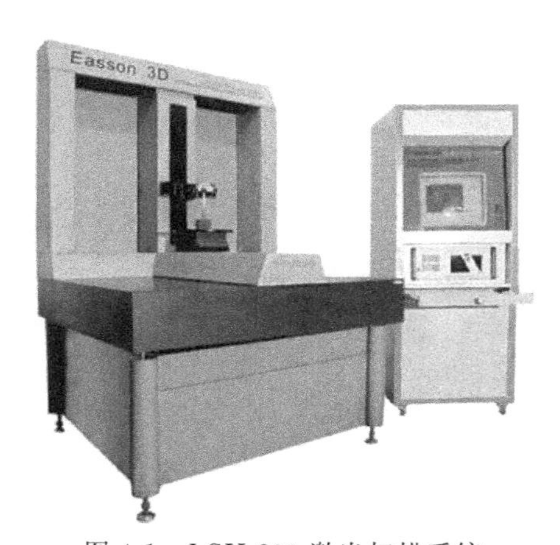

图4-1 LSH-800激光扫描系统

LSH系列激光扫描仪采用激光配合双CCD摄影机系统进行物体外形轮廓扫描测量，如图4-2所示。LSH系列激光扫描仪测量原理是空间对应法。所谓空间对应法，就是找出测量平面的空间坐标与CCD像平面的图像坐标之间关系的方法。LSH-800激光扫描仪的测量行程为600mm×800mm×400mm，扫描景深长达150mm；每秒500点，误差在0.05mm内；能够360°旋转测量。

LSH-800 提供了多种数据输出格式，有 ASCII(＊.asc)、IGES(＊.igs)、VRML(＊.wrl)、DXF 以及二进制形式的 STL(＊.stl)。本章研究中性文件 ASC 格式的激光扫描线测量数据点云。

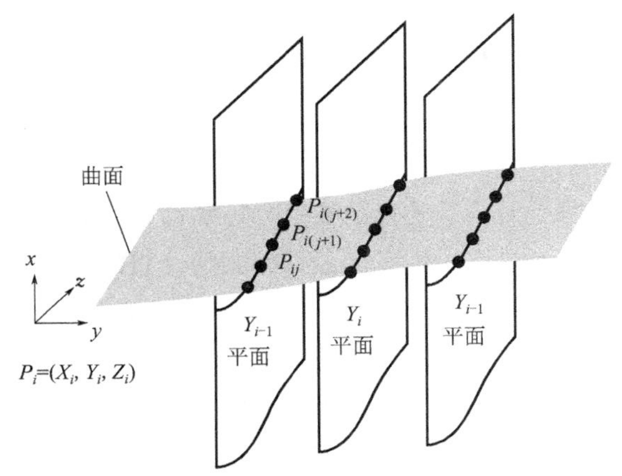

图 4-2　激光扫描数据点云测量

在数据测量前，分析实物模型的结构特点，进行测量规划，主要包括：

① 基准面的选择及定位。选择定位基准时，要考虑测量的方便性和获取数据的完整性。因此，所选定的定位面不仅要便于测量，还要保证在不变换基准的前提下，能获取所有数据，尽量避免测量死区。要尽可能地通过一次定位完成所有数据的测量，避免在不同基准下测量同一零件不同部位的数据，以减少因变换基准而导致的数据不一致，减少误差的产生。

选择定位时，要考虑测量数据点云的准确性。产品实物样件定位要可靠，防止因接触改变产品实物样件位置和形状。在装夹时要注意使测量部位处于自然状态，避免因受力使测量部位产生过大变形。一般可选取产品实物样件的底面、端面或对称面作为测量基准。

② 测量路径的确定。测量路径决定了采集数据的分布规律及走向。在逆向工程中，通常需要根据测量的坐标数据，由数据点拟合得到样条曲线，再由样条曲线构造曲面，以重建样件模型。在数据点云测量时，一般采用平行截面的数据提取路径，路径控制有手动、自动以及可编程控制三种方式。

③ 测量参数的选择。测量参数主要有测量精度、测量密度等。其中，测量精度由产品的性能及使用要求来确定；测量密度（测量步长）的选定要根据逆向对象的形状和复杂程度，其原则是要使测量数据充分反映被测量件的形

状，做到疏密适当。

④ 特殊及关键数据的测量。对于精度要求较高的零件或形状比较特殊的部位，应该增加测量数据的密度、提高测量精度，并将这些数据点作为三维模型重构的精度控制点。对于变形或破损部位，应在破损部位的周边增加测量数据，以便在后续造型中较好地复原该部位。

4.1.1 数据点云的分层

激光扫描线数据点云是以垂直于某一坐标轴的平面截取被测曲面的扫描线形式的数据点云。激光扫描线数据点云具有层状分布的规律，且每一层片数据几乎（在测量误差范围内）都在一个平面内。设测量得到的是垂直于 Y 轴的扫描线数据（对于不是垂直于坐标轴的截面线数据可以进行坐标变化），把位于同一 Y 值上的扫描线数据定义为一层，扫描线的方向定义为 v 向，并把层与层间的方向定义为扫描路径方向 u 向，如图 4-3 所示。

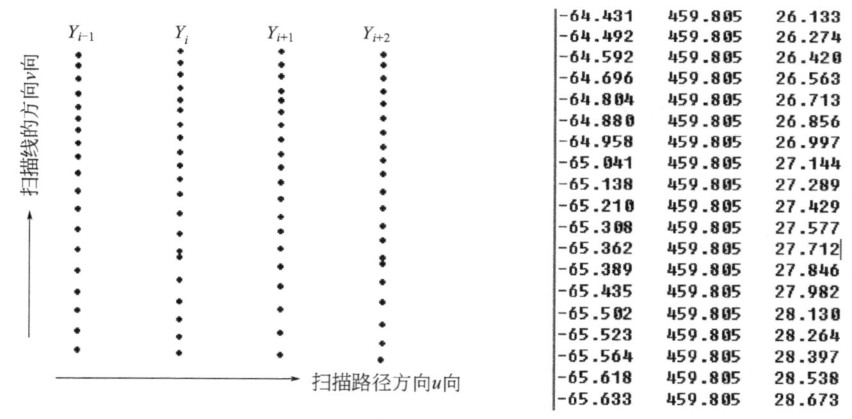

-64.431	459.805	26.133
-64.492	459.805	26.274
-64.592	459.805	26.420
-64.696	459.805	26.563
-64.804	459.805	26.713
-64.880	459.805	26.856
-64.958	459.805	26.997
-65.041	459.805	27.144
-65.138	459.805	27.289
-65.210	459.805	27.429
-65.308	459.805	27.577
-65.362	459.805	27.712
-65.389	459.805	27.846
-65.435	459.805	27.982
-65.502	459.805	28.130
-65.523	459.805	28.264
-65.564	459.805	28.397
-65.618	459.805	28.538
-65.633	459.805	28.673

图 4-3 激光扫描数据点云

通过判断点集是否落在同一平面内来自动识别属于同一条扫描线的点，实现激光扫描线数据点云的分层，流程见图 4-4。

取激光扫描线数据点云总数量的 10%，分别统计各个点坐标值集中的程度，坐标值最集中的一个坐标轴就可以判断为扫描方向。识别扫描方向后，依据激光扫描线数据点云沿扫描线方向的单调性，识别坐标值单调的一个坐标轴可以判断为扫描线方向。识别出扫描方向和扫描线方向后，就可以进行数据分层了，利用每层数据在扫描方向上的相同值作为分层依据，利用每层数据在扫描线方向上的单调性进行层内数据的准确定位。经过数据分层，确立层片间的

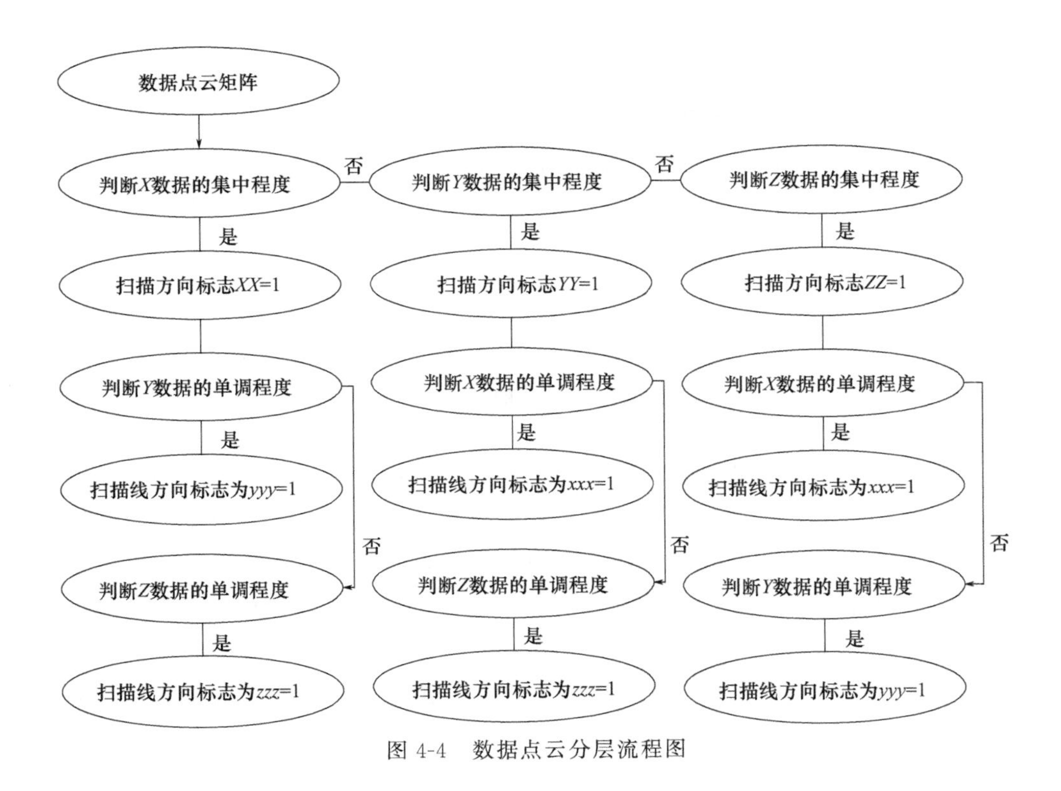

图 4-4 数据点云分层流程图

关系和层内数据点的顺序。

4.1.2 数据点云的分析

激光扫描线数据点云是一系列被测曲面的空间坐标值，可以表示为 $f(x_i, y_i, z_i)$，其中，$x_i, y_i, z_i \in \mathbb{R}^3, i=1,2,\cdots,n$。由于激光法是利用光学反射原理进行测量的，其测量结果不可避免会受测量工件表面反射特性和测量系统本身的影响，如激光散斑、测量系统的电噪声、热噪声等，在测量数据中存在噪声。$f(x_i, y_i, z_i)$一般由被测量曲面数据 $g(x_i, y_i, z_i)$和测量误差 $e(x_i, y_i, z_i)$组成，即：

$$f(x_i, y_i, z_i)=g(x_i, y_i, z_i)+e(x_i, y_i, z_i) \tag{4-1}$$

其中，$g(x_i, y_i, z_i)$表示被测曲面的理想数值；$e(x_i, y_i, z_i)$表示由测量系统本身产生的具有一定规律的确定性误差与由于激光散斑、测量系统的电噪声、热噪声等因素引起的随机测量误差。

在曲面重构中，尽可能最大限度地消除误差因素的影响，使 $f(x_i, y_i, z_i) \rightarrow g(x_i, y_i, z_i)$。式(4-1) 中，测量系统本身产生的具有一定规律的确定性误差的消除，通常是采用标定的方法将其基本消除。由于激光散斑、测量系统的电噪声、热噪声等因素引起的随机测量误差可看成是随机函数，主要包括两部分：一种是具有较宽频带和较高频率的脉冲噪声；一种是与曲面变化频率相差不大的随机噪声，表现为测量数据中的毛刺，如图 4-5 所示。

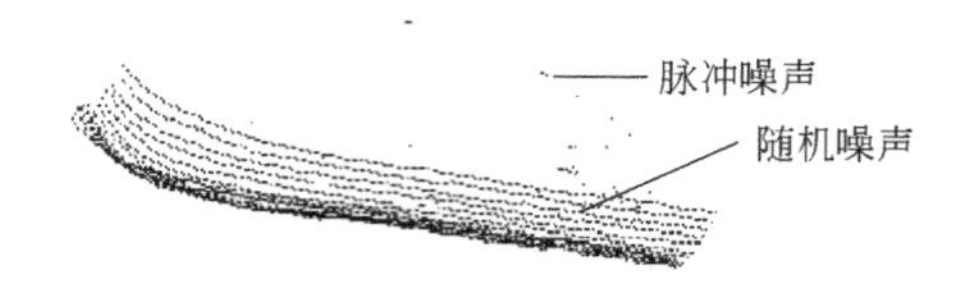

图 4-5 激光扫描数据点云的脉冲噪声和随机噪声

脉冲噪声加在产品实物样件表面的数据点云中，将会严重影响曲面的分割、边缘的检测、特征的提取及最后曲面重构的精度，在 4.2 节中会讨论脉冲噪声的滤除方法。随机噪声加在表面数据中，是影响测量数据精确性的主要因素，严重影响曲线、曲面重构的光滑度，关于随机噪声的滤除将在 4.3 节进行讨论。多次测量获得的激光扫描点云数据拼合，影响数据完整性及数据质量，点云数据增强将在 4.4 节进行讨论。激光扫描法采集的数据量十分密集，除了提供实物样件的几何位置信息，也提供了大量的冗余数据。过多的数据点参与曲面重构运算，几何模型重构效率低，故需要对其进行数据精简，将在 4.5 节进行讨论。

4.2 脉冲噪声自适应检测和滤除

人机交互脉冲噪声滤除方法，需要操作者有丰富的经验，不适合数据量非常大的情况。现有的激光扫描数据的脉冲噪声自动识别和滤除法存在的不足：在平坦区域将有用数据误判为噪声数据，造成细节的模糊；对于数据中存在斜率大、类似斜坡状的区域，将一些非噪声的数据滤除掉，造成有用数据点的大量流失。局部脉冲噪声比较严重时，易出现噪声的虚检和漏检。

针对现有脉冲噪声滤波算法在处理大斜率区域和断线型激光扫描数据的多判和漏判的问题，考虑到随机噪声法在平滑区域数据的细节保留较好的优点，提出了一种有效检测滤除脉冲噪声的方法。将脉冲噪声的滤除分为两步：检测和滤波。在粗检测阶段，基于全局统计特性对激光扫描数据进行分析，检测所有可能的噪声；在精检测阶段，依据局部脉冲噪声的分布，利用自适应弦偏差法进行噪声点检测；在滤波阶段，对噪声点自适应地选择滤波窗口中的非脉冲噪声数据进行中值滤波，实现噪声滤除。

4.2.1 基于全局统计特性分析的粗检测

脉冲噪声的特点是：幅值大，在测量得到的曲线上引起大的尖峰，在该处的变化远远大于被测信号，表现为脉冲噪声数据点与相邻的测量点的距离远大于相邻的正常测量数据点间的距离；频率高，这种信号分布稀疏，占被测曲线上极小的一段，类似于孤立点或者仅为一个点。为此，采用基于全局统计特性分析的方法进行脉冲噪声的粗检测。基本原理为：根据扫描线上点和点间距离的统计特性分析将曲线分为若干段，计算每一线段上的点数，如数目是1或者很少，可判定这一段上的测量点为可能的脉冲噪声。

激光扫描线数据点云的全局统计特性分析：从曲面测量数据中找到一条数据量较多且受脉冲噪声污染较少的扫描线。从中剔除明显的脉冲噪声点，得到点集 P，我们认为正确的测量点间的距离应满足 $N(\mu,\sigma^2)$ 正态分布，N_{m} 为判断测量数据段是否为可能的脉冲噪声的临界值。

由于激光扫描线数据点云的 y 坐标值相等，采用式(4-3)、式(4-4) 计算激光扫描线数据点云的全局统计特性参数 μ 和 σ^2 的值：

$$d_i=\sqrt{(x_{i+1}-x_i)^2+(z_{i+1}-z_i)^2} \tag{4-2}$$

$$u=\frac{\sum_{i=1}^{N-1} d_i}{N-1} \tag{4-3}$$

$$\sigma^2=\frac{\sum_{i=1}^{N-1}(d_i-u)^2}{N-1} \tag{4-4}$$

激光扫描线数据点集 P 的起始点 (x_1,y_1,z_1)，赋统计属性值为第一段的第一个数据点，标记矩阵 $\mathbf{N}$ 中对应点为 $(1,1,x_1,y_1,z_1)$。其中，第一列的1表示第一段，第二列的1表示第一段的第一个数据点。

以激光扫描线上第 i 段第 k 个点来说明统计属性值的确定。已知点 $(x_{j-1},y_{j-1},z_{j-1})$，标记矩阵 $\mathbf{N}$ 中对应点为 $(i,k,x_{j-1},y_{j-1},z_{j-1})$。确定 (x_j,y_j,z_j) 的属性值，计算相邻点之间的距离 $d_j=|P_jP_{j-1}|$，如果 $|d_j-\mu|\leqslant 3\sigma$，则点 (x_j,y_j,z_j) 和数据点 $(x_{j-1},y_{j-1},z_{j-1})$ 属于同一数据段，属性为标记为

$(i,k+1,x_j,y_j,z_j)$；否则，点(x_j,y_j,z_j)和数据点$(x_{j-1},y_{j-1},z_{j-1})$不属于同一数据段，属性为标记为$(i+1,1,x_j,y_j,z_j)$，同时判断$k$是否小于规定的阈值$N_m$（本书中取$N_m=6$），如果$k<N_m$，则该段数据为噪声，否则，该段数据为非噪声数据。

4.2.2 自适应弦偏差脉冲噪声检测

自适应弦偏差脉冲噪声检测的基本原理对所有可能的噪声，依据局部脉冲噪声的分布，利用自适应弦偏差法进行脉冲噪声的精确检测。以点$P_i(x_i,y_i,z_i)$为例，由于扫描线数据的y坐标值相等，计算扫描线上点P_i到点P_{i-1}与点P_{i+1}的弦长的距离h_i：

$$h_i=\frac{|k_ix_i+b_i-z_i|}{\sqrt{1+k_i^2}},i=1,2,\cdots,N \tag{4-5}$$

其中，$k_i=\dfrac{z_{i+1}-z_{i-1}}{x_{i+1}-x_{i-1}}$；$b_i=\dfrac{x_{i+1}z_{i-1}-x_{i-1}z_{i+1}}{x_{i+1}-x_{i-1}}$。

定义$er_1=\max(h_i)\times 1.1$，$er_2=\mathrm{mean}(h_i)$。

准则1 对噪声段的起始点P_i，计算点P_i到点P_{i-1}与点P_{i+1}弦长的距离h_i，如果$h_i>er_1$，则判断点P_i为脉冲噪声点；如果$h_i<er_2$，则判断点P_i为非脉冲噪声点；如果$er_2<h_i<er_1$，计算点P_i到点P_{i-1}与点P_{i+2}弦长的距离hh_i，如果$hh_i>er_1$，则判断点P_i为脉冲噪声点，否则认为点P_i为非噪声点。见图4-6。

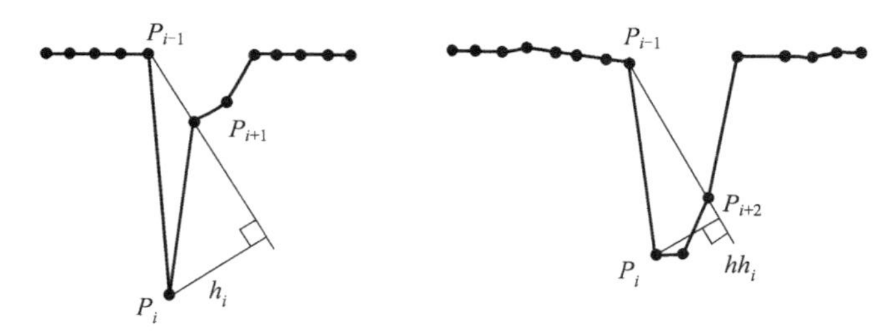

图4-6 噪声段起始点数据弦长计算

准则2 对噪声段的非起始点P_i，统计在该段数据上P_i之前的噪声数据的个数J_{n-1}，计算点P_i到点P_{i-j_n}与点P_{i+1}弦长的距离hn_i，如果$hn_i>er_1$，则认为点P_i为脉冲噪声点；如果$hn_i<er_2$，则判断点P_i为非脉冲噪声点；如果$er_2<hn_i<er_1$，计算点P_i到点P_{i-j_n}与点P_{i+2}弦长的距离hhn_i，

如果 $hhn_i > er_1$，则点 P_i 为脉冲噪声点，否则认为点 P_i 为非噪声点。见图 4-7。

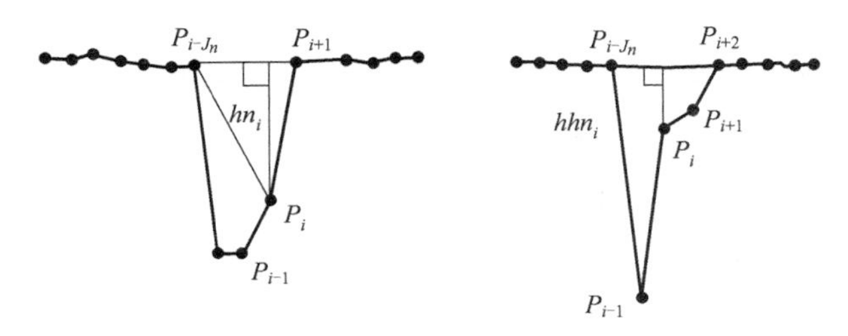

图 4-7 噪声段非起始点数据弦长计算

4.2.3 脉冲噪声的自适应滤除

脉冲噪声中值滤波基本原理是对检测出的脉冲噪声数据点在特定长度的邻域窗中各数据点值的中值来代替，通常是一个含有奇数个数据点的滑动窗口。x_1，x_2，…，x_n 为扫描线测量点云数据中反应测量曲面变化的数据序列，则该序列的中值 m 为

$$m = \text{med}\{x_1 x_2 \cdots x_n\} = \begin{cases} x_{i\left(\frac{n+1}{2}\right)} & n \text{ 为奇数} \\ \dfrac{1}{2}\left[x_{i\frac{n}{2}} + x_{i\left(\frac{n+1}{2}\right)}\right] & n \text{ 为偶数} \end{cases} \tag{4-6}$$

脉冲噪声数据点个数少于滤波窗口内数据点总数的一半时，中值滤波效果良好。但若脉冲噪声数据点的个数大于滤波窗口内数据点总数的一半，中值滤波可能破坏部分细节，滤波窗口越大，这种破坏越严重。

针对中值滤波效果随滤波窗口大小和噪声密度而显著变化的不足，提出激光扫描线数据点云的脉冲噪声的自适应滤除方法，基本原理是自适应确定滤波窗口内非脉冲噪声点数据点进行中值滤波。对于脉冲噪声数据点 P，依据脉冲噪声检测中连续脉冲噪声的数目确定滤波窗口大小。统计各数据段上连续噪声个数 $N(i)$，$N(i)$的最大值 N_P，滤波窗口大小应大于 $2N_P+1$。

自适应滤除方法的基本过程：确定以 P 为中心的一个滑动窗口及其数据点；基于脉冲噪声数据点检测的结果，确定滑动窗口中的非脉冲噪声数据点；用滑动窗口中非脉冲噪声数据点值的中值来代替 P。

激光扫描数据的脉冲噪声滤波算法如下。

① 对激光扫描线数据按照 4.2.1 节给出的方法进行分段，统计每段数据点的个数 N_k。

② 比较 N_k 与阈值 N_m，若 $N_k < N_m$，则判断该段数据点为可能的脉冲噪声；否则，判断该段数据点为非噪声数据，予以保留。

③ 对可能的脉冲噪声，判断点 P_i 是否为噪声段的起始点，若是，则依据准则 1 进行精确判断；否则，利用准则 2 进行精确判断。

④ 对精确检测为脉冲噪声的数据点，自适应地选择滤波窗口中非脉冲噪声点数据，进行中值滤波。

⑤ 重复步骤①～④，直到处理完所有的扫描线数据。

4.2.4 实例分析

对某零件激光扫描数据点云进行脉冲噪声的滤除，图 4-8(a) 为该零件测量数据中的一条扫描线数据。应用本节算法、参考文献 [122]、[59]、[58] 中的算法进行脉冲噪声的滤波处理，结果如图 4-8。

对于脉冲噪声数据点滤波效果，一般采用主观评价，从图 4-8(b) 与图 4-8

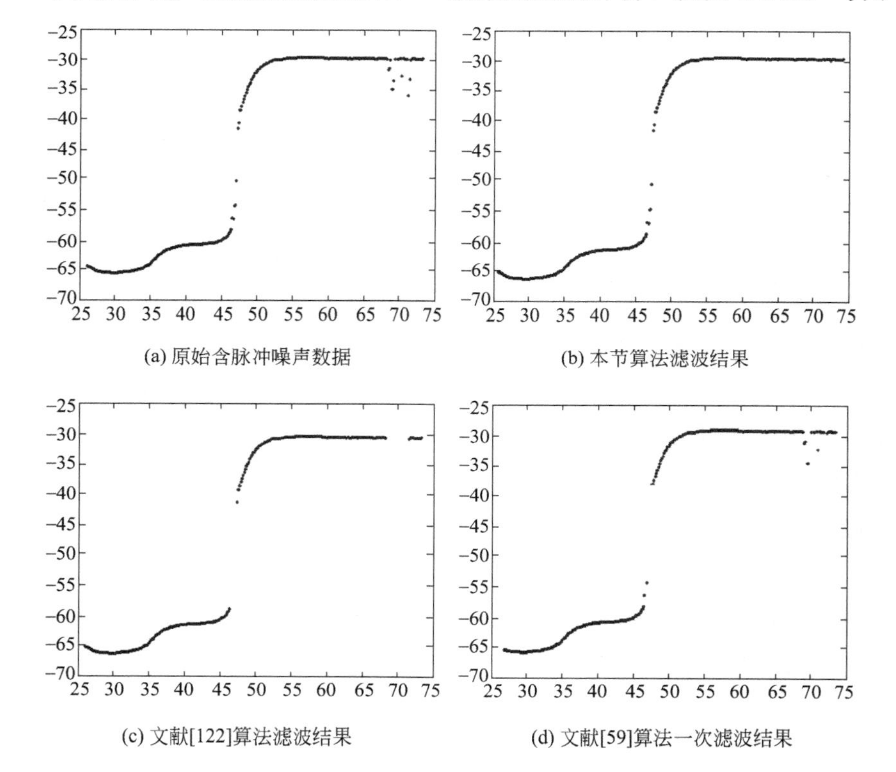

(a) 原始含脉冲噪声数据

(b) 本节算法滤波结果

(c) 文献[122]算法滤波结果

(d) 文献[59]算法一次滤波结果

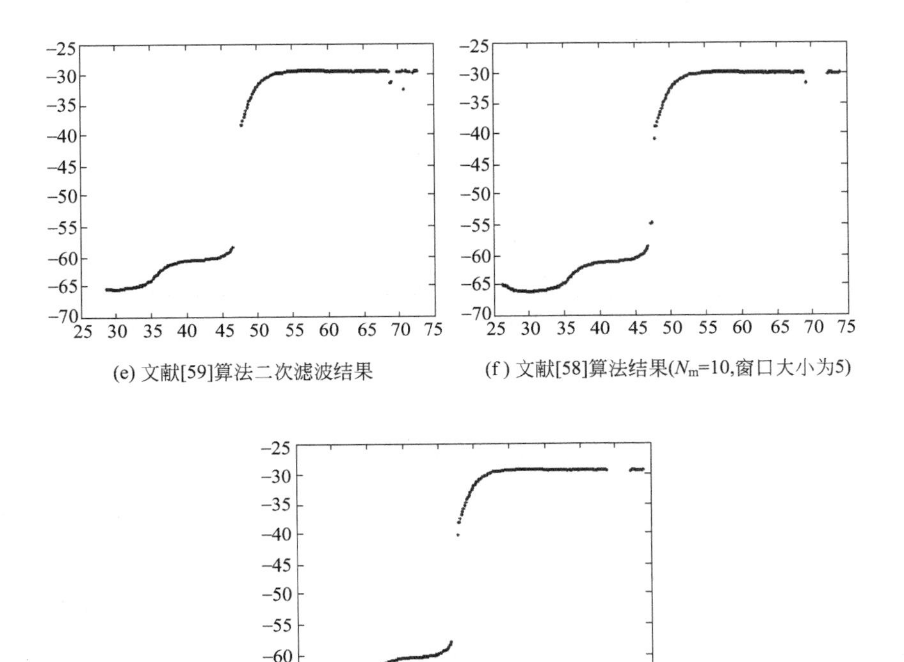

(e) 文献[59]算法二次滤波结果

(f) 文献[58]算法结果(N_m=10,窗口大小为5)

(g) 文献[58]算法结果 (N_m=10,窗口大小为7)

图 4-8　激光扫描数据点云进行脉冲噪声的滤波

(c)～(g) 的比较可以看出，同参考文献［122］、［59］、［58］的算法比较，本文提出的算法准确滤除脉冲噪声的同时，有效地保留数据的细节。对该零件测量数据中含有脉冲噪声的部分数据点云，见图 4-9(a)，应用激光扫描数据脉冲噪声的自适应检测和滤波方法进行处理，结果见图 4-9(b)。

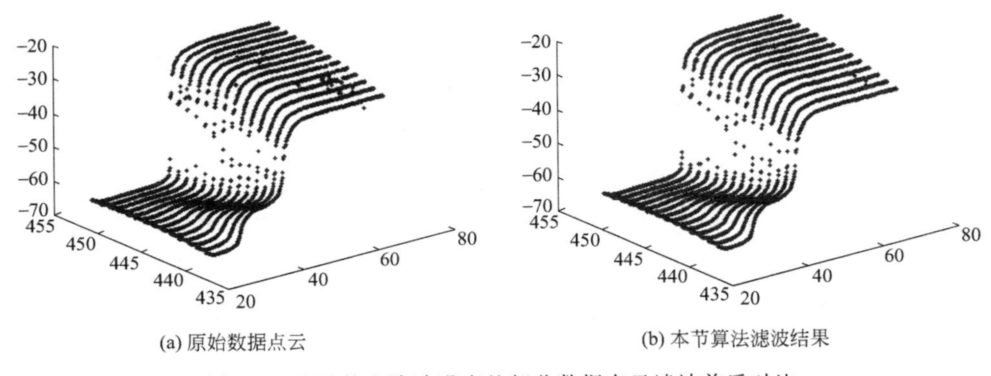

(a) 原始数据点云

(b) 本节算法滤波结果

图 4-9　某零件含脉冲噪声的部分数据点云滤波前后对比

4.3 基于 3D 邻域随机噪声滤波

现有的随机噪声滤波方法有模糊加权滤波法、随机噪声滤波法、曲线平滑拟合法，这些都是基于激光扫描扫描线上的数据进行的随机噪声滤波。本节在进行激光扫描数据点云相关性分析的基础上，研究激光扫描数据的 3D 全局平滑。

4.3.1 激光扫描数据点云的相关性分析

相关性代表客观事物某两种属性间联系的紧密性。相关性分析是利用概率统计方法来描述和研究信号的相关关系，常用的统计量有自相关函数、互相关函数等。层状激光扫描线数据点云可以看作一种特殊形式的离散数据信号。从同一扫描线上的数据间的自相关性和相邻层扫描线上的数据之间的互相关性两个角度，对激光扫描线数据点云进行相关性分析确定数据点云之间的相关性。

信号的自相关性就是反映不同位置数据点相互联系紧密性的一种函数。通过自相关性分析确定激光扫描线数据点云中同一扫描线上不同位置数据点的内在关联性。图 4-10(a) 为某零件的部分激光扫描数据点云，图 4-10(b) 为其第 30 层激光扫描数据线，对其进行自相关性分析，结果如图 4-10(c) 所示。

信号的互相关性就是反映两组信号数据点间相互联系紧密性的一种函数。通过互相关性分析确定激光扫描线数据点云中相邻层数据点间的关联性。图 4-11(a) 为其第 30 层数据点云及相邻层 29 层、31 层数据点云。对其进行互相关性分析，第 30 层激光扫描数据线与相邻层第 29 层激光扫描数据线的互相关分析结果如图 4-11(b)，第 30 层激光扫描数据线与相邻层第 31 层激光扫描数据线的互相关分析结果如图 4-11(c) 所示。

可以得出：同一扫描线上的数据相关，且相邻层数据之间也相关。这也与在激光扫描的精度下，自由曲面数据不可能发生较大突变的事实相符合。下文在对数据点云相邻层间的相关性分析的基础上，研究激光扫描数据点云的 3D 邻域随机噪声平滑滤波法。

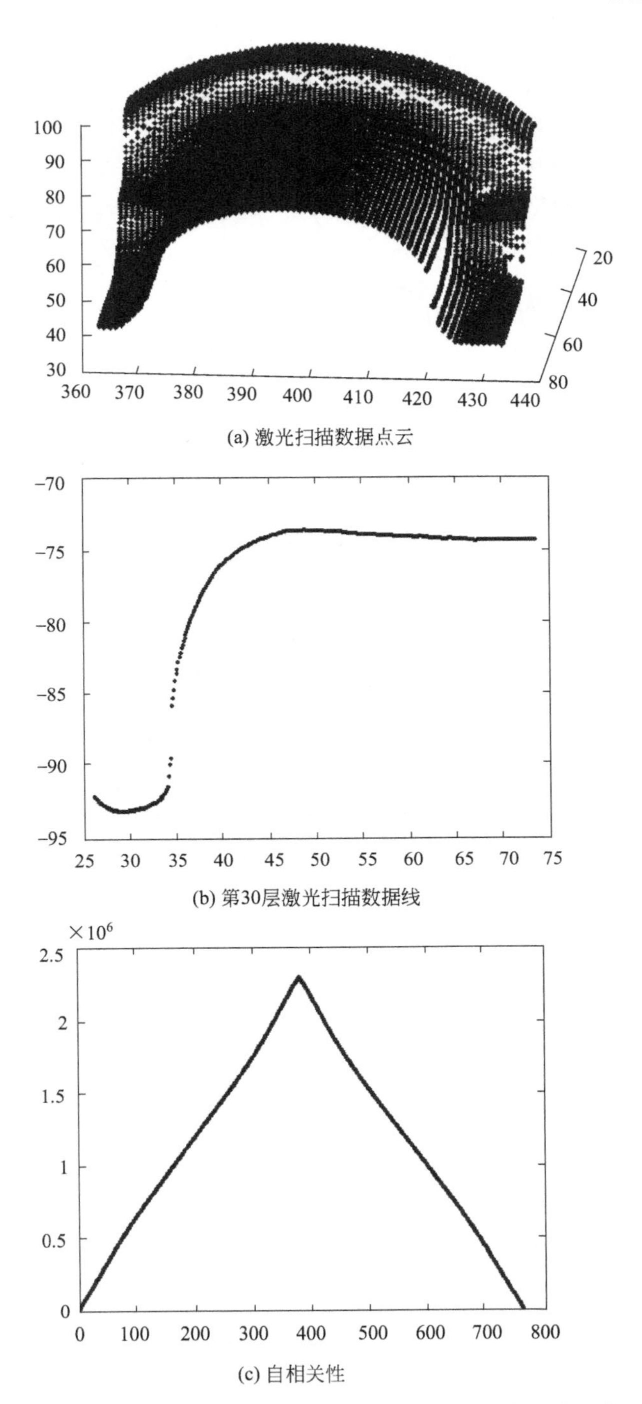

图 4-10 同一扫描线上的不同位置数据点的内在关联性

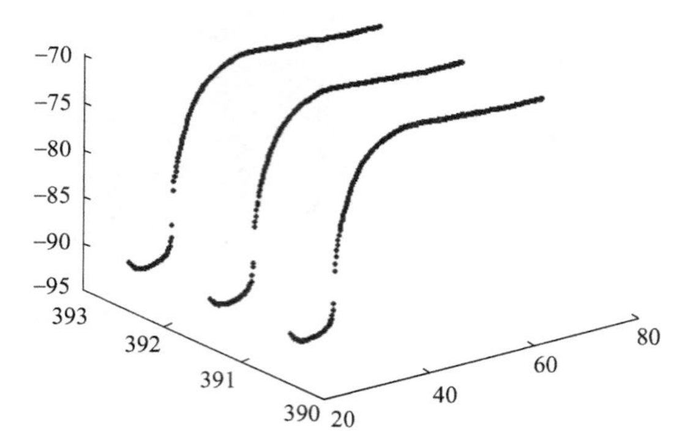

(a) 第29、30、31层数据点云

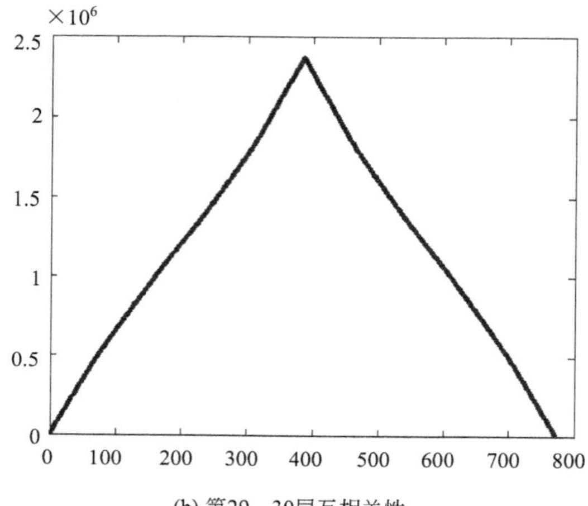

(b) 第29、30层互相关性

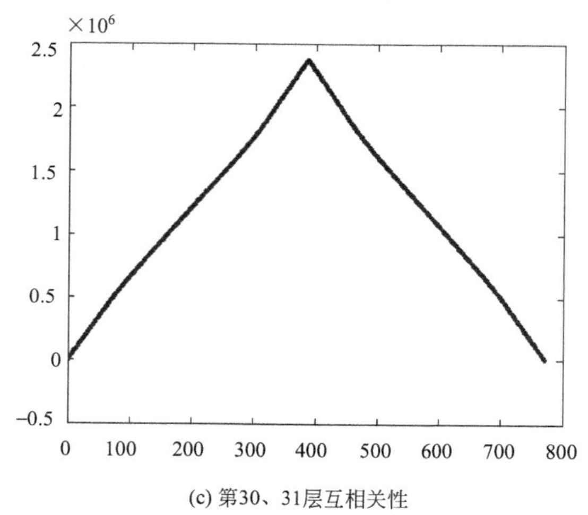

(c) 第30、31层互相关性

图 4-11　不同扫描线上激光扫描数据点的关联性

4.3.2 激光扫描数据 3D 邻域

基于激光扫描线数据点云中同一扫描线上的数据相关、相邻层的扫描线数据间也相关的事实，为了获得激光扫描线数据的随机噪声平滑，引入激光扫描线数据的 3D 邻域的概念，并给出了用于激光扫描线数据点云随机噪声平滑的激光扫描线数据十字形 3D 邻域的确定方法。

定义 激光扫描线数据点 P_i 的 3D 邻域：激光扫描线上点 P_i 的邻域与相邻层扫描线上点 P_i 的某一形式邻域的集合称为激光扫描线数据点 P_i 的 3D 邻域。激光扫描线数据点 P_i 的 3D 邻域的形状可以为矩形、圆形、十字形等。

定义 激光扫描线数据点十字形 3D 邻域：激光扫描线上点 P_i 的邻域与相邻层的沿扫描线垂直的方向上点 P_i 的邻域的集合称为激光扫描线数据点 P_i 的十字形 3D 邻域。

激光扫描线数据点十字形 3D 邻域的确定方法：

① 确定扫描线上的邻域，以点 P_i 为中心的 $2N+1$ 窗口内的数据点的集合 U_1；

② 将数据向激光扫描线方向和扫描方向形成的平面投影；

③ 在投影面内确定相邻层之间数据的邻域关系；

④ 将投影面内的邻域关系映射至三维测量数据点云，得到 3D 邻域在沿扫描方向上点 P_i 的邻域的集合 U_2；

⑤ 求集合 U_1 和集合 U_2 的并集，得到激光扫描线数据点 P_i 的十字形 3D 邻域 U。

说明：

① 将数据向激光扫描线方向和扫描方向形成的平面投影，对数据作投影变换，$\boldsymbol{A}=\boldsymbol{B}\times\boldsymbol{C}$，其中 $\boldsymbol{A}$ 为原始数据矩阵，$\boldsymbol{C}$ 为投影平面内数据矩阵，变换矩阵 $\boldsymbol{B}$ 为：

$$\boldsymbol{B}=\begin{bmatrix}0 & 0 & 0\\ 0 & 1 & 0\\ 0 & 0 & 1\end{bmatrix}$$

② 确定相邻层之间数据的十字形邻域关系。设扫描线方向为 U 向，扫描方向为 V 向。沿扫描方向层用 V_i 表示，P_i 为激光扫描三维数据点，其坐标为(x_i, y_i, z_i)，P_i 在投影面 C 内的投影为 O_i，其坐标为(y_i, z_i)。

确定数据点 P_i 所在层 V_i 的相邻层 V_{i-2}、V_{i-1}、V_{i+1}、V_{i+2}。在投影平面内 C 的相邻层上计算满足式(4-7) 要求的点。如果满足要求的点有两个 Z_1、Z_2，则按照式(4-8) 计算 d_1、d_2，保留距离小的一个。

$$|Z-P_i|\leqslant 0.08 \tag{4-7}$$

其中，0.08 为激光扫描测量时沿扫描线方向测量间距的 1/2。

$$d_1=|Z_1-P_i|, d_2=|Z_2-P_i| \tag{4-8}$$

③ 采用矩阵变换将投影面 C 的邻域映射至三维测量数据 A，得到在沿扫描方向上点 P_i 的邻域的集合 U_2。

以某扫描线第十个点 P_i 为例，给出了前后各两层的相邻层邻域和扫描线上窗口 $M=3$ 的扫描线邻域组成的点 P_i 的十字形 3D 邻域，如图 4-12 所示。

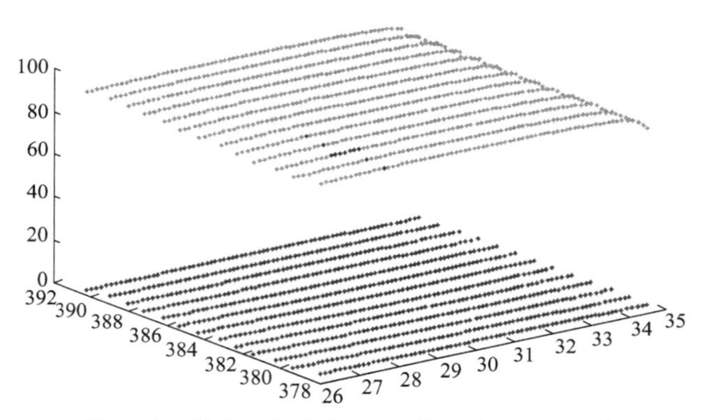

图 4-12　激光扫描数据点 P_i 的十字形 3D 邻域

4.3.3　模糊加权均值滤波

普通均值滤波法中每一数据点无条件地被滤波窗口的统计均值代替，这样测量曲面的边缘势必变得模糊，不能很好地达到去噪、保持边缘的目的。模糊加权均值滤波是利用模糊隶属度函数的概念，对加权均值滤波的权值进行优化。模糊加权均值滤波将各测量数据点看作模糊集中的元素，根据实际情况选用适当的隶属函数，利用各点 x 值的不同而设定不同的隶属度，确定该点对滤波点的影响权值。

对激光扫描数据点模糊加权均值滤波的基本思路是：以扫描线上某一点为中心，将其滤波窗口内的数据点作为一个模糊集 A 中的元素，其中各点的隶属度由模糊集中的隶属函数 $u(x_i)$ 映射得到。考虑到实际测量中的测量误差分布情况，采用正态型来定义隶属函数，滤波窗口内各数据点的隶属于窗口中

心数据点的隶属度 $u(x_i)$，按式(4-9) 计算：

$$u(x_i)=\mathrm{e}^{-\frac{(x_i-x)}{b}} \tag{4-9}$$

其中，x 为该滤波窗口中心点的数据；b 为该滤波窗口的中心数据点。

在求得对应于测点 P_{ij} 邻域内各点的隶属度后，由模糊变换的合成运算，按式(4-10) 计算各数据点的对应权值：

$$\omega_{i,L}=\frac{u_{i,L}}{\sum\limits_{i=j-k}^{j+k}u_{i,L}} \tag{4-10}$$

其中，k 为窗口参数。

对窗口内各数据点加权平均求和，得到滤波后的窗口中心点的值。将扫描线上数据点在其滤波窗口内进行模糊加权平均滤波。

4.3.4 基于 3D 邻域随机噪声滤波的算法步骤

对激光扫描线数据点在其 3D 邻域内进行模糊加权均值滤波实现激光扫描线数据点云的随机噪声平滑。具体的算法步骤：

① 按照 4.3.2 节的方法确定激光扫描数据点的十字形 3D 邻域。

② 按照 4.3.3 节的方法在激光扫描数据点的十字形 3D 邻域内模糊加权均值滤波。

③ 重复步骤①、②，直至一条扫描线上的数据处理完毕。

④ 对所有激光扫描线数据进行处理。

4.3.5 实例分析

对图 4-13(a) 激光扫描线数据点云中的一条扫描线，如图 4-13(b)、图 4-13(c) 所示，进行模糊加权均值滤波、基于 3D 邻域随机噪声滤波，结果分别如图 4-14、图 4-15 所示。采用曲率及曲率变化直方图表达随机噪声滤波前后数据的平滑程度。进行模糊加权均值滤波、基于 3D 邻域随机噪声滤波后，激光扫描线数据点的曲率分别如图 4-16(a) 和图 4-16(b)，曲率变化的直方图分别如图 4-16(c) 和图 4-16(d)。与普通模糊加权均值滤波相比，基于 3D 邻域激光扫描数据随机噪声滤波的曲率变化分布更合理。

对图 4-13(a) 的激光扫描线数据点云进行模糊加权均值滤波、基于 3D 邻域随机噪声滤波，数据处理结果如图 4-17 所示。计算第 23 条扫描线沿扫描方向的曲率和曲率变化的直方图，见图 4-18。可以看出：模糊加权均值滤波没有进行沿扫描方向的平滑，基于3D邻域激光扫描数据随机噪声滤波后曲率分布更合理，有效滤除了测量数据中的毛刺，实现了激光扫描数据点云随机噪声的平滑。

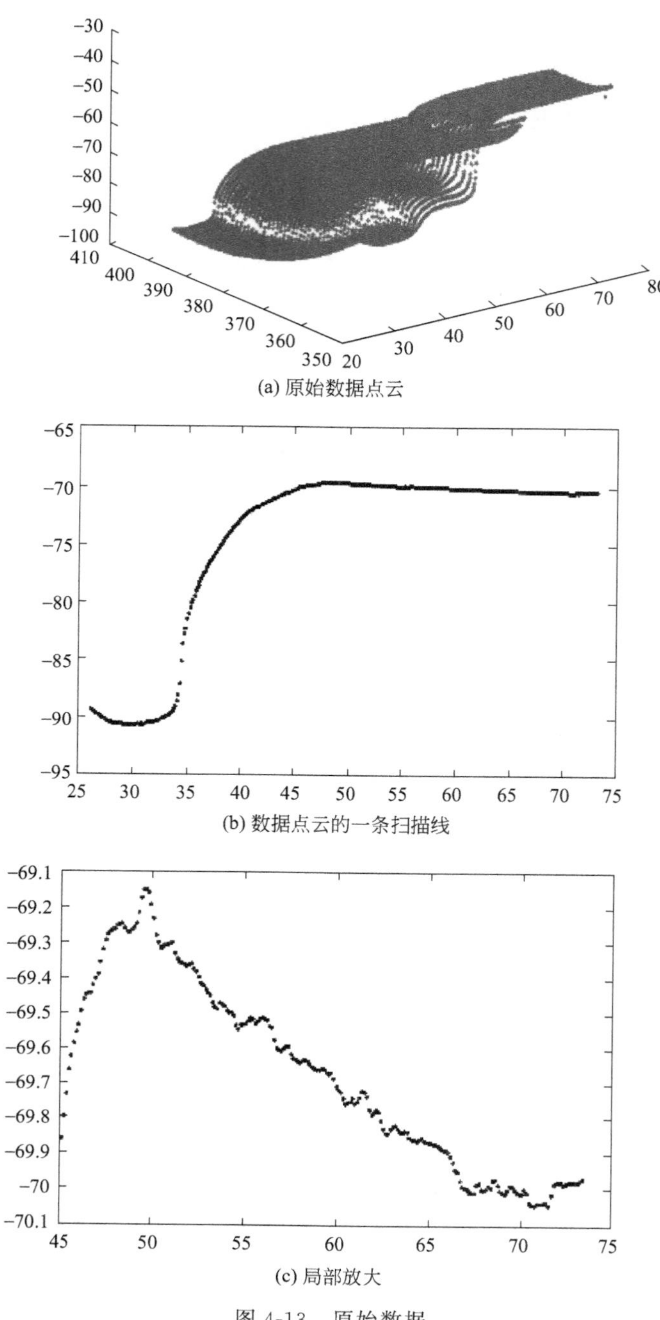

(a) 原始数据点云

(b) 数据点云的一条扫描线

(c) 局部放大

图 4-13　原始数据

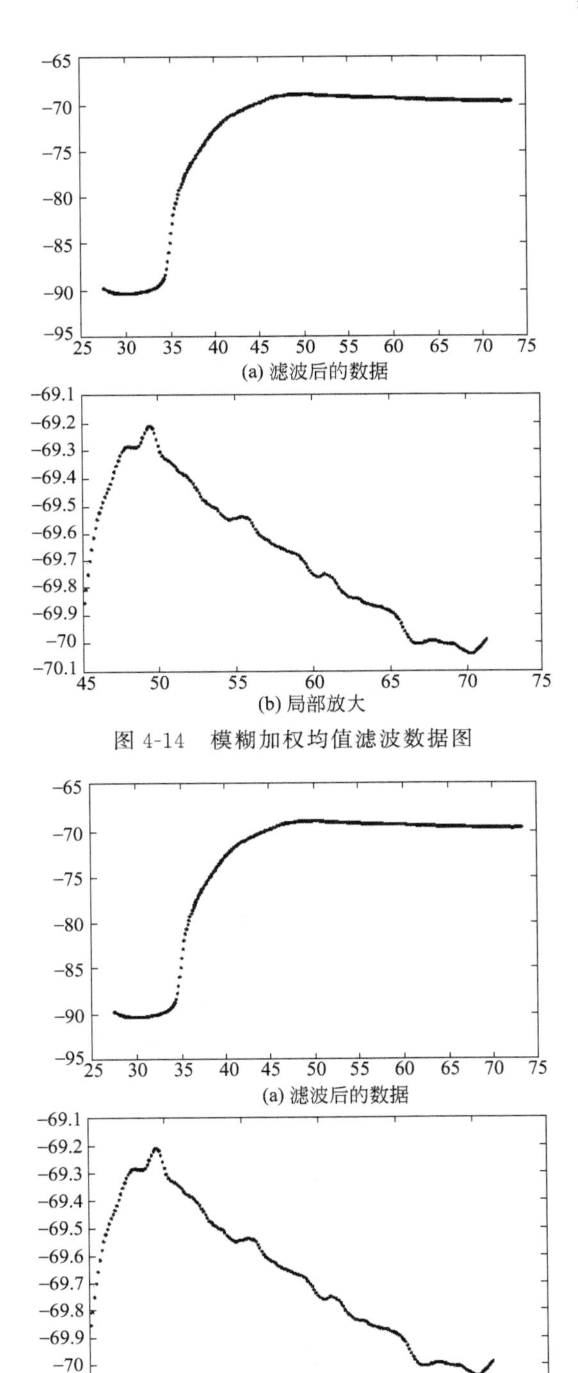

图 4-14　模糊加权均值滤波数据图

图 4-15　基于 3D 邻域随机噪声滤波数据图

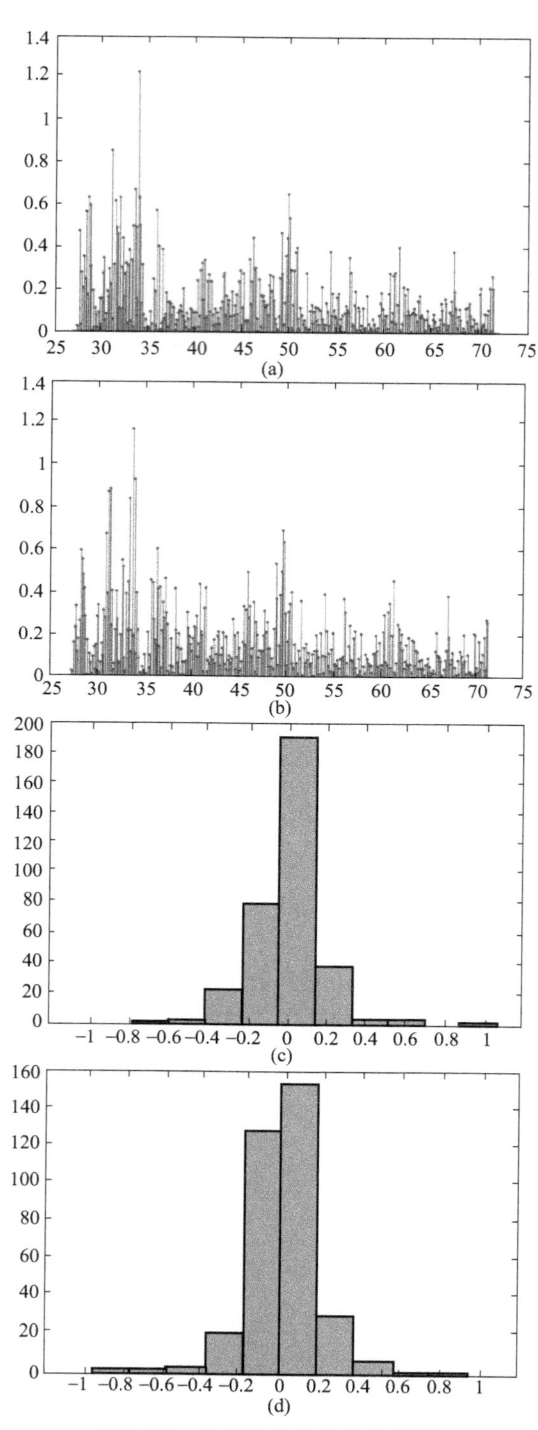

图 4-16 曲率及曲率变化直方图

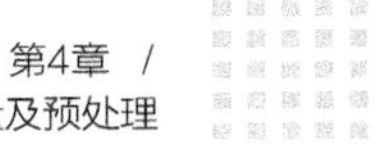

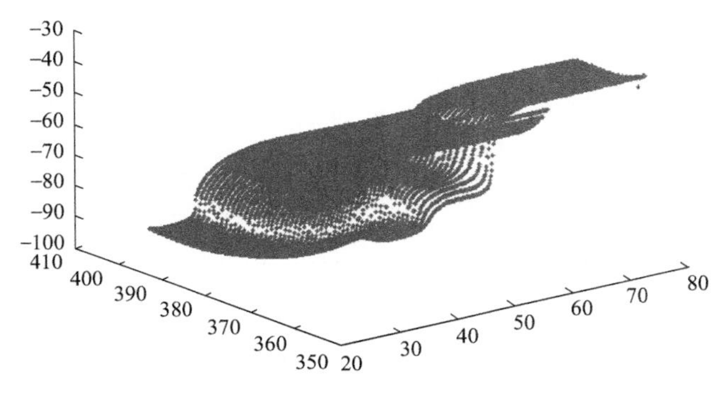

(a) 模糊加权均值滤波

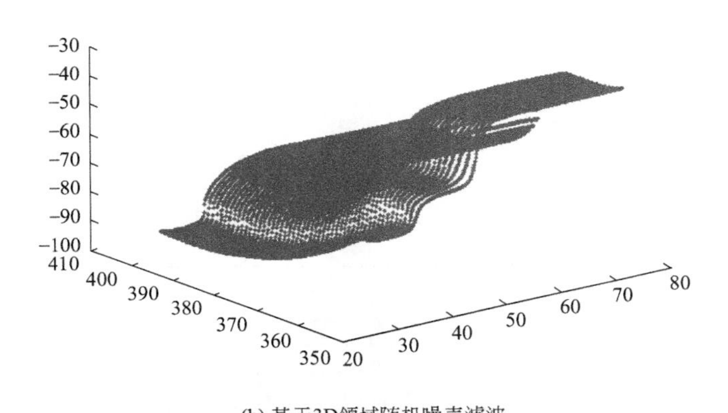

(b) 基于3D领域随机噪声滤波

图 4-17 数据处理结果

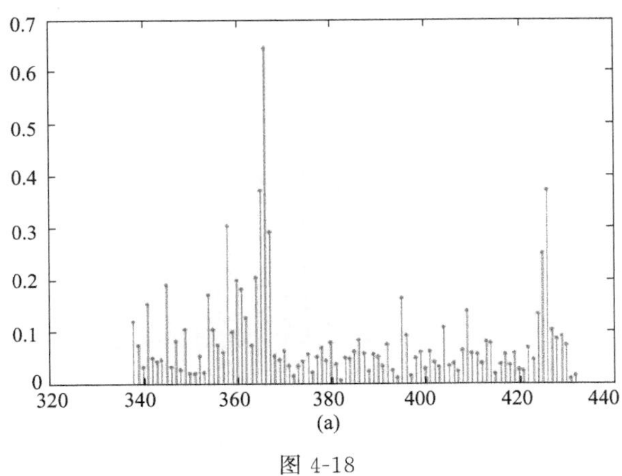

图 4-18

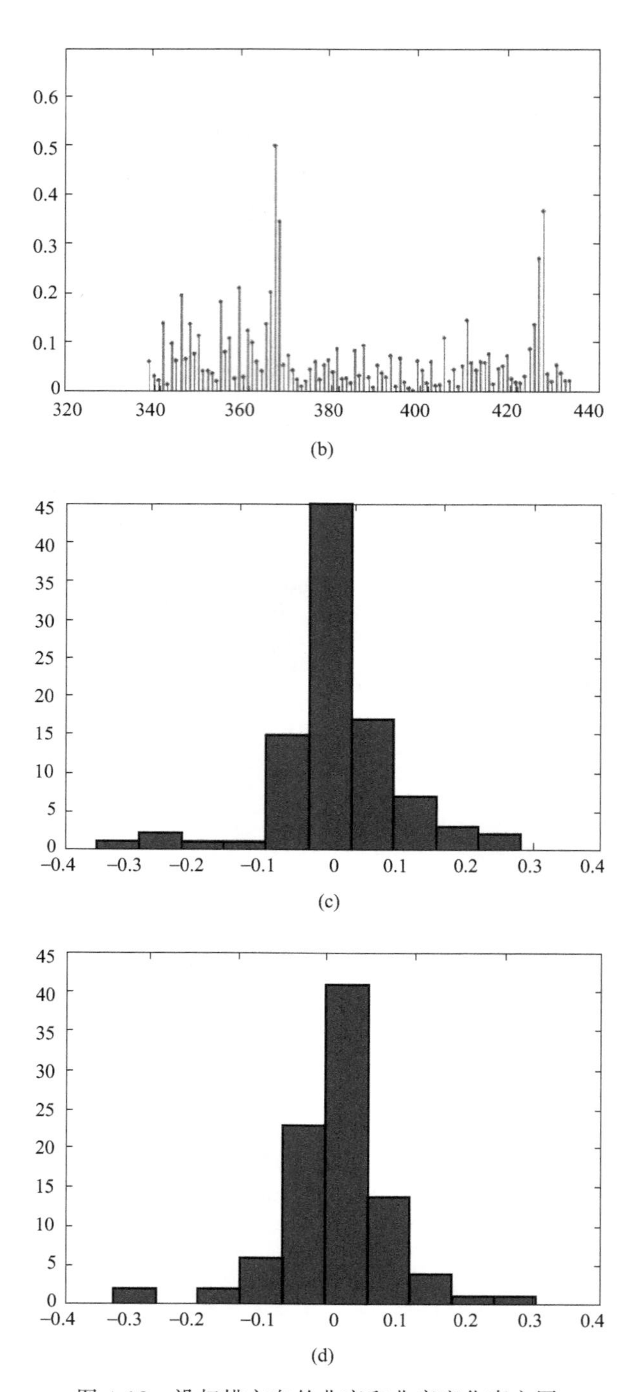

(b)

(c)

(d)

图 4-18　沿扫描方向的曲率和曲率变化直方图

4.4 基于数据增强的多视点云匹配

引入特征刚体变换的多视数据点云拼合方法，如标签定位法、固定球法等，易受引入特征抽取结果的影响。特征提取与形状识别是影响基于特征的多视点云拼合的关键。现有特征提取算法在处理复杂产品中表面信息变化较小的数据点云时，形状特征识别不够敏感，可区分度低。具体表现为提取的特征数量很少，甚至提取不到，影响多视数据点云的拼合等后续应用。

本节研究了基于分层连通区域的点云数据增强，基于同态滤波的点云数据增强，将非均分布的点云数据转变为均分布的点云数据，提高点云数据的对比度。

考虑到 Lowe 提出的尺度不变特征变换（scale-invariant feature transform，SIFT）表示区域特征，对旋转、尺度缩放保持不变性；对视角变化、仿射变换、噪声也保持一定程度的稳定性。从稳健的特征点识别方法入手，引入点云数据的 SIFT 区域特征表示，提高点云数据匹配中特征识别的稳健性。提取点云数据的 SIFT 特征，通过计算 SIFT 特征向量的欧氏距离进行 SIFT 特征向量匹配，获得点云数据的匹配点对；估计点云数据匹配参数，计算得到旋转矩阵和平移矩阵，实现 2 次测量视角变化较大、存在测量误差的低区分度点云数据匹配。

4.4.1 基于分层连通区域的点云数据增强

如果产品实物样件激光扫描线数据点云中反映产品外形及其空间关系的数据 z 的动态范围内呈均匀分布，那么这种点云有最丰富的层次感，对比度最高。由于产品的外形不同且不可能发生突变，实际测量的产品点云数据在其数据的动态范围内不呈均匀分布。为了避免数据点云全局数据增强时，存在的“褪色效应”和出现的“椒盐噪声”，同时也为了避免局部数据增强时引起的点云数据的“形状失真”，本小节研究了基于分层连通区域的点云数据增强，将非均分布的激光扫描线数据点云转变为均分布的激光扫描线数据点云，提高数据点云的对比度。

基于分层连通区域的点云数据增强，以反映产品外形及其空间关系的数据 z 的二维矩阵 $\boldsymbol{Z}_{M\times N}$ 为基础，进行点云数据分层，在每层点云数据的连通分量内进行局部点云数据增强。其涉及的关键技术有：点云数据分层，点云数据的连通分量识别，局部点云数据增强，点云数据增强效果的评价。

(1) 点云数据分层

反映产品外形及其空间关系的点云数据坐标 x 的二维矩阵 $\boldsymbol{X}_{M\times N}$，$x$ 的动态范围 $x\in[x_{\min},x_{\max}]$，将其分成两个子区间 $[x_{\min},x_t)$ 和 $[x_t,x_{\max}]$，得到两个子矩阵 $\boldsymbol{X}_1$、$\boldsymbol{X}_2$：

$$\begin{cases}\boldsymbol{X}_1=\{X_{M\times N},x_{\min}\leqslant x\leqslant x_t\}\\ \boldsymbol{X}_2=\{X_{M\times N},x_t\leqslant x\leqslant x_{\max}\}\end{cases} \tag{4-11}$$

作为原数据点云的两个分层子点云数据的二维矩阵，子矩阵 $\boldsymbol{X}_1$、$\boldsymbol{X}_2$ 满足：

$$\boldsymbol{X}_1\cap\boldsymbol{X}_2=\varnothing,\boldsymbol{X}_1\cup\boldsymbol{X}_2=\boldsymbol{X}$$

点云数据分层阈值 x_{t} 取测量坐标 x 的动态范围 $x\in[x_{\min},x_{\max}]$ 的中间值 $\dfrac{x_{\min}+x_{\max}}{2}$ 时，可能会引起两个分层子点云数据间数据量差别较大。为了使两个分层子点云数据的二维矩阵 $\boldsymbol{X}_1$、$\boldsymbol{X}_2$ 面积近似相等，按式(4-12) 选定点云数据分层阈值 x_{t}：

$$x_{\mathrm{t}}=\lfloor\mathrm{mean}(x)\rfloor \tag{4-12}$$

当产品形状比较复杂时，可以对激光扫描线数据点云进行多次分层，提高后续连通分量识别和局部点云数据增强的精度。

(2) 点云数据的连通分量识别

激光扫描线数据点云的分层子点云数据通常不是单连通的，包含若干个相互分离的连通区域。采用 8 连通区域的序贯标记算法，识别分层子点云数据连通分量的基本过程为：

① 从左到右、从上到下扫描激光扫描线点云数据坐标 x 的二维矩阵 $\boldsymbol{X}_{M\times N}$，寻找未标记的目标点 P。

② 如果点 P 的左、左上、上、右上 4 个邻点都是背景点，则赋予点 P 一个新的标记；如果 4 个邻点中有 1 个已标记的目标点，则把该点的标记赋给当前点 P；如果 4 个邻点中有 2 个不同的标记，则把其中的 1 个标记赋给当前点 P，并把这两个标记记入一个等价表，表明它们等价。

③ 第二次扫描点云数据坐标 x 的二维矩阵 $\boldsymbol{X}_{M\times N}$，将每个标记修改为它在等价表中的最小标记。

通过 8 连通区域的序贯标记算法识别得到两个分层子点云数据的二维矩阵 $\boldsymbol{X}_1$、$\boldsymbol{X}_2$ 的若干个互相分离的连通区，即

$$\boldsymbol{X}_1=\bigcup_{i=1}^{n_1}\boldsymbol{X}_1^{(i)},\boldsymbol{X}_2=\bigcup_{i=1}^{n_2}\boldsymbol{X}_2^{(i)} \tag{4-13}$$

其中，$\boldsymbol{X}_1^{(i)}$ 为 $\boldsymbol{X}_1$ 的一个连通分量，$\boldsymbol{X}_2^{(i)}$ 为 $\boldsymbol{X}_2$ 的一个连通分量。

由于对点云数据进行了分层，$\boldsymbol{X}_1$、$\boldsymbol{X}_2$ 的连通分量中可能会有零散孤立的小“连通分量”。这些连通分量是不具有实际意义的“小产品特征”。为了避免对他们进行局部增强，生成严重的“散斑”，对这类连通分量进行“求补”。通过分析检测 $\boldsymbol{X}_1$ 的连通分量 $\boldsymbol{X}_1^{(i)}$ 的面积 A_i，如果 $A_i<A_T$（A_T 为连通分量面积的阈值），则将此连通分量 $\boldsymbol{X}_1^{(i)}$ 转换到分层子点云数据 $\boldsymbol{X}_2$ 中；对 $\boldsymbol{X}_2$ 的连通分量 $\boldsymbol{X}_2^{(i)}$ 也做同样的处理，获得新的两个分层子点云数据二维矩阵 $\boldsymbol{X}_1'$，$\boldsymbol{X}_2'$，识别其连通分量 $\boldsymbol{X}'^{(i)}_1$，$\boldsymbol{X}'^{(i)}_2$。

(3) 局部点云数据增强

对分层子点云数据的连通分量 $\boldsymbol{X}'^{(i)}_1$、$\boldsymbol{X}'^{(i)}_2$，设计分段线性拉伸函数，进行局部点云数据增强。以连通分量 $\boldsymbol{X}'^{(i)}_1$ 为例，说明局部点云数据增强的过程。

按照连通分量在每一个分段区间内的数据数目大致相等的原则，将连通分量 $\boldsymbol{X}'^{(i)}_1$ 非均匀地划分为 N 段。

假设经过非均匀划分后得到连通分量 $\boldsymbol{X}'^{(i)}_1$ 的分段边界起点为$[D_{s1}(1),D_{s1}(2),\cdots,D_{s1}(N)]$，分段边界终点为$[D_{e1}(1),D_{e1}(2),\cdots,D_{e1}(N)]$，分段边界起点与终点间满足式(4-14)：

$$\begin{cases}D_{s1}(1)=\min(\boldsymbol{X}'^{(i)}_1)\\D_{s1}(n)=D_{e1}(n-1)+1\\D_{e1}(N)=\max(\boldsymbol{X}'^{(i)}_1)\end{cases} \tag{4-14}$$

将连通分量 $\boldsymbol{X}'^{(i)}_1$ 的期望输出动态范围均匀地划分为 N 段，得到各个分段的边界起点为$[D_{s2}(1),D_{s2}(2),\cdots,D_{s2}(N)]$，分段边界终点为$[D_{e2}(1),D_{e2}(2),\cdots,D_{e2}(N)]$，分段边界起点与终点间满足式(4-15)、式(4-16)：

$$D_{e2}(n)=\frac{n}{N}(\max(X'^{(i)}_1)-\min(X'^{(i)}_1)) \tag{4-15}$$

$$D_{s2}(n)=D_{e2}(n-1)+1 \tag{4-16}$$

分段后在直角坐标系（D_s，D_e）中，获得每一段的起点坐标（$D_{s1}(n)$，$D_{s2}(n)$）和终点坐标（$D_{e1}(n)$，$D_{e2}(n)$）。在每一段的起点坐标和终点坐标间做线性插值，设计分段线性拉伸函数，进行点云数据增强：

$$X_{1o}(i,j)=\left\{D_{s2}(n)+\frac{[D_{e2}(n)-D_{e1}(n)+1][k-D_{s1}(n)]}{[D_{s2}(n)-D_{s1}(n)+1]}\right\}\times \boldsymbol{X}_1'(i,j) \tag{4-17}$$

其中，$k=[D_{s1}(1),D_{s1}(2),\cdots,D_{s1}(N)],n=1,\cdots,N$。

(4) 点云数据增强效果评价

采用对比度增强指数和等效视数评价点云数据增强效果。采用式(4-18)计算对比度：

$$c=\frac{\delta}{\alpha^{\frac{1}{4}}} \tag{4-18}$$

其中，δ 为点云数据标准差；α 为反映点云数据分布形状的峰度，采用式(4-19) 计算：

$$\alpha=\frac{E(x-\mu)^4}{\delta^4} \tag{4-19}$$

其中，μ 为点云数据的均值。

采用式(4-20) 计算对比度增强指数：

$$\text{CII}=\frac{c_o}{c} \tag{4-20}$$

采用式(4-21) 计算等效视数：

$$\text{ENL}=\frac{\mu}{\delta} \tag{4-21}$$

以反映产品外形及其空间关系的点云数据坐标 x 的二维矩阵 $\boldsymbol{X}_{M\times N}$ 为基础，基于分层连通区域的点云数据增强算法为：

① 按照式(4-12) 确定点云数据分层阈值 x_t，分层点云数据，获得反映产品外形及其空间关系的两个分层子点云数据坐标 x 的二维矩阵 $\boldsymbol{X}_1$、$\boldsymbol{X}_2$。

② 按照 8 连通区域的序贯标记算法识别 $\boldsymbol{X}_1$、$\boldsymbol{X}_2$ 的连通分量 $\boldsymbol{X}_1^{(i)}$、$\boldsymbol{X}_2^{(i)}$；

③ 对步骤 2 得到的没有实际意义的零散孤立的小“连通分量”进行“求补”，获得新的分层子点云数据 $\boldsymbol{X}_1'$，$\boldsymbol{X}_2'$。

④ 按照 8 连通区域的序贯标记算法识别 $\boldsymbol{X}_1'$、$\boldsymbol{X}_2'$的连通分量 $\boldsymbol{X'}_1^{(i)}$，$\boldsymbol{X'}_2^{(i)}$；

⑤ 对步骤④获得连通分量按照式(4-17) 设计分段线性拉伸函数，进行局部点云数据增强，获得增强后的点云数据坐标 x 的二维矩阵 $\boldsymbol{X}_o$。

某刹车壳体部分数据点云如图 4-19 所示。以反映产品外形及其空间关系的点云数据坐标 x 的二维矩阵 $\boldsymbol{X}_{M\times N}$ 为基础，进行基于分层连通分量的点云数据增强，参数 $A_T=4$、$N=64$ 时，进行了 2 次、3 次、5 次点云数据增强，增强后的点云数据坐标 x 及其直方图分别如图 4-20(a)～(c) 所示。

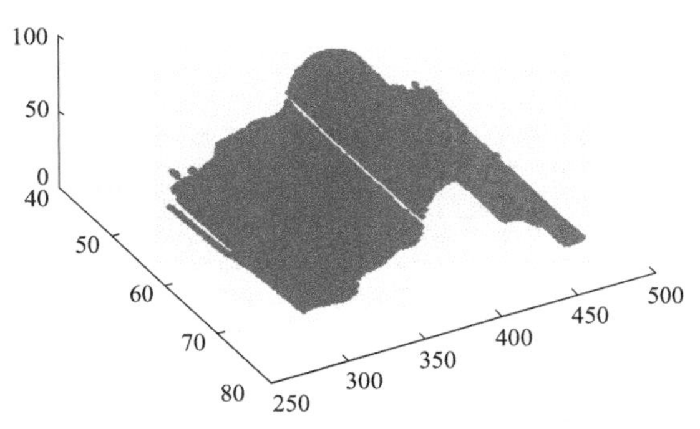

图 4-19　某刹车壳体部分数据点云

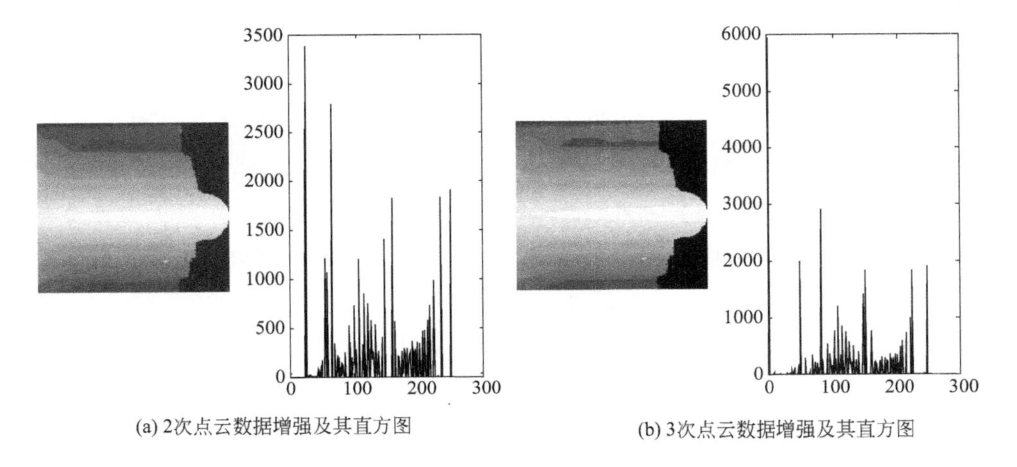

(a) 2次点云数据增强及其直方图

(b) 3次点云数据增强及其直方图

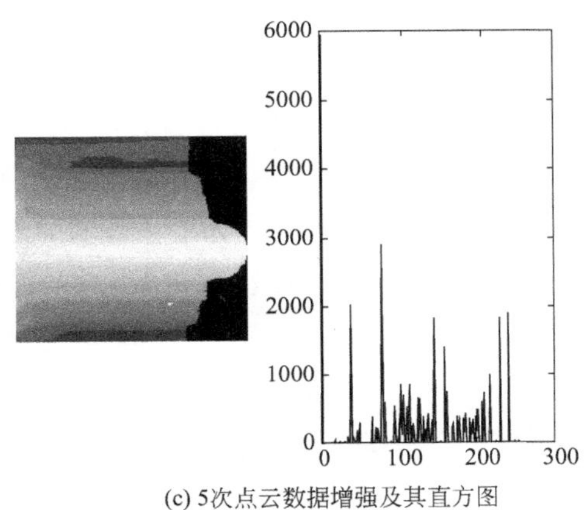

(c) 5次点云数据增强及其直方图

图 4-20　基于分层连通区域点云数据增强及其直方图

采用式(4-18)、式(4-20)、式(4-21) 分别计算原始点云数据与增强后的点云数据的对比度、对比度增强指数、等效视数，结果如表4-1所示。分析表4-1，在等效视数变化不大的情况下，通过基于分层连通区域的点云数据增强可以使对比度得到较大的提高。

表4-1　基于分层连通区域的点云数据增强评价

点云数据	对比度	对比度增强指数	等效视数
原始点云数据	21.0783	—	1.3698
2次增强后的点云数据	62.0883	2.9456	1.7322
3次增强后的点云数据	63.6179	3.0182	1.5974
5次增强后的点云数据	64.6196	3.0657	1.5653

4.4.2　基于同态滤波的点云数据增强

产品实物样件激光扫描数据点云数据动态范围内呈不均匀分布，表现为整体上数据 z 动态范围很大，而产品中某一局部特征数据 z 的动态范围又很小，分不清局部特征的层次和细节。借鉴 A. V. Oppenheim 和 R. W. Schafer 提出的图像同态滤波原理，将反映产品外形及其空间关系的数据 z 表示为受空间位置变化的影响较小的低频部分和受到物体自身特性影响较大、随空间位置变化较大的高频部分。对反映产品外形及其空间关系的数据 z，设计高斯同态滤波器和巴特沃斯同态滤波器，在频率域中降低低频分量，增强高频分量，实现基于同态滤波的点云数据增强，将产品数据非均分布的点云转变为数据均分布的点云，提高点云数据对比度。

将反映产品外形及其空间关系的点云数据坐标 x 表示为：

$$x=ir \tag{4-22}$$

其中，i 为受空间位置变化的影响较小的部分；r 为受到物体自身特性影响较大、随空间位置变化较大的部分。

对式(4-22) 的两边取对数将乘法运算转为加法运算，分离受空间位置变化的影响较小的部分 i，受到物体自身特性影响较大、随空间位置变化较大的部分 r，得

$$\ln x=\ln i+\ln r \tag{4-23}$$

对式(4-23) 的两边做 FFT 运算，实现点云数据从空间域到频率域的转换，得

$$X(u,v)=I(u,v)+R(u,v) \tag{4-24}$$

在频率域中，受空间位置变化的影响较小的 i 的频谱特性分布在低频部分，受物体自身特性影响较大、随空间位置变化较大的 r 的频谱特性分布在高频部分。

设计同态滤波器，r_h 为高频增益，r_l 为低频增益，当 $r_h>1$，$r_l<1$，在频率域中来降低低频分量，增强高频分量，使得对比度增强。能否达到预期的增强效果取决于同态滤波函数的选择与设计。同态滤波函数能以不同的方法影响傅里叶变换的高低频成分。在频率域，用 $d(u,v)$ 表示频率 (u,v) 到滤波器中心 $(M/2,N/2)$，有：

$$d(u,v)=[(u-M/2)^2+(v-N/2)^2]^{\frac{1}{2}} \tag{4-25}$$

由于用于增强的同态滤波函数曲线形状与频域内的高通滤波器的基本形式近似，频率内高斯型高通滤波器函数为：

$$H(u,v)=1-\exp[-c(d(u,v)/2d_0)^{2n}] \tag{4-26}$$

频率内巴特沃斯高通滤波器函数为：

$$H(u,v)=[1/(1+d_0/(cd)]^{2n} \tag{4-27}$$

将频率内经常使用的高斯型高通滤波器稍微修改后，得到与其对应的高斯型同态滤波器：

$$H(u,v)=(r_h-r_l)[1-\exp(-c(d(u,v)/d_0)^{2n})]+r_l \tag{4-28}$$

将频率内经常使用的巴特沃斯型高通滤波器稍微修改后，得到与其对应的巴特沃斯型同态滤波器：

$$H(u,v)=(r_h-r_l)[1/(1+d_0/(cd)]^{2n}+r_l \tag{4-29}$$

其中，c 常被引入用来控制滤波器函数斜面的锐化，它在 r_h 与 r_l 之间过渡；d_0 为截止频率，一般通过实践比较获得。

同态滤波后的输出为：

$$H(u,v)X(u,v)=H(u,v)I(u,v)+H(u,v)R(u,v) \tag{4-30}$$

对式(4-30) 进行 IFFT 运算，实现频率域到空间域的变换，得

$$x'=F^{-1}(H(u,v)X(u,v))=i'+r' \tag{4-31}$$

对式(4-31) 取反对数运算，合并受空间位置变化的影响较小的部分 i，受到物体自身特性影响较大，随空间位置变化较大的部分 r，得到增强后的点云数据，有

$$g'=\exp(x')=\exp(i')\exp(r') \tag{4-32}$$

以反映产品外形及其空间关系的点云数据坐标 x 的二维矩阵 $\boldsymbol{X}_{M\times N}$ 为基础，设计高斯型同态滤波器和巴特沃斯型同态滤波器，在频率域中来降低低频

分量，增强高频分量。基于同态滤波的点云数据增强算法的基本过程如下。

① 采用式(4-23) 取对数运算，分离受空间位置变化的影响较小的部分 i，受到物体自身特性影响较大，随空间位置变化较大的部分 r。

② 采用式(4-24) 进行 FFT 运算，实现空间域到频率域的转换。

③ 采用式(4-28) 高斯型同态滤波器，或式(4-29) 巴特沃斯型同态滤波器进行频率滤波，降低低频分量，增强高频分量，控制分离受空间位置变化的影响较小的部分 i，增强受到物体自身特性影响较大，随空间位置变化较大的部分 r。用式(4-30) 获得同态滤波器的输出。

④ 采用式(4-31) 进行 IFFT 运算，实现频率域到空间域的变换。

⑤ 采用式(4-32) 进行反对数运算，得到增强后的点云数据。

对图 4-19 的某刹车壳体部分数据点云，设计高斯型同态滤波器、巴特沃斯型同态滤波器，进行基于同态滤波的点云数据增强，参数 $d_0=3$、$r_h=4$、$r_l=0.5$、$c=3.5$、$n=1$ 时，增强后点云数据及其直方图分别如图 4-21、图 4-22 所示。可以发现，参数相同的情况下，基于高斯同态滤波的点云数据增强要比基于巴特沃斯同态滤波的点云数据增强的点云数据分布均匀性效果好。

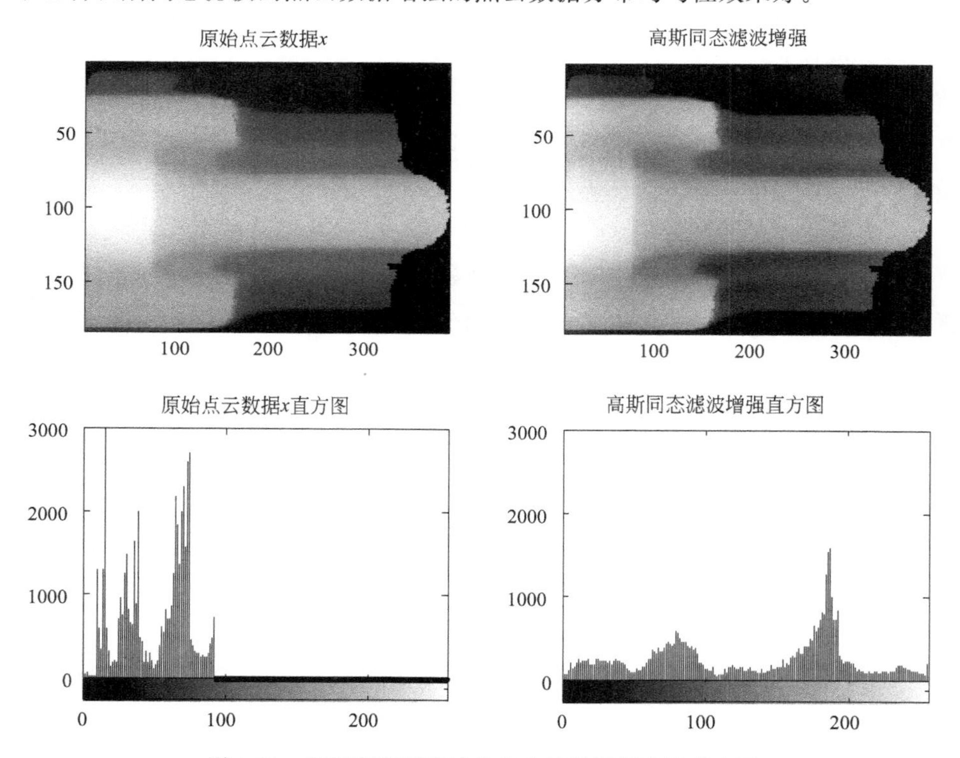

图 4-21 基于高斯同态滤波的点云数据增强及直方图

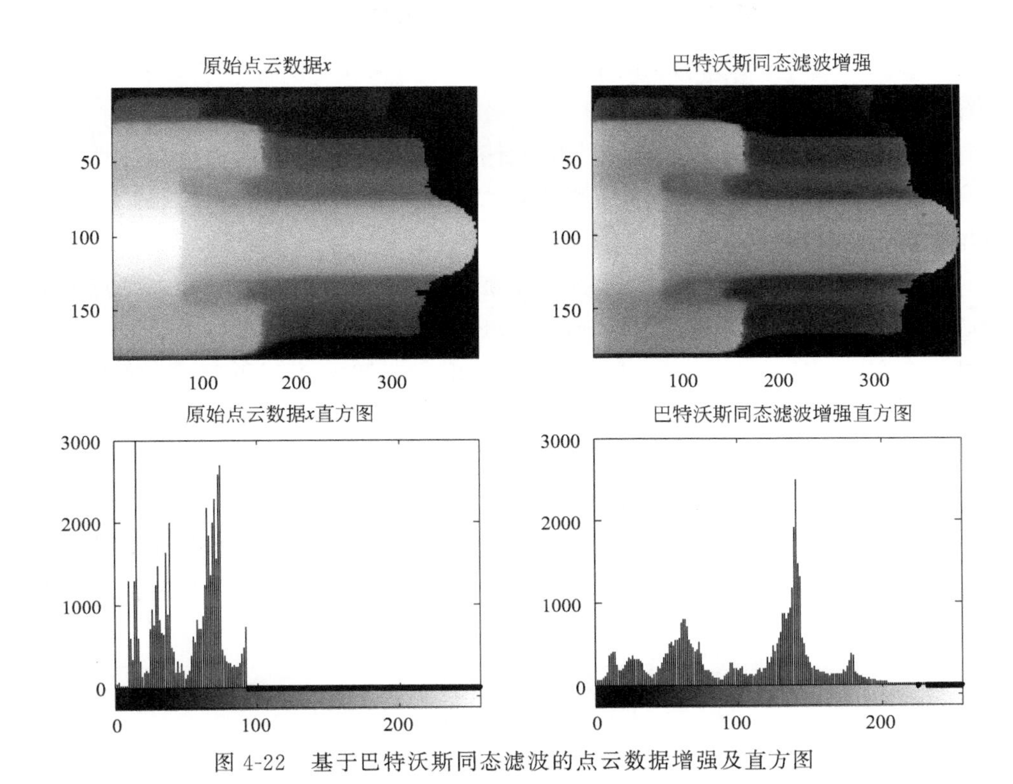

图 4-22　基于巴特沃斯同态滤波的点云数据增强及直方图

4.4.3　增强点云数据的 SIFT 特征匹配

(1) 点云数据的 SIFT 特征提取

SIFT 特征提取算法的基本思想是建立点云数据的多尺度空间，确定特征点位置及尺度，以达到尺度抗缩放的目的，剔除一些对比度较低的点以及边缘响应点，并提取旋转不变特征描述符以达到抗仿射变换的目的。SIFT 特征提取算法步骤如下。

① 检测尺度空间极值点，确定局部极值点的位置及其所在的尺度。利用高斯核建立数据的尺度空间；构建高斯差分尺度空间 $D(x,y,\sigma)$；在 $D(x,y,\sigma)$ 内比较每个点和其同尺度的周围 8 个相邻点，以及上下 2 个相邻尺度对应的 18 个相邻点（上下 2 个相邻尺度各 9 个点），如果该点的 $D(x,y,\sigma)$ 算子值在 26 个邻域中为极大值或极小值，该点定义为该尺度下的一个特征点。

② 精确定位极值点，消除低对比度极值点和位于边缘的极值点。计算高斯差分尺度空间 $D(x,y,\sigma)$ 的极值位置 $\hat{X}$，设置 $D(\hat{X})$ 的阈值，剔除对比度

低的数据点。利用处于边缘的特征点在高斯差分尺度空间 $D(x,y,\sigma)$ 的峰值处与边缘交叉处有一较大的主曲率值，但在垂直方向曲率值较小的性质，剔除边缘处的特征点。

③ 定义特征点的主方向。利用局部特征点邻域梯度方向的分布特性，定义特征点邻域各点梯度方向直方图中最大值所对应的方向为特征点的主方向，增强匹配的鲁棒性。

④ 生成SIFT特征向量。将坐标轴旋转为特征点的主方向，以特征点为中心取16×16大小的邻域均匀地分成4×4的16个子区域，在每个子区域上计算8个方向（0°，45°，90°，135°，180°，225°，270°，315°和360°）梯度累加值，有8个方向向量信息。每个特征点的16个子区域共生成128(16×8) 个数据，形成128维SIFT特征向量。

(2) 点云数据的SIFT特征向量匹配

对增强后的多视点云数据采用SIFT特征向量的欧氏距离进行相似性度量，确定点云数据集合的每个局部特征点在待匹配点云数据集合的特征点集中的最邻近匹配，获得多视点云数据的匹配点对。

特征点 a、b 间的欧氏距离为

$$D_{ab}=\sqrt{\sum(a_i-b_i)^2},i=1,2,\cdots,128 \tag{4-33}$$

其中，SIFT特征向量为128维，因此 i 最大为128。

通过比较最邻近距离和次邻近距离来消除遮挡和混乱而产生的错配：

$$\frac{U_{\min}}{U_1}<C \tag{4-34}$$

其中，$U_{\min}$ 为最邻近距离；U_1 为次邻近距离；比值小于阈值 C 时判定为正确匹配，本书中 $C=1$。

(3) 点云数据匹配参数估计

对不同坐标系下测量得到的产品实物样件数据点云，提取点云数据的SIFT特征，进行SIFT特征向量匹配，得到SIFT特征匹配点对。按照点云数据定位的逆过程映射到三维点云数据，获得点云数据的匹配点对。采用四元数法估计点云数据匹配参数，计算旋转矩阵和平移矩阵，对点云数据进行坐标变换，完成点云数据匹配。

假设通过SIFT特征匹配获得点云数据的匹配点对为 $\boldsymbol{Y}(x_N,y_N,z_N)$ 和 $\boldsymbol{H}(x_N,y_N,z_N)$，满足 $\boldsymbol{Y}$ 中点的个数和 $\boldsymbol{H}$ 中点的个数 N 相等。多视点云数据匹配问题的数学模型为：

$$\boldsymbol{H}(x_N,y_N,z_N)=\boldsymbol{Y}(x_N,y_N,z_N)\times\boldsymbol{R}+\boldsymbol{T} \tag{4-35}$$

其中，$\boldsymbol{R}$ 为 3×3 阶旋转矩阵，$\boldsymbol{T}$ 为 3×1 阶平移矩阵；可以转化为最小优化问题：

$$\min\left(\frac{1}{N}\sum_{i=1}^{N}\|\boldsymbol{H}(x_N,y_N,z_N)-\boldsymbol{Y}(x_N,y_N,z_N)\times\boldsymbol{R}-\boldsymbol{T}\|^2\right) \tag{4-36}$$

四元数法估计点云数据匹配旋转矩阵和平移矩阵步骤如下：

① 计算匹配点对集合 $\boldsymbol{Y}(x_N,y_N,z_N)$ 和 $\boldsymbol{H}(x_N,y_N,z_N)$ 的协方差矩阵

$$\sum\nolimits_{\boldsymbol{Y},\boldsymbol{H}}=\sum_{i=1}^{N}[\boldsymbol{Y}(x_i,y_i,z_i)(\boldsymbol{H}(x_i,y_i,z_i))^{\mathrm{T}}]$$

② 由协方差矩阵构造 4×4 对称矩阵

$$\boldsymbol{Q}(\sum\nolimits_{\boldsymbol{Y},\boldsymbol{H}})=\begin{bmatrix}\mathrm{tr}\sum_{\boldsymbol{Y},\boldsymbol{H}} & \boldsymbol{\Delta}^{\mathrm{T}}\\ \boldsymbol{\Delta} & \sum_{\boldsymbol{Y},\boldsymbol{H}}+\sum_{\boldsymbol{Y},\boldsymbol{H}}^{\mathrm{T}}-(\mathrm{tr}\sum_{\boldsymbol{Y},\boldsymbol{H}})\boldsymbol{I}_3\end{bmatrix}$$

其中，计算 $\boldsymbol{A}_{ij}=(\sum_{\boldsymbol{Y},\boldsymbol{H}}-\sum_{\boldsymbol{Y},\boldsymbol{H}}^{\mathrm{T}})_{i,j}$；$\boldsymbol{\Delta}=[A_{23}\quad A_{31}\quad A_{12}]^{\mathrm{T}}$；$\boldsymbol{I}_3$ 为 3×3 单位矩阵。

③ 计算对称矩阵 $\boldsymbol{Q}(\sum_{\boldsymbol{Y},\boldsymbol{H}})$ 的最大特征值对应的特征向量 $\boldsymbol{q}=[q_0\quad q_1\quad q_2\quad q_3]^{\mathrm{T}}$，由于特征向量 $\boldsymbol{q}$ 为旋转向量，旋转矩阵为：

$$\boldsymbol{R}(\boldsymbol{q})=\begin{bmatrix}q_0^2+q_1^2-q_2^2-q_3^2 & 2(q_1q_2-q_0q_3) & 2(q_1q_3+q_0q_2)\\ 2(q_1q_2+q_0q_3) & q_0^2+q_2^2-q_1^2-q_3^2 & 2(q_2q_3-q_0q_1)\\ 2(q_1q_3-q_0q_2) & 2(q_2q_3+q_0q_1) & q_0^2+q_3^2-q_1^2-q_2^2\end{bmatrix}$$

④ 计算平移矩阵 $\boldsymbol{T}$ 为：

$$\boldsymbol{T}=\frac{1}{N}\sum_{i=1}^{N}(\boldsymbol{H}(x_i,y_i,z_i)-\boldsymbol{Y}(x_i,y_i,z_i)\times\boldsymbol{R})$$

（4）实例

图 4-23(a) 为某汽车用刹车壳体零件，不同坐标系下 2 次测量的部分点云数据如图 4-23(b)。2 次测量分别侧重零件的不同表面 A 和 B，点云数据 A 的数据量为 70144 个，点云数据 B 的数据量为 121889 个，2 次测量的点云数据没有重合部分，都包含零件不同表面的相交曲面 G，其中 G_A 的数据量为 16379 个，G_B 的数据量为 19618 个。由于产品曲面形状和测量精度的影响，测量数据的可区分度低，存在测量误差。

以 2 次测量得到相交曲面 G_A 和 G_B 为基础，进行基于 SIFT 特征的低区分度点云数据匹配。首先进行点云数据定位。获得反映产品外形及其空间关系的点云数据坐标 z 的二维矩阵 $\boldsymbol{Z}_{M\times N}$，设计高斯型同态滤波器，进行基于同态滤波的点云数据增强。当参数 $d_0=3$、$r_{\mathrm{h}}=4$、$r_{\mathrm{l}}=0.5$、$c=3.5$、$n=1$ 时，

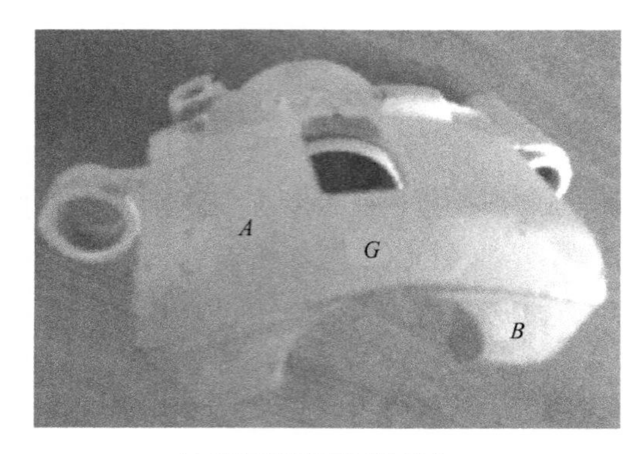

(a) 某汽车用刹车壳体零件

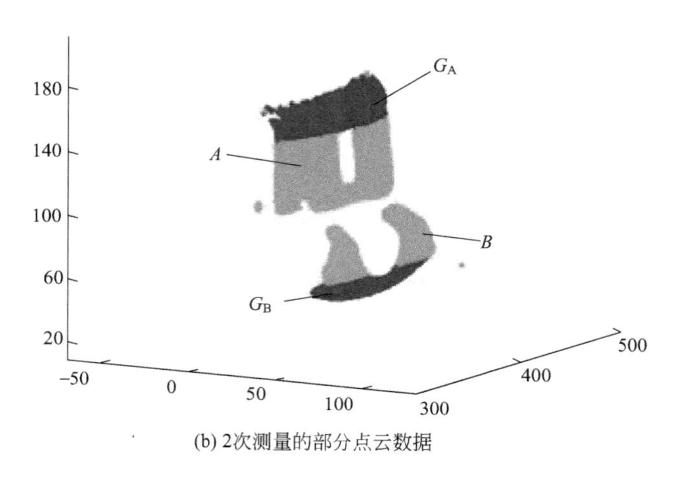

(b) 2次测量的部分点云数据

图 4-23 某汽车用刹车壳体零件及部分点云数据

增强后点云数据及其直方图分别如图 4-24 所示。分析可以增强后点云数据的分布均匀性效果好，可区分度高。

对增强后的多视点云数据 G_A 和 G_B，提取 SIFT 特征如图 4-25 所示。以 SIFT 特征向量的欧氏距离作为相似性度量的标准进行 SIFT 特征向量匹配，获得 56 个匹配点对，如图 4-26 所示。

将 SIFT 特征匹配点对按照点云数据定位的逆过程映射到三维点云，获得点云数据 G_A 和 G_B 的匹配点对集合 A_Y 和 B_H；采用四元数法估计匹配参数，计算旋转矩阵和平移矩阵。对点云数据 G_A 进行坐标变换，完成不同视角下相交曲面的匹配；对点云数据 A 和 B 进行坐标变换，实现零件曲面的点云数据匹配，如图 4-27 所示。

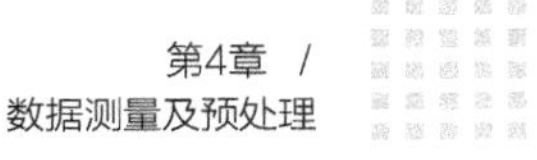

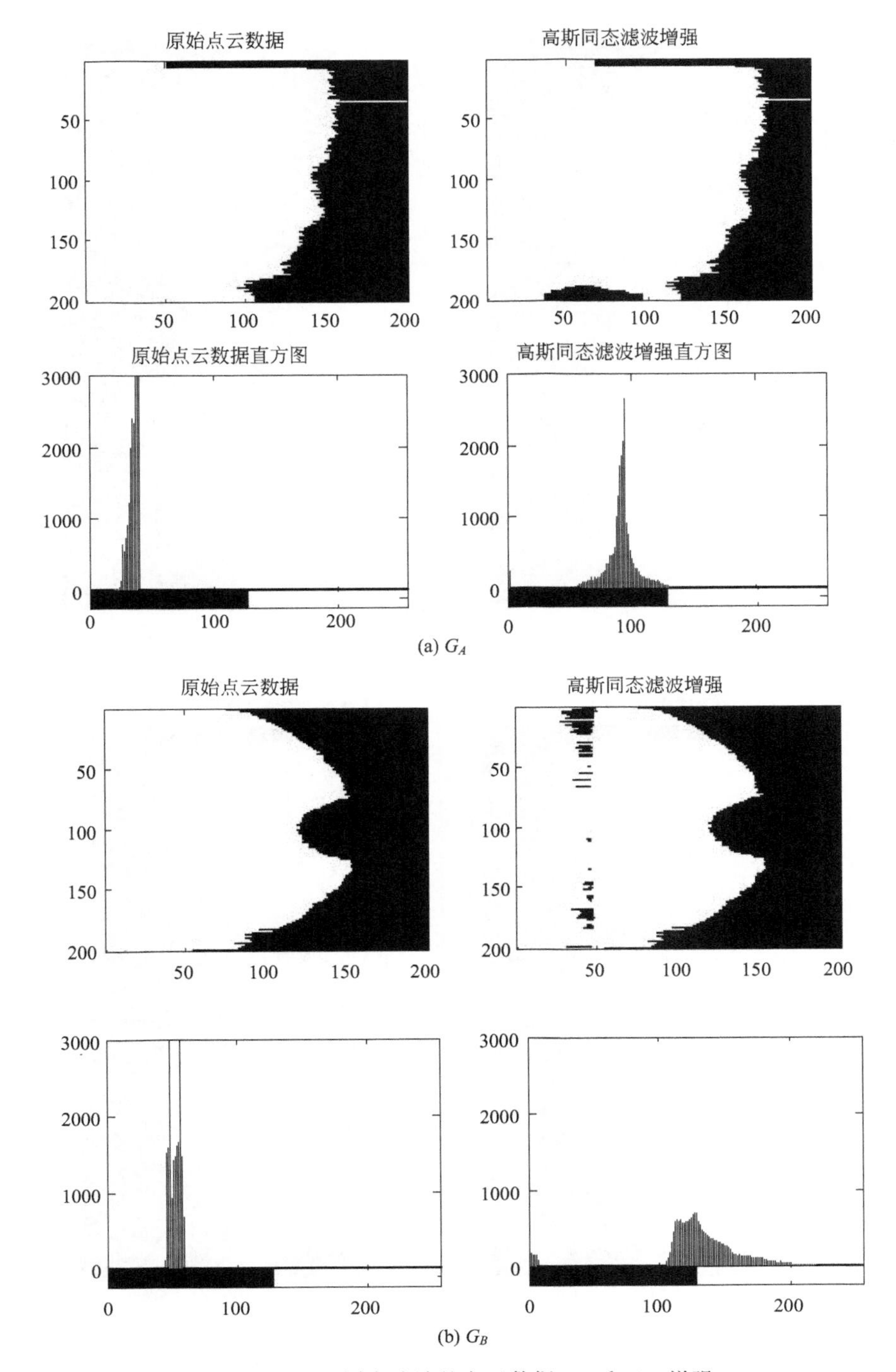

图 4-24　基于同态滤波的点云数据 G_A 和 G_B 增强

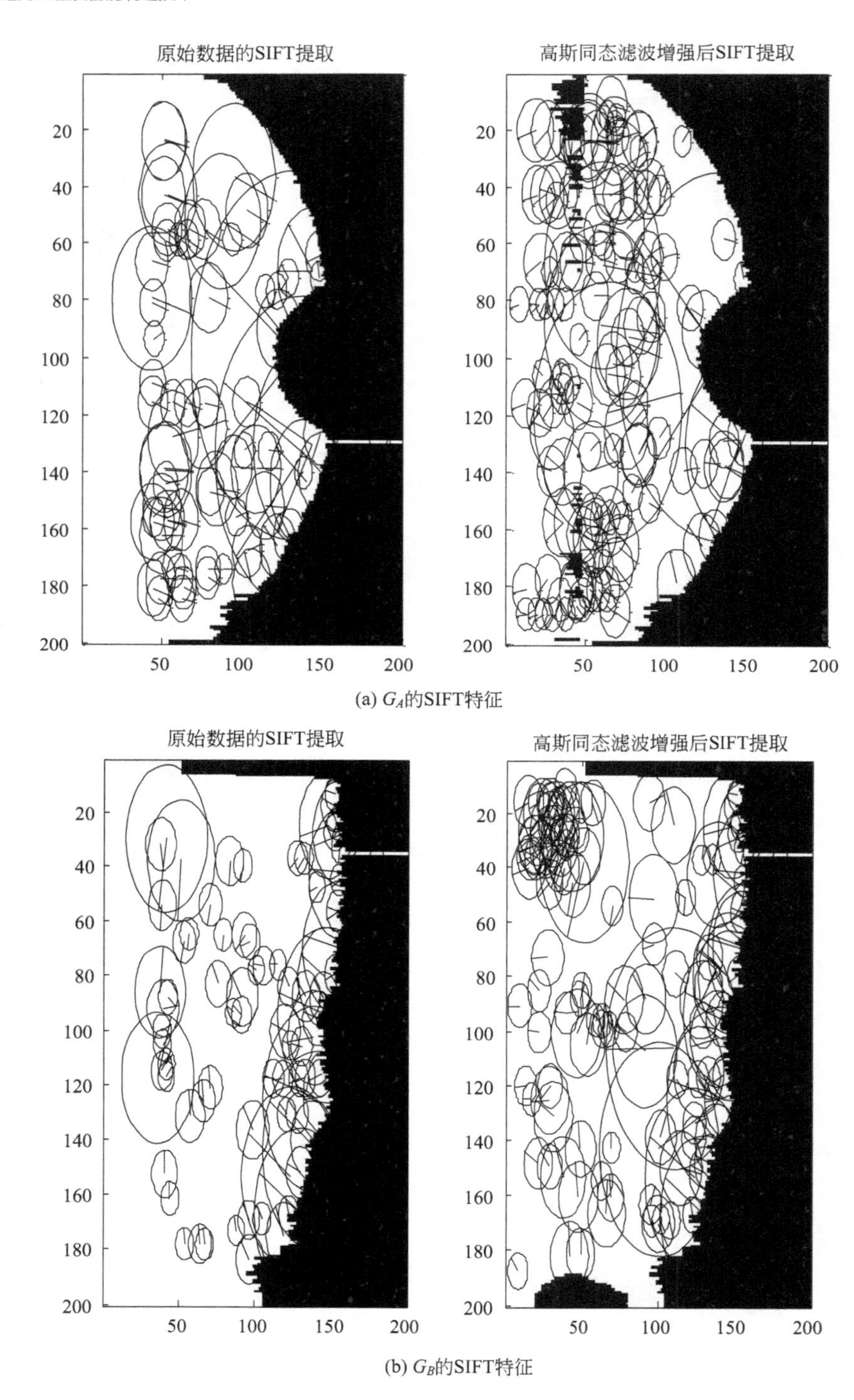

(a) G_A的SIFT特征

(b) G_B的SIFT特征

图 4-25 增强后多视点云数据的 SIFT 特征

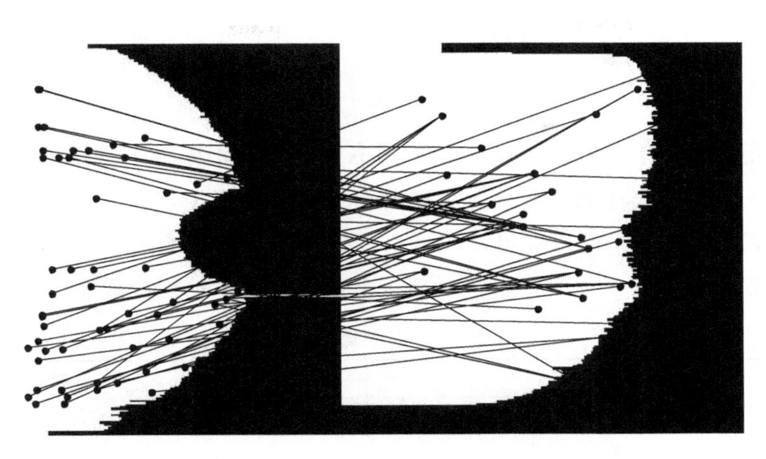

图 4-26　点云数据 G_A 和 G_B 的 SIFT 特征向量匹配

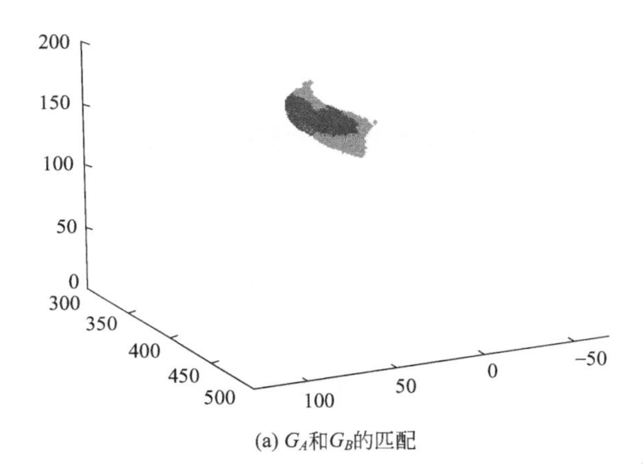

(a) G_A和G_B的匹配

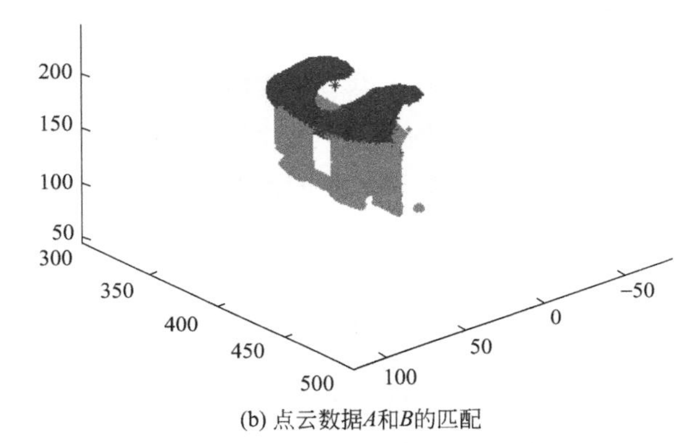

(b) 点云数据A和B的匹配

图 4-27　点云数据的匹配

采用平均匹配误差对进行点云数据匹配效果的定量评价：

$$\bar{\varepsilon}=\frac{1}{n}\sum_{i=1}^{n}|p_i-q_i|,i=1,2,\cdots,n \tag{4-37}$$

采用经典 ICP 算法、基于 KD 树的 ICP 算法和增强点云数据的 SIFT 特征匹配算法对某汽车用刹车壳体零件的部分点云数据匹配，匹配误差和匹配时间结果如表 4-2 所示。可以看出，增强点云数据的 SIFT 特征匹配算法不仅减小了多视数据点云的匹配误差，也提高了多视数据点云的匹配效率。

表 4-2　3 种匹配算法比较结果

算法	匹配误差/mm	匹配时间/s
经典 ICP 算法	0.04298	18.3269
基于 KD 树的 ICP 算法	0.02946	17.2282
本书算法	0.00530	7.1692

4.5 基于局部统计特性的数据精简

数据精简的目的就是压缩不必要的数据点，在保证精度的前提下生成适合于模型重建的数据点云。从以下三个方面考虑激光扫描线数据点云精简算法：

① 精简后的数据点云能反映原始曲面的特征；

② 精简后的数据点云中的数据点数要少；

③ 精简过程速度要快，耗时短。

数据精简的基本原则是在尽可能多地保留原始激光扫描线数据点云形状特征的基础上，进行数据精简。数据精简的主要思路是平坦区域，模型重建需要的测量数据点较少，而非平坦区域，模型重建需要的测量数据点相对较多，尽量保持原始的数据量。关键技术问题是判断数据处于平坦区域还是非平坦区域，对平坦区域采用改进最小距离法和角度偏差法两步数据精简的方法，对于非平坦区域，为了保留数据细节，采用角度偏差法进行数据的精简。

4.5.1 激光扫描数据点云的区域类型确定

在扫描方向上，激光扫描线数据点云可以看作是层状数据。在扫描线方向上，激光扫描线数据点云可以看作的一维观测信号，按照一维观测信号的局部统计特性，计算激光扫描线数据点的局部统计特性。

对于一条扫描线而言，Y、Z 两个方向中有一个方向的坐标值时保持不变的，如 Y 方向保持不变，而 Z 方向的坐标值具有单调性。假设扫描线的数据值观测序列模型 $x(i)=s(i)+n(i)(i=1,2,\cdots\cdots,m)$，$s(i)$是扫描线上 i 位置的 x 坐标真实值，$x(i)$ 是测量值，$n(i)$ 是噪声值，取一个滤波窗口，窗口中心在 P_K，窗口长度 N，样本的局部统计特性如下。

均值为：

$$m_N=\frac{1}{2N+1}\sum_{i=K-N}^{K+N}x(i) \tag{4-38}$$

方差为：

$$v_N=\frac{1}{2N+1}\sum_{i=K-N}^{K+N}(x(i)-m_N)^2 \tag{4-39}$$

以 P_K 为中心，M 为窗口长度，取 $2M+1$ 数据点 $P_j(j=K-M,K-M+1,\cdots,K+M)$，取该窗口的中值为 P_j 输出估值 $x_m(j)$，则该点的噪声估值为 $n(j)=x(j)-x_m(j)$。计算出 $2M+1$ 个点的噪声估值形成一个噪声估值序列，定义噪声局部统计特性如下。

均值为：

$$m_M=\frac{1}{2M+1}\sum_{i=K-M}^{K+M}n(i) \tag{4-40}$$

方差为：

$$v_M=\frac{1}{2M+1}\sum_{i=K-M}^{K+M}(n(i)-m_M)^2 \tag{4-41}$$

其中 M，N 取值时要求 $M\geqslant N$，为方便起见，一般取 $M=N$。算法中窗口尺寸 M，N，一般可取为：$M=N=2,3,4,5$。一个比较合理的取值方法是：取一条既有平坦区域又有非平坦区域的典型未滤波数据线，将 $M=N$ 值依次取上述 4 个值，然后选一个滤波效果好的值作为滤波窗口尺寸。

根据观测样本的局部统计特性和噪声估计的统计特性，计算信号变化指标因子 r 和信号平均变化率 T_k：

$$r=\max\{v_N-v_M,0\}$$

$$T_\mathrm{k}=\frac{v_N}{2N+1}$$

依据算法中信号变化指标因子和信号平均变化率的比较结果确定，如果 $T_\mathrm{k}>r$，则处于非平坦区域；如果 $T_\mathrm{k}<r$，则为平坦区域。

4.5.2 激光扫描数据的精简

为较准确地保持数据点云的特征并有效减少数据点，采用多种反映曲面特征的参数作为精简点云的判别准则，如最小距离法、角度偏差法等。对平坦区域采用改进最小距离法和弦高差法粗细两步数据精简的方法，对于非平坦区域，为了保持数据的细节，采用角度偏差法进行数据点云的精简，流程见图 4-28。

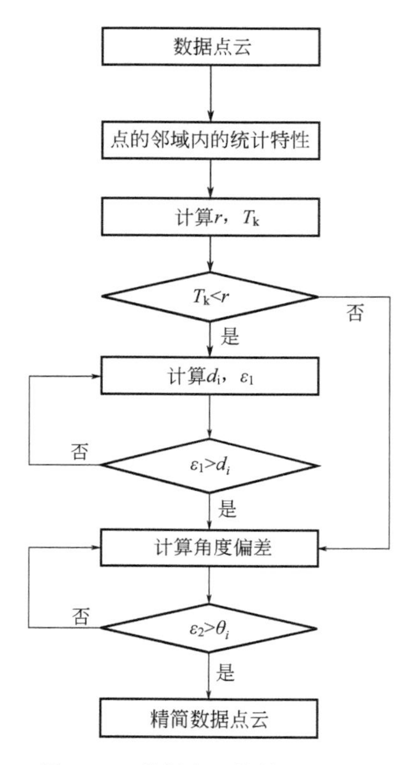

图 4-28　数据点云精简的流程图

最小距离法中，最小距离为一定值，依据不同精简度进行数据点云精简的改进最小距离法。其基本思想是依据数据精简比确定最小距离。假设截面扫描线上的数据点 $P_i(i=1,2,\cdots,n)$，截面特征线的长度为 l，精简比为 $a\%$，数据点云精简中的最小距离 ε_1 的计算公式：

$$\varepsilon_1=\frac{l}{n\times a\%} \tag{4-42}$$

确定了最小距离 ε_1，以激光扫描线的起始数据点开始，沿扫描线方向，在激光扫描线数据点的局部统计特性分析结果的基础上，依据信号变化指标因子和信号平均变化率判断激光扫描线数据点的区域类型，对于非平坦区域的数据，全部保留记录。对于平坦区域的数据顺序的比较相邻两点间的距离 d_i，若 $d_i<\varepsilon_1$，则把后一个比较点记录下，以该点为新的起始点，沿扫描方向继续判断，直至处理完整条扫描线。最后所有记录点组成数据点云粗精简的结果。

对激光扫描线数据点云粗精简的结果，采用角度偏差法进行精精简。基本原理是：对激光扫描线上的数据点，每相邻两点构成有向矢量，相邻矢量间的角度偏差 θ_i，根据该角度偏差的阈值来精简点云。

4.5.3 实例分析

对某零件激光扫描线数据点云中的一条扫描线，在数据脉冲噪声滤波和随机噪声平滑的基础上，依据不同的精简度，进行数据精简，结果见图 4-29，数据点云精简算法保形效果较好。

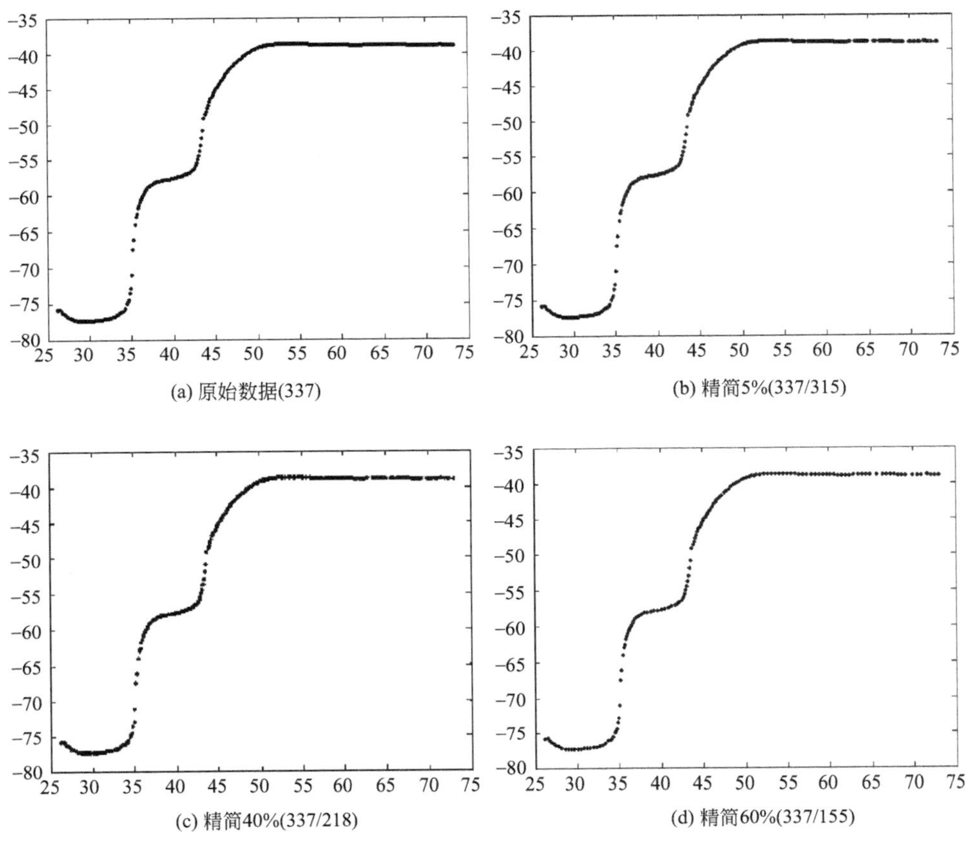

(a) 原始数据(337)　(b) 精简5%(337/315)

(c) 精简40%(337/218)　(d) 精简60%(337/155)

图 4-29

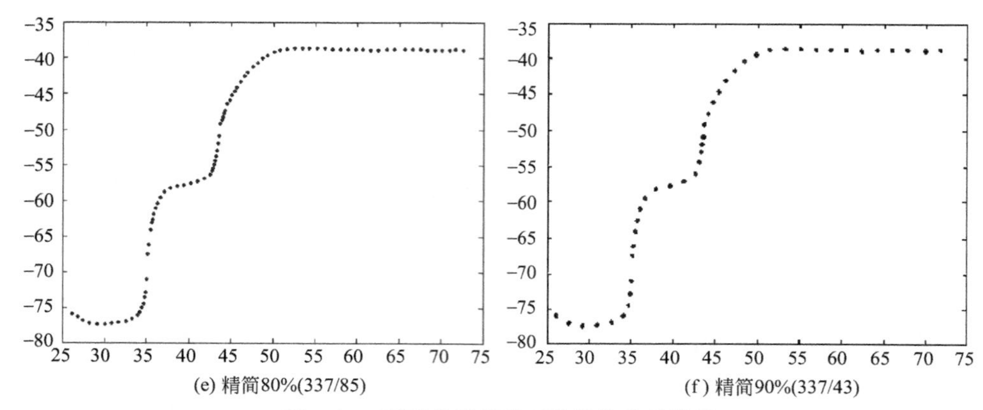

图 4-29　不同的精简度下数据精简的结果

第5章

基于多尺度分析的截面特征提取

截面特征提取是按照设计意图将截面离散数据点云分割为多段曲线特征，进行曲线特征类型的识别和参数拟合。本章重点研究了激光扫描线数据点云基于多尺度分析的截面特征分割算法获得初等曲线特征和次要曲线特征，在此基础上系统地研究了截面曲线特征类型的自动识别方法、以带有明显几何意义的参数进行截面曲线特征拟合。

5.1 多尺度分析的提出

特征是反映几何模型设计意图最原始的信息之一。以激光扫描线数据点云为对象的逆向工程中，离散形式的数据点云不显式地含有特征信息。特征提取技术是指从激光扫描线数据点云提取其蕴含的特征信息如特征点、特征线、特征面等。截面特征提取是按照设计意图将激光扫描线数据点云分割为多段曲线特征，并识别每一段曲线特征类型，进行曲线特征的参数拟合。

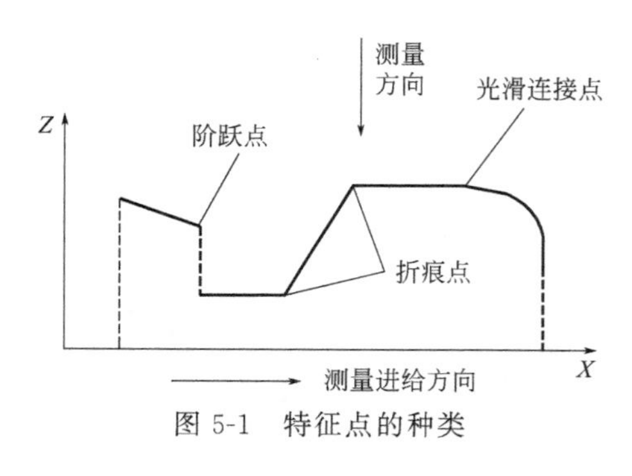

图 5-1　特征点的种类

截面组合曲线为由一段或多段基本曲线特征按照一定的连续性约束首尾相连而成的反映产品设计意图的曲线。组成截面组合曲线的曲线特征间的连接点经常是曲线连续阶的变化点。根据曲线连续阶的不同，可将曲线连接点分为阶跃点、折痕点、光滑连接点，如图 5-1 所示。特征点退化是实际工业产品中的一个普遍现象，尤其在使用激光扫描法获得工业对象的数字化轮廓时尤为明显。几何对象中存在的尖锐边或平滑陡峭边，在激光扫描后经常退化为平滑连接。

逆向工程中基于曲率的截面特征分割中，曲率的计算方法有：三点差分曲率法，三点圆心曲率法，十一点曲率法。采用三种曲率方法分析理想截面组合曲线轮廓和实际激光扫描截面轮廓数据点云的曲率，结果分别如图 5-2、图 5-3。结论：对于非理想的实际扫描轮廓，三点差分曲率法和三点圆心曲率法两种方法很难基于曲率识别出截面轮廓中的规律。十一点曲率法在识别实际扫描轮廓时有一定的优势，较易发现截面曲线特征。

可以将十一点看作一个曲率计算的窗口，对实际的激光扫描截面轮廓数据点云选取大小为 7、9、15 窗口计算曲率，将结果与窗口大小为 11 的结果相比较，如图 5-4。窗口选得较大，容易识别主要特征；窗口选得较小，可以识别细节特征。

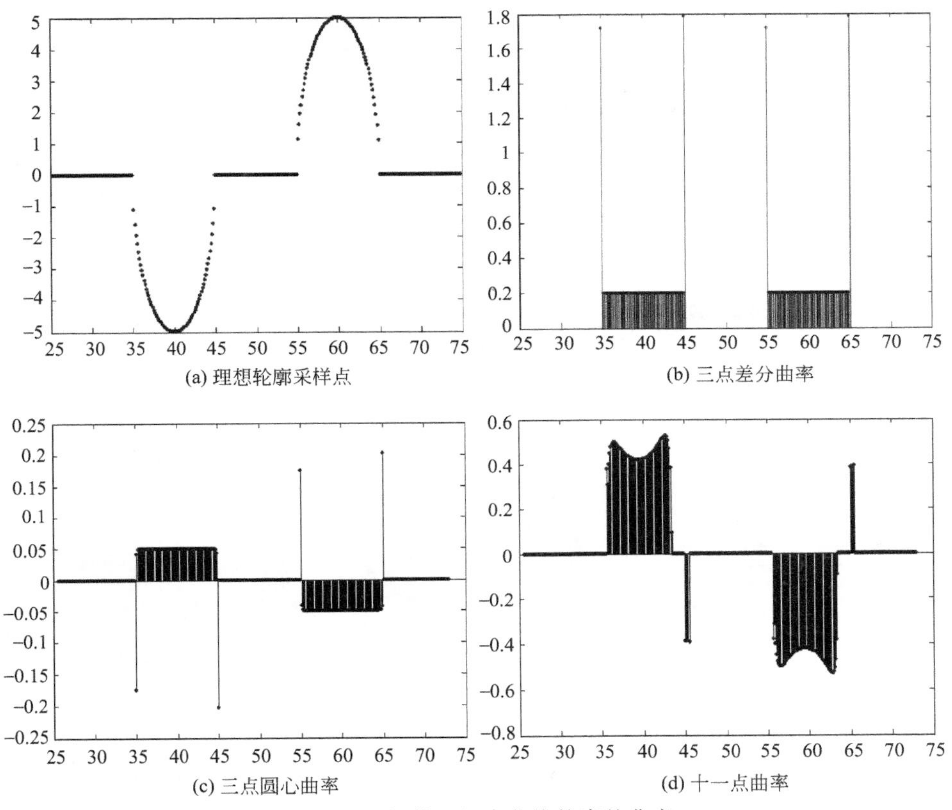

(a) 理想轮廓采样点　(b) 三点差分曲率

(c) 三点圆心曲率　(d) 十一点曲率

图 5-2　理想截面组合曲线轮廓的曲率

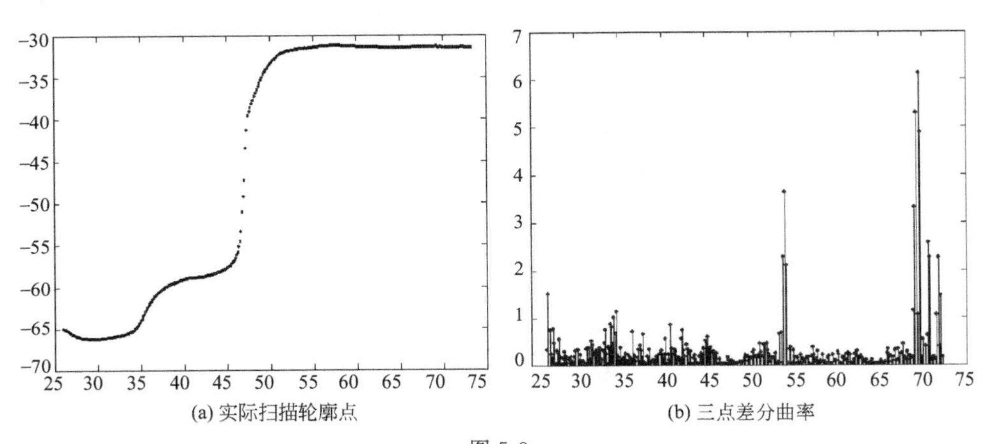

(a) 实际扫描轮廓点　(b) 三点差分曲率

图 5-3

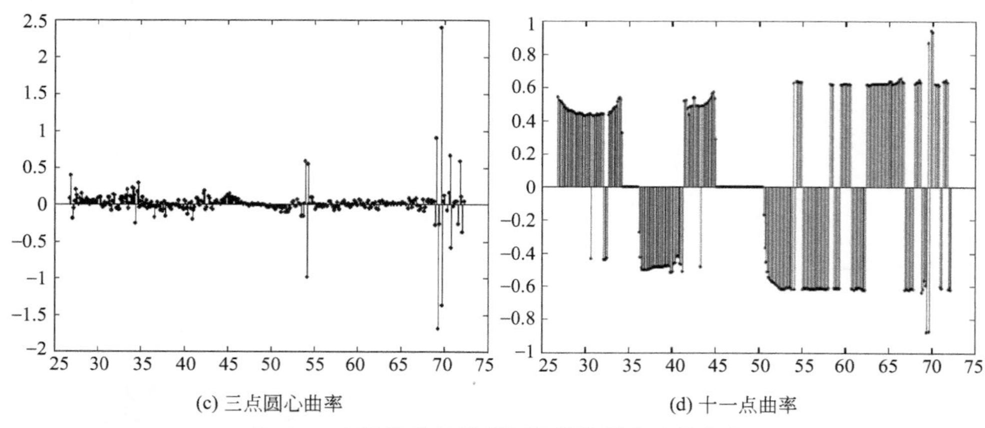

(c) 三点圆心曲率　　(d) 十一点曲率

图 5-3　实际激光扫描截面轮廓数据点云的曲率

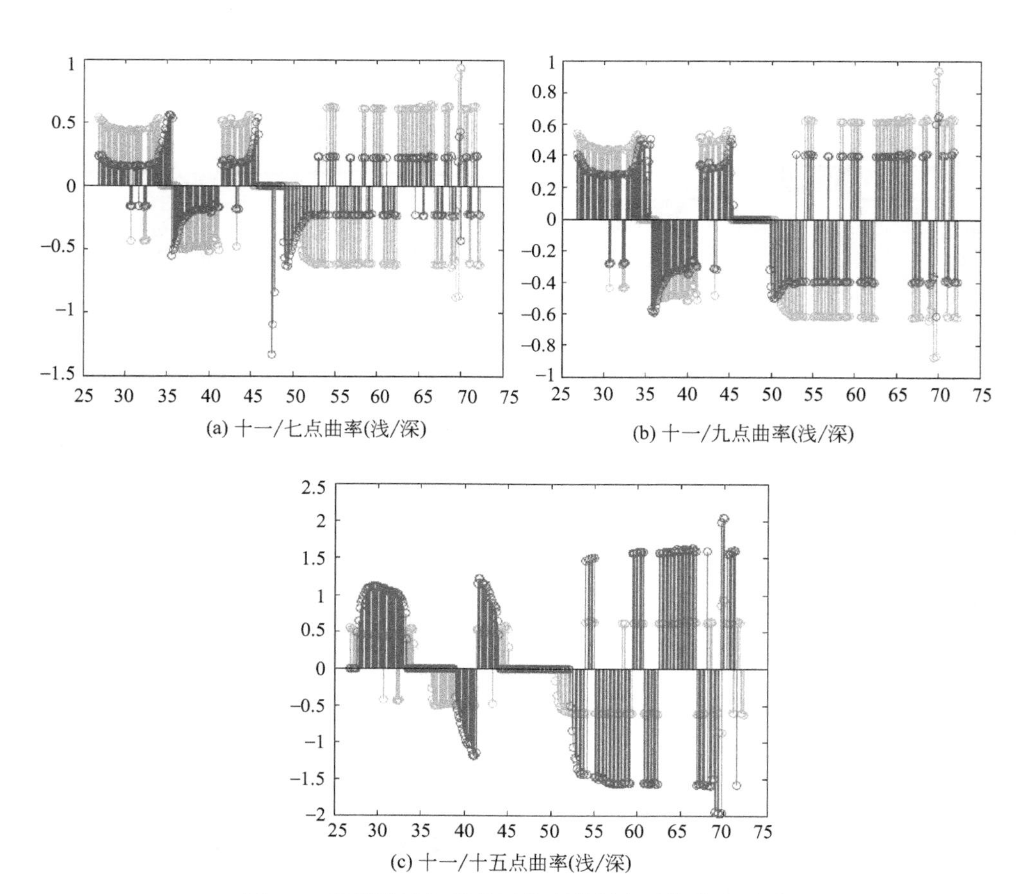

(a) 十一/七点曲率(浅/深)　　(b) 十一/九点曲率(浅/深)

(c) 十一/十五点曲率(浅/深)

图 5-4　实际激光扫描截面轮廓数据点云的曲率对比

一般的机械零件既包括长直线或大圆弧这样的主要特征，也包括倒角这样的次要特征。如果窗口选得较大，则容易识别主要特征，但是无法识别细节特征。如果窗口选得较小，则可以识别次要特征，但是很难识别主要特征。目前的特征识别方法在检测含有不同尺度特征的截面组合曲线时，存在漏检和虚检，无法有效提取不同尺度的截面曲线特征，还原特征建模中的初等曲线特征和次要曲线特征。这是单一尺度特征检测方法普遍存在的问题。

将多尺度分析引入逆向工程激光扫描数据点云的截面特征分割中，应用Mokhtarian和Mackworth提出的曲率尺度空间理论，提出将多尺度分析与基于曲率的特征识别相结合的激光扫描数据点云截面特征分割法，基于多尺度分析对种子增长区域分割法进行了改进，实现逆向工程截面组合曲线中初等曲线特征和次要曲线特征的自动分割。

5.2 基于多尺度分析的截面特征分割

高维空间的主要特征集中在其低维子集中，多尺度分析是对高维空间的数据进行有效的检测、表示和处理。尺度空间法就是这样一种方法。最常用的尺度空间主要有：高斯尺度空间、小波尺度空间、曲率尺度空间。基于小波尺度空间的形状简化方法和高斯尺度空间的原理一样，由于不是线性尺度空间，无法保证因果性，经常会出现奇异的角点，应用受到一定的限制。从产品实物样件的激光扫描线数据点云具有多尺度性的特点入手，建立激光扫描线数据点云的曲率尺度空间，通过多尺度特征融合算法进行截面特征识别。

基于多尺度分析的截面特征分割的基本思想是：采用曲率尺度空间理论，对截面组合曲线激光扫描线数据点云从小尺度、中尺度到大尺度分析，逐级计算不同尺度下数据点的曲率，将曲率极值点作为该尺度下的特征点；利用相对转角法实现单尺度特征融合；基于多尺度间信息传递和融合的多尺度特征融合算法，获得多尺度特征集成，实现截面组合曲线的特征分割。

5.2.1 曲率尺度空间理论

Mokhtarian等提出了曲率函数在尺度空间中的图像，即曲率尺度空间，用于形状多尺度描述。曲率尺度空间具有平移、旋转、尺度不变性，是一种稳定的描述复杂形状的方法。具体的方法是：沿着形状的轮廓，用不同带宽的高斯核（Gaussian kernel）来平滑轮廓，然后计算曲率，集成曲率极值点形成曲率尺度空间。基于路径参数化截面线与高斯核函数的卷积，当尺度因子 σ 变化时，形成曲线的多尺度表示，即曲线尺度空间。截面线 $p(x,y)$ 的曲线空间为 $p_\sigma(X(u,\sigma),Y(u,\sigma))$：

$$X(u,\sigma)=x(u)\otimes g(u,\sigma) \quad Y(u,\sigma)=y(u)\otimes g(u,\sigma) \tag{5-1}$$

$$g(u,\sigma)=\frac{1}{\sigma\sqrt{2\pi}}e^{\frac{-u^2}{2\sigma^2}} \tag{5-2}$$

其中，$\otimes$表示卷积；$x(u)$、$y(u)$ 为截面线规范化自然参数表示，$u\in[0,1]$；$g(u,\sigma)$ 为高斯核函数。

由截面线的多尺度表示 $X(u,\sigma)$、$Y(u,\sigma)$和相对曲率 k，运用卷积运算的微分性质，得到截面线的曲率多尺度曲率函数 $k_\sigma(u,\sigma)$：

$$k=\frac{\dot{x}\ddot{y}-\ddot{x}\dot{y}}{(\dot{x}^2+\dot{y}^2)^{3/2}} \tag{5-3}$$

$$k_\sigma(u,\sigma)=\frac{[X_u(u,\sigma)Y_{uu}(u,\sigma)-X_{uu}(u,\sigma)Y_u(u,\sigma)]}{(X_u(u,\sigma)^2+Y_u(u,\sigma)^2)^{3/2}} \tag{5-4}$$

其中：$X_u(u,\sigma)=x(u)\otimes g_u(u,\sigma)$；$Y_u(u,\sigma)=y(u)\otimes g_u(u,\sigma)$；$X_{uu}(u,\sigma)=x(u)\otimes g_{uu}(u,\sigma)$；$Y_{uu}(u,\sigma)=y(u)\otimes g_{uu}(u,\sigma)$。

$g_u(u,\sigma)$、$g_{uu}(u,\sigma)$分别为高斯核函数 $g(u,\sigma)$ 的一阶导数和二阶导数。

截面线的多尺度曲率函数 $k_\sigma(u,\sigma)$ 的极值点，包括曲率极大值点和曲率极小值点，形成截面线的曲率尺度空间。截面线的多尺度曲率函数 $k_\sigma(u,\sigma)$ 的极值点可以通过求取多尺度曲率函数 $k_\sigma(u,\sigma)$ 的导数函数 $f_\sigma(u,\sigma)$ 的过零点获得。

$$f_\sigma(u,\sigma)=\frac{\partial k_\sigma(u,\sigma)}{\partial u}=0 \tag{5-5}$$

$$f(u,\sigma)=X_u(u,\sigma)Y_{uuu}(u,\sigma)-X_{uuu}(u,\sigma)Y_u(u,\sigma) \tag{5-6}$$

其中：$X_{uuu}(u,\sigma)=x(u)\otimes g_{uuu}(u,\sigma)$；$Y_{uuu}(u,\sigma)=y(u)\otimes g_{uuu}(u,\sigma)$。

$g_{uuu}(u,\sigma)$ 为高斯核函数 $g_u(u,\sigma)$ 的三阶导数函数。

截面组合曲线的光滑连接特征点，即截面组合曲线的曲率极值点，通过求取多尺度曲率函数 $k_\sigma(u,\sigma)$ 的导数函数 $f_\sigma(u,\sigma)$ 的过零点得到。

5.2.2 尺度因子的确定

对截面线进行多尺度分析，需要在一定尺度范围内进行，超过一定阈值范围的尺度分析，对截面线特征的识别和重构毫无意义。尺度因子范围确定的基本要求是能够识别有意义的不同宽度特征的特征点。

在逆向工程截面组合曲线的多尺度特征分割中，采用参考文献［123］、［124］对不同宽度特征进行检测时的尺度因子确定方法。依据要识别特征的宽度确定尺度因子的大小，为了使截面曲线特征识别具有实际的意义，避免提取到大于最大有效宽度的特征，同时能够识别出截面组合曲线中含有工程意义的最小宽度截面曲线特征，尺度因子选取准则为式(5-7)。

$$\sigma_{\min}=\frac{w_2}{\sqrt{3}}<\sigma<\frac{w_1}{\sqrt{3}}=\sigma_{\max} \tag{5-7}$$

其中，$\sigma_{\min}$ 为尺度因子最小值；$\sigma_{\max}$ 为尺度因子最大值；w_1 表示最大特征宽度的 1/2；w_2 表示最小特征宽度的 1/2。

5.2.3 多尺度特征点融合

多尺度空间记录了数据由粗到细的多分辨率过程。尺度越小，对目标表达得越精细、越微观；尺度越大，对目标表达得越概括、越宏观。高层次结构对低层次结构有制约作用，而低层次系统为高层次系统提供机制和功能。

曲率尺度空间的实质是对曲线进行不同尺度卷积平滑，计算得到曲率极大值、极小值的集合。大尺度下基于曲率尺度空间的检测特征点数目少，反映了截面组合曲线的主要特征，但是检测的特征点的位置不准确；小尺度下基于曲率尺度空间的检测特征点数目多，包含了截面组合曲线的细节特征，但是易受噪声影响，出现虚假特征。为此采取由粗到精，对基于曲率尺度空间的特征点检测结果，采用顺序融合策略和并行融合策略进行曲线特征融合，提取截面组合曲线的特征。

(1) 顺序融合策略——单尺度曲线特征融合

截面组合曲线单尺度曲线特征融合，属于空间数据集成中的同要素空间单尺度数据的集成。单尺度曲线特征融合的基本原理是对相邻曲线特征 $P_{i-1}P_i$ 和 P_iP_{i+1}，采用特征点 P_{i-1}、P_i、P_{i+1} 间的相对转角判断，如果特征点 P_{i-1}、P_i、P_{i+1} 的转角 θ 大于等于 θ_0 或者小于 $360°-\theta$，则说明曲线特征 $P_{i-1}P_i$ 和 P_iP_{i+1} 不能融合，结果为曲线特征 $P_{i-1}P_i$ 和 P_iP_{i+1}；如果特征点 P_{i-1}、P_i、P_{i+1} 的转角 θ 小于等于 θ_0 或者大于等于 $360°-\theta$，则说明曲线特征 $P_{i-1}P_i$ 和 P_iP_{i+1} 能融合，结果为曲线特征 $P_{i-1}P_{i+1}$，研究中 θ_0 取 5°。

$$\theta=\arccos\left(\left|\frac{\overline{P_{i-1}P_i}^2+\overline{P_iP_{i-1}}^2-\overline{P_{i-1}P_{i+1}}^2}{2\times\overline{P_{i-1}P_i}\times\overline{P_iP_{i-1}}}\right|\right) \tag{5-8}$$

(2) 并行融合策略——多尺度曲线特征融合

截面组合曲线多尺度曲线特征融合，属于空间数据集成中的同要素空间多尺度数据的集成。多尺度曲线特征融合的基本原理如图 5-5 所示。将尺度范围内的最大尺度曲线特征作为初始特征，通过相邻尺度之间特征点信息传递和曲线特征融合准则实现多尺度曲线特征融合，到尺度范围内最小尺度为止。

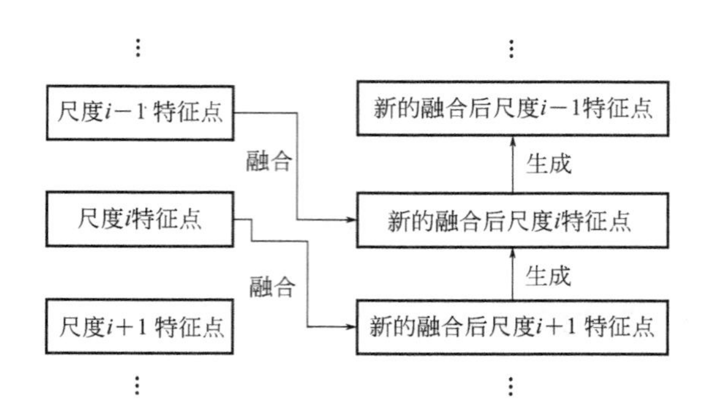

图 5-5 多尺度曲线特征融合的基本原理

以尺度 σ_{i-1}、σ_i、σ_{i+1} 的曲线特征融合为例，说明相邻尺度间特征点信息的传递和曲线特征融合的基本过程。尺度 σ_i 下的曲线特征与融合后尺度 σ_{i+1} 下的曲线特征，按照相邻尺度间特征点信息的传递，采用曲线特征融合准则进行多尺度曲线特征融合，结果为融合后尺度 σ_i 下的曲线特征。依次进行尺度 σ_{i-1} 下的曲线特征与融合后尺度 σ_i 下的曲线特征的多尺度曲线特征融合，结果为融合后的尺度 σ_{i-1} 下的曲线特征。

一般来说，小尺度特征点数要等于或多于大尺度特征点数。设小尺度 σ_i 特征点 $S(i)(i=1,2,\cdots,n)$，尺度 σ_{i+1} 融合后的特征点 $L(j)[(j=1,2,\cdots,m$ $(m\leqslant n)]$，以尺度 σ_i、σ_{i+1} 为例，说明相邻尺度间曲线特征融合的基本准则如下。

① 以小尺度 σ_i 的特征点 $S(i)$ 为基准，在高一级尺度 σ_{i+1} 融合后的特征点 $L(j)$ 内搜索与小尺度特征点 $S(i)$ 的相关点，形成待融合的曲线特征 $S_{i-1}S_i$ 和 S_iL_j。曲线具有连续性，局部不会发生突变的内在性质。所以特征点 $S(i)$ 的关联区域定义为$[S(i)-a,S(i)+a]$，称 $S(i)-a$、$S(i)+a$ 为特征点 $S(i)$ 关联区域的端点。由 LSH-800 激光扫描 Z 方向分段门槛值确定 a 值，一般取 3 或 5，Z 方向分段门槛值为 0.1mm，a 取 3。

② 如果存在 $L(j)$ 与小尺度特征点 $S(i)$ 的相关，比较 $L(j)$ 与 $S(i)+a$ 的大小，如果 $L(j)>S(i)+a$，则 A，$S(i)-a$；B，$S(i)+a$；C，$L(j)$。

否则，A，$S(i)-a$；B，$L(j)$；C，$S(i)+a$。通过式(5-8) 计算 A、B、C 间的转角 θ。

如果转角小于等于 θ_0，则说明曲线特征 $S_{i-1}S_i$ 和 S_iL_j 可以融合为一个曲线特征，融合后的曲线特征为 $S_{i-1}L_j$。否则，说明曲线特征 $S_{i-1}S_i$ 和 S_iL_j 不可融合为一个曲线特征，曲线特征 $S_{i-1}S_i$ 和 S_iL_j 都保留为融合后的曲线特征。依据激光扫描机的测量精度和待逆向曲面的精度要求确定 θ 的值，一般 θ 取 0.0524、0.08739（角度表示为 3°、5°)，研究中 θ_0 取 0.0524。

③ 如果不存在 $L(j)$ 与小尺度特征点 $S(i)$ 的相关，则保留曲线特征 $S_{i-1}S_i$。

5.2.4 基于曲率尺度空间的截面特征分割

利用多尺度理论中的曲率尺度空间进行逆向工程截面曲线特征分割。截面组合曲线中存在不同尺度的曲线特征时，需要针对不同的特征，确定尺度因子的范围，将不同尺度特征检测结果进行多尺度曲线特征融合实现曲线特征分割。实现该方法主要步骤如下。

① 依据式(5-7) 确定规则，确定合适的尺度因子范围 $[\sigma_{\min},\sigma_{\max}]$。

② 对截面组合曲线进行规范弧长参数化，得到 $p(x(u), y(u))$。

③ 依据式(5-1) 计算截面组合曲线多尺度表示 $p_\sigma(X(u,\sigma), Y(u,\sigma))$；依据式(5-4) 计算不同尺度的卷积曲线 $p_\sigma(X(u,\sigma), Y(u,\sigma))$的曲率 $k_\sigma(u,\sigma)$。

④ 依据式(5-5) 的过零点，得到截面组合曲线多尺度特征点集。

⑤ 进行曲线特征融合。从最大尺度开始，依据相对转角阈值判断，进行单尺度曲线特征融合。对最大尺度与其低一级尺度特征检测结果进行多尺度曲线特征的融合。对特征融合结果再次进行单尺度曲线特征融合。依次进行，直至融合到最小尺度，获得截面组合曲线主要曲线元和次要曲线元的曲线特征分割。

5.2.5 实例分析

基于曲率尺度空间的截面特征分割算法，实现合成曲线的截面特征分割，如图 5-6 所示。其中图 5-6(a) 为使用相对转角图算法得到的 5-6(b) 中合成曲线的相对转角图。图 5-6(b) 为依据相对转角图的局部极值点检测的特征点。图 5-6(c) 为基于曲率尺度空间理论得到的曲率极值点图。图 5-6(d) 为依据图 5-6(c) 使用多尺度特征融合算法检测得到的特征点。对图 5-6(b) 和

图 5-6(d) 进行对比分析，相对转角图的局部极值点检测的特征点存在过检和漏检。

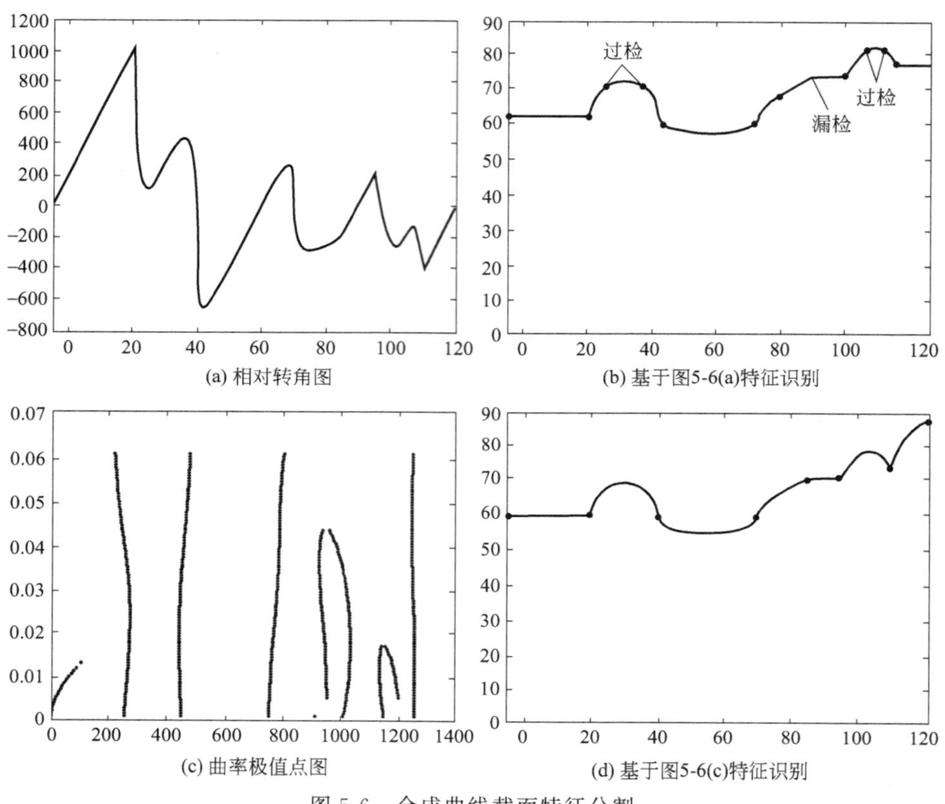

图 5-6　合成曲线截面特征分割

图 5-7 为某车用刹车制动器壳体的激光扫描数据点云，选取在扫描方向的位置为 441.8 的截面线，进行特征识别和特征分割，结果如图 5-8 所示。图 5-8(a) 为使用相对转角图算法得到图 5-8(b) 中数据点云的相对转角图。图 5-8(b) 为依据图 5-8(a) 的局部极值点检测的特征点。图 5-8(c) 为基于曲率尺度空间的曲率极值点。图 5-8(d) 为依据图 5-8(c)，采用多尺度特征融合算法检测的特征点。对图 5-8(b) 和图 5-8(d) 进行对比分析，图 5-8(b) 中，特征分割为 AB、BC、CD 段特征曲线。特征点 C 为过检特征点，以 AB、BD 段作为特征分割的结果。图 5-8(d) 中，特征分割为 AB、BC、CD 段，BC 段作为次要特征光滑连接主要特征 AB 段和 CD 段。

基于曲率尺度空间的多尺度特征分割算法用多尺度曲率分析代替传统单一尺度逆向工程截面线分析，生成一组比单一尺度描述时更为精确的特征点，实现截面特征分割。基于曲率尺度空间的多尺度特征分割算法，既可以实现大尺度下特征信息的识别——主要特征元，又可以实现小尺度下细节特征信息的识别——次要特征元，能够同时获得特征建模的初等曲线特征和次要曲线特征。

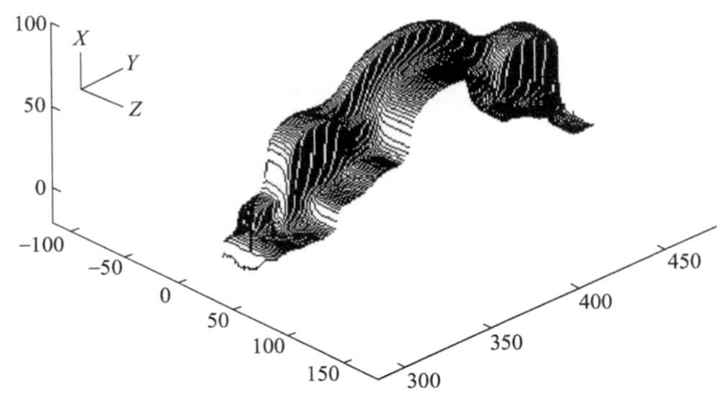

图 5-7　某车用刹车制动器零件数据点云

（X 向，曲面；Y 向，扫描方向；Z 向，扫描线方向）

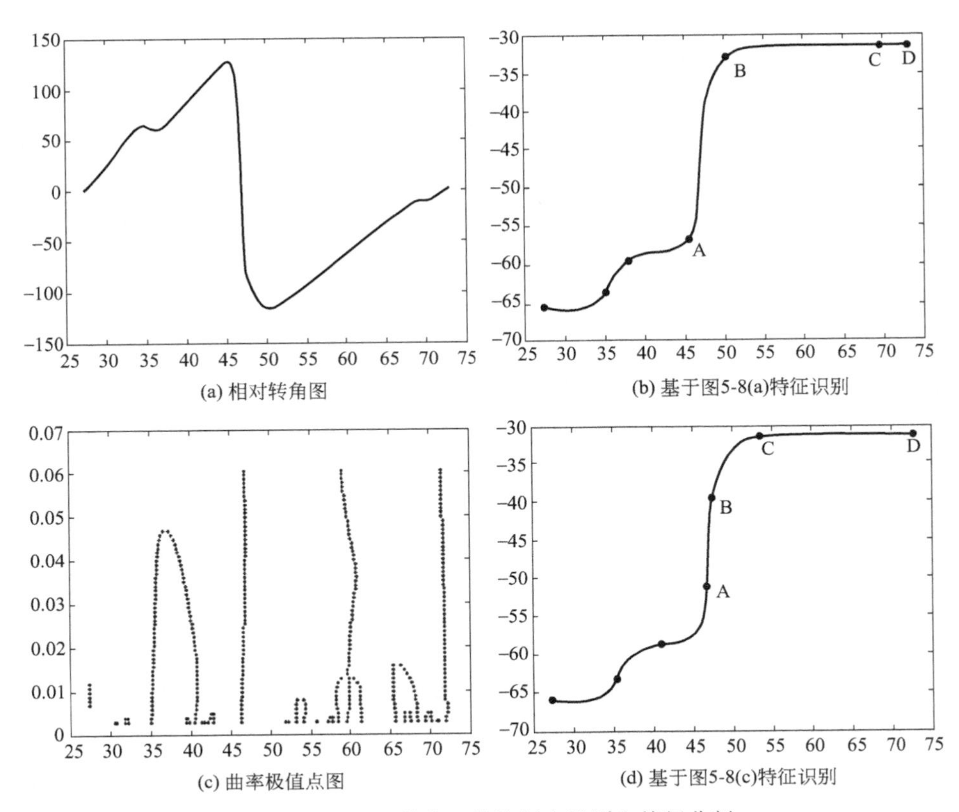

图 5-8　实际扫描截面线特征点识别和特征分割

5.3 基于多尺度分析的区域分割法

区域分割法的指导思想是将具有相似几何特征的空间点划为同一区域，是目前研究较多的又一种激光扫描点云截面特征分割方法。实现基于种子增长的区域分割方法的关键是种子区域的选择和种子增长方式。现有的区域分割法中多采用交互式种子区域选择，依赖于操作者的经验，且不稳定，不易于特征分割的自动实现。在种子增长方面，多以重复的参数拟合方式和距离作为度量为主，计算量大。将多尺度理论与区域增长法相结合，以多尺度特征检测中大尺度下特征检测作为初始种子区域；基于多尺度特征检测结果之间的相关性，按照多尺度特征检测结果进行种子增长；利用转角作为度量标准进行种子区域的增长，实现截面特征分割。

5.3.1 种子区域选择

区域增长法进行截面组合曲线特征分割，首先要进行种子区域的选择。基于多尺度分析的区域分割法采用曲率尺度空间进行截面组合曲线特征检测。基于曲率尺度空间的特征检测结果包含多尺度下的特征，大尺度下检测特征数目少，反映了主要特征。以多尺度特征检测中大尺度下特征检测作为区域增长法的初始种子轮廓。

5.3.2 种子区域增长方式和标准

产品实物样件的激光扫描线数据点云可以看作曲面在有噪声情况下的采样，因此激光扫描点与周围的邻近点是几何相关的。多尺度分析中不同尺度曲线特征间内在相关，在选择了种子区域的基础上，以不同尺度曲线特征间的内在联系来指导种子区域增长。激光扫描点云中除了平坦区域外，还经常存在类斜坡状区域，在这种情况下，如果继续采用距离的偏差作为种子增长的标准，将会出现过分割现象，以转角作为种子区域是否增长的标准将更客观。

依据不同尺度特征间的内在联系，指导种子区域增长的基本过程分为两步：确定种子区域的增长的范围，对种子增长范围内的激光扫描数据点基于转角判断种子是否增长。

截面线尺度 σ_i 的特征点 $P(i)(i=1,2,\cdots,n)$，其低一级尺度 σ_{i-1} 上的特征点 $T(j)(j=1,2,\cdots,m)$。以尺度 σ_i 的某一种子区域 $[P_{i-1},P_i]$ 在其低一级尺度 σ_{i-1} 上的增长为例，说明相邻尺度种子区域增长范围的确定过程：

① 以尺度 σ_i 上特征点 P_{i-1} 为基准，在低一级尺度 σ_{i-1} 上特征点 $T(j)$ 内搜索与 P_{i-1} 的相关点 $P_{1_{i-1}}$，点 $P_{1_{i-1}}$ 满足：其中点 $P_{1_{i-1}}\in T(j)$ 且 $|P_{i-1}-P_{1_{i-1}}|<6$。

② 以尺度 σ_i 上特征点 P_i 为基准，在低一级尺度 σ_{i-1} 上特征点 $T(j)$ 内搜索与 P_i 的相关点 P_{1_i}，点 P_{1_i} 满足：其中点 $P_{1_i}\in T(j)$ 且 $|P_i-P_{1_i}|<6$。

③ 尺度 σ_i 的某一种子区域 $[P_{i-1},P_{i+1}]$ 在其低一级尺度 σ_{i-1} 上的种子增长范围为 $[P_{1_{i-1}},P_{i-1}]$ 和 $[P_{i+1},P_{1_{i+1}}]$。

以种子区域增长范围 $[P_i,P_{1_i}]$ 内的任一位置激光扫描点 C_i，C_i 支撑区域为 $[A_i,B_i]$，其中，$A_i=C_i-3$；$B_i=C_i+3$。按照式(5-8) 计算转角 θ，种子区域是否增长判断准则：

① 如果激光扫描数据点 A_i、P_i、B_i 的转角 θ 小于等于 θ_0 或者大于等于 $360°-\theta_0$，则说明种子区域的增长过程可以继续；

② 如果激光扫描数据点 A_i、P_i、B_i 的转角 θ 大于等于 θ_0 或者小于 $360°-\theta_0$，则说明种子区域的增长过程中止，结果为特征点 C_i。θ_0 取 5°。

5.3.3 基于多尺度分析的种子增长算法

基于多尺度分析的区域增长法实现激光扫描数据点云截面特征分割。算法的基本步骤如下。

① 依据式(5-7) 尺度因子确定规则，确定合适的尺度范围 $[\sigma_{\min},\sigma_{\max}]$。

② 对激光扫描点云进行分层，获得每一层截面组合曲线的数据，利用积累弦长参数化对截面组合曲线进行规范弧长参数化，得到 $p(x(u), y(u))$。

③ 依据式(5-1) 计算曲线多尺度表示 $p_\sigma(X(u,\sigma),Y(u,\sigma))$；依据式(5-4) 计算不同尺度的卷积曲线 $p_\sigma(X(u,\sigma),Y(u,\sigma))$的曲率 $k_\sigma(u,\sigma)$。

④ 依据式(5-5) 的过零点，得到截面组合曲线多尺度特征点集。

⑤ 以最大尺度特征作为初始种子轮廓，在最大尺度与其低一级尺度特征之间进行种子增长。依据式(5-8) 计算转角，基于转角阈值判断种子是否增长，完成种子区域的一次增长过程。

⑥ 按照尺度由大到小依次进行种子区域的增长，直至最小尺度，获得该条截面组合曲线的曲线特征分割。

5.3.4 实例分析

图 5-9 为某车用刹车制动器壳体的激光扫描数据点云的特征线数据点云，基于多尺度分析的区域分割法实现曲线特征的分割，以多尺度特征检测中大尺度下特征检测作为初始种子区域，利用转角作为度量标准进行种子区域的增长。以多尺度几何分析和特征检测结果指导截面线种子区域选择，实现了稳定的种子区域自动选择。基于多尺度特征检测间的内在相关性指导种子增长，避免了种子增长过程中重复的参数拟合。

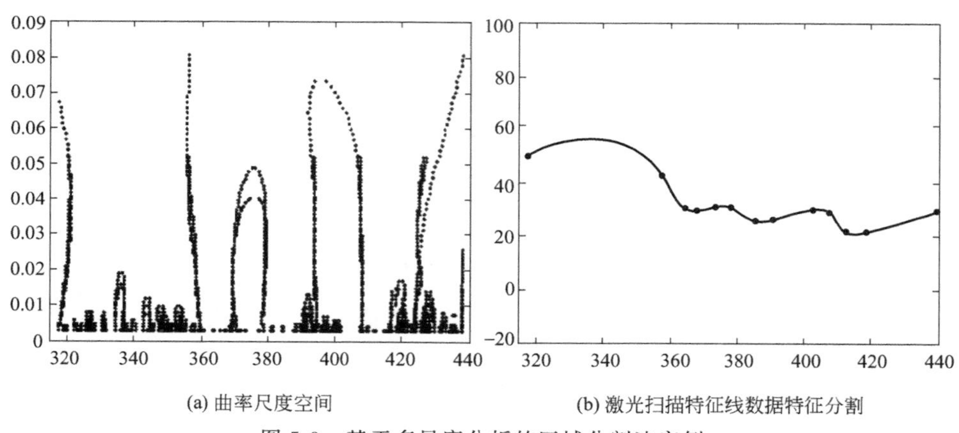

(a) 曲率尺度空间　　(b) 激光扫描特征线数据特征分割

图 5-9　基于多尺度分析的区域分割法实例

5.4 截面曲线特征类型识别

依据 S Liu 的曲线特征分类，主要曲线元包括直线、圆弧、圆锥曲线和自由曲线；次要曲线元包括构成倒边、倒圆角的直线或者圆弧、连接两个主要特征元的自由曲线。为此，将截面轮廓曲线的特征类型分为：

① 基本线素类，包括直线、圆和圆弧等；

② 圆锥曲线类，包括椭圆、抛物线和双曲线等；

③ 基本造型曲线，包括 Bezier 曲线、B 样条曲线和 NURBS 曲线等。

5.4.1 特征支撑区域

考虑检测特征点 P_{i-1}、P_i、P_{i+1}，及其连接的两个连续的曲线特征 S_i、S_{i+1}。曲线特征 S_i、S_{i+1} 的长度分别由 l_i 和 l_{i+1} 表示，且有 $k_i=\min(l_i, l_{i+1})$。为了确定曲线特征 S_i、S_{i+1} 的特征类型，S_i 的支撑区域为 $[P_i-3k_i/4, P_i-k_i/4]$，S_{i+1} 的支撑区域为 $[P_i+k_i/4, P_i+3k_i/4]$。考虑点 $P_j\in[P_i-3k_i/4, P_i-k_i/4,]$，分析相关的两个端点 $P_{j-}=P_j-k_i/4$ 和 $P_{j+}=P_j+k_i/4$，如图 5-10 所示。

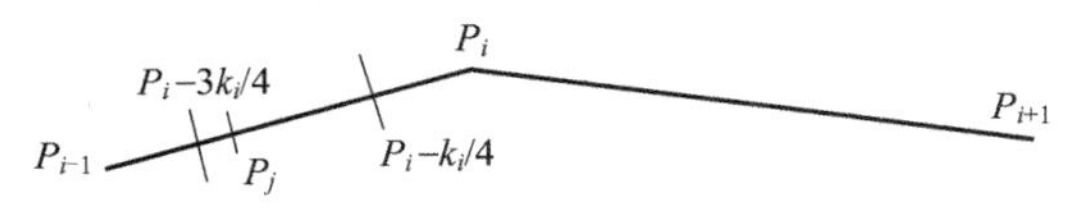

图 5-10　投影高度函数中特征的支撑区域

5.4.2 基于面积的投影高度函数

基于面积的投影高度 r_h 用于曲线特征类型识别。基于面积计算投影高度原理是 P_{j-}、P、P_{j+}、P_j 面积为常数，如图 5-11 所示。式(5-9) 给出 P_{j-}、P、P_{j+}、P_j 面积的数学表示。对式(5-9) 进行变换，得到投影高度 r_h 为式(5-10)。

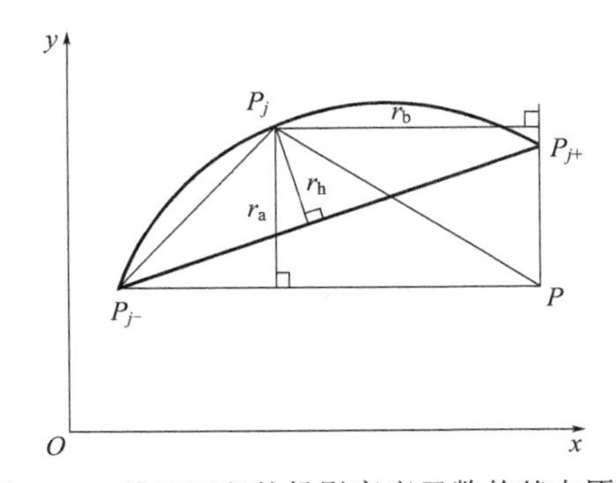

图 5-11　基于面积的投影高度函数的基本原理

$$\overline{P_{j-}P}\times r_a(j)+\overline{PP_{j+}}\times r_b(j)=\overline{P_{j-}P}\times\overline{PP_{j+}}+r_h(j)\times\sqrt{\overline{P_{j-}P}^2+\overline{PP_{j+}}^2} \tag{5-9}$$

$$r_h(j)=\frac{\overline{P_{j-}P}\times r_a(j)+\overline{PP_{j+}}\times r_b(j)-\overline{P_{j-}P}\times\overline{PP_{j+}}}{\sqrt{\overline{P_{j-}P}^2+\overline{PP_{j+1}}^2}} \tag{5-10}$$

5.4.3 基于投影高度函数的曲线特征识别

对特征分割支撑区域内的每一点，计算投影高度函数以确定特征分割的类型是属于直线或圆弧。Hsin-Teng Sheu 给出的阈值为 0.5 并不是最适合特征识别的阈值。基于面积的投影高度函数 r_h 统计特性，发现圆弧特征分割的投影高度函数值与圆弧半径有关。给出截面特征中直线和圆弧识别准则：

① 理论上，点 P_{i-1} 和 P_i 间的特征为直线时，点 P_j 的 r_h 值为零；实际中由于容许测量误差的存在点 P_j 的 r_h 值近似为零。

② 理论上，点 P_{i-1} 和 P_i 间的特征为圆弧时，点 P_j 的 r_h 值为常数；实际中由于容许测量误差的存在点 P_j 的 r_h 值近似为常数。

对理想圆弧曲线，基于特征分割的支撑区域计算投影高度函数值。取 $k=10$，圆弧的中心在点（30，30），仿真结果如图 5-12 所示。

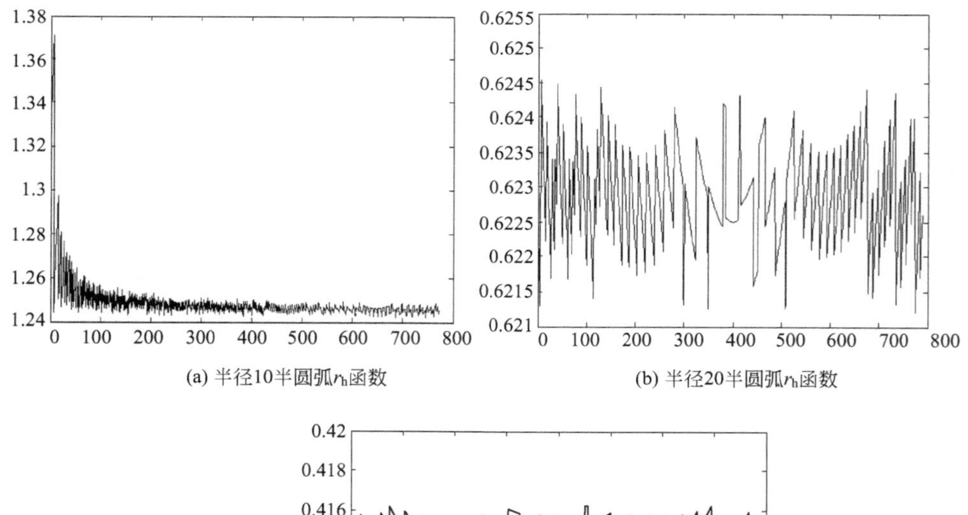

(a) 半径10半圆弧r_h函数

(b) 半径20半圆弧r_h函数

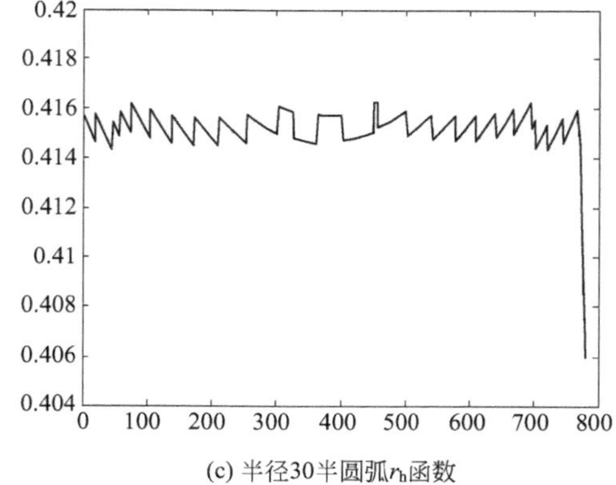

(c) 半径30半圆弧r_h函数

图 5-12 不同圆弧 r_h 函数仿真计算结果

图 5-12(a) 为半径为 10 的半圆弧基于面积的投影高度函数仿真结果。图 5-12(b) 和图 5-12(c) 分别为半径为 20 和 30 的半圆弧的投影高度函数仿真结果。不同半径圆弧 r_h 仿真结果得出：r_h 值不是总大于或者小于 0.5。相同半径圆弧 r_h 仿真结果得出：由于在离散点，P_{j-}、P_{j+}、P_j 确定时，需要一个阈值来确定点支撑区域，半径的 r_h 值近似为一常数。

对 5.2.5 节中的实际激光扫描数据，根据基于投影高度函数的截面特征中直线和圆弧识别的准则，判断分割后截面特征的类型，结果如表 5-1 所示。

表 5-1 实际激光扫描线的特征类型识别

特征分割	特征类型	主要/次要特征
1～62	圆弧	主要
63～107	圆弧	主要
108～148	圆弧	次要
149～153	直线	主要
154～194	圆弧	次要
195～317	直线	主要

5.4.4 圆锥曲线特征识别

圆锥曲线主要包括椭圆、双曲线和抛物线，由于圆锥曲线一定为二次曲线，对直线和圆弧以外的曲线采用二次曲线的统一表示进行拟合，依据二次曲线不变量进行截面特征中圆锥曲线的识别。

$$a_{11}x^2+2a_{12}xy+a_{22}y^2+2a_1x+2a_2y+a_3=0 \quad (a_{11}+a_{12}+a_{22}\neq 0) \tag{5-11}$$

通过最小二乘法进行参数拟合，设有 n 个数据点(x_i,y_i,z_i)，得到方程组：

$$\boldsymbol{Ax}=0 \tag{5-12}$$

$$\boldsymbol{A}=\begin{bmatrix} x_1^2 & 2x_1y_1 & y_1^2 & 2x_1 & 2y_1 & 1 \\ x_2^2 & 2x_2y_2 & y_2^2 & 2x_2 & 2y_2 & 1 \\ \vdots & \vdots & \vdots & \vdots & \vdots & \vdots \\ x_n^2 & 2x_ny_n & y_n^2 & 2x_n & 2y_n & 1 \end{bmatrix},\boldsymbol{x}=(a_{11},a_{12},a_{22},a_1,a_2,a_3)^{\mathrm{T}}$$

假设矩阵 $\boldsymbol{A}^{\mathrm{T}}\boldsymbol{A}$ 的特征值 $\lambda_i(i=1,2,\cdots,n)$，将绝对值最小的特征值对应

的特征向量作为系数矩阵的解，即为方程式(5-12) 的解。l_1、l_2、l_3 是方程式(5-11) 所确定的二次曲线在平移变换及旋转变换下的不变量：

$$l_1=a_{11}+a_{22} \quad l_2=\begin{vmatrix} a_{11} & a_{12} \\ a_{12} & a_{22} \end{vmatrix} \quad l_3=\begin{vmatrix} a_{11} & a_{12} & a_1 \\ a_{12} & a_{22} & a_2 \\ a_1 & a_2 & a_3 \end{vmatrix}$$

对于方程所确定的二次曲线，可以用不变量 l_1、l_2、l_3 来判定。

① 当 $l_2>0$，$l_3\neq0$，$l_1l_3<0$，曲线类型为椭圆。

② 当 $l_2<0$，$l_3\neq0$，曲线类型为双曲线。

③ 当 $l_2=0$，$l_3\neq0$，曲线类型为抛物线。

以理想圆锥曲线和带有随机噪声的圆锥曲线验证基于二次曲线不变量曲线类型识别方法的准确性，选用的圆锥曲线为椭圆曲线段和双曲线段。

理想椭圆曲线段的方程为：$\frac{(x-30)^2}{400}+\frac{(y-30)^2}{900}=1$（$10<x<50$，$y>30$），以激光扫描精度 0.013 为间隔，进行离散，得到实验所需的理想椭圆曲线段数据，如图 5-13(a)。在理想椭圆曲线段的基础上添加正态分布随机噪声 $N(\mu,\sigma^2)$，得到实验所需的带有随机噪声椭圆曲线段数据，μ 取 0.1，σ^2 取 0.05，如图 5-13(b)。

理想双曲线段的方程为：$\frac{(x-80)^2}{400}-\frac{(y-30)^2}{900}=1$（$50<x<80$，$y>30$），以激光扫描精度 0.013 为间隔，进行离散，得到实验所需的理想椭圆曲线段数据，如图 5-13 (c)。在理想双曲线段的基础上添加正态分布随机噪声 $N(\mu,\sigma^2)$，得到实验所需的带有随机噪声双曲线段数据，μ 取 0.1，σ^2 取 0.05，如图 5-13(d)。

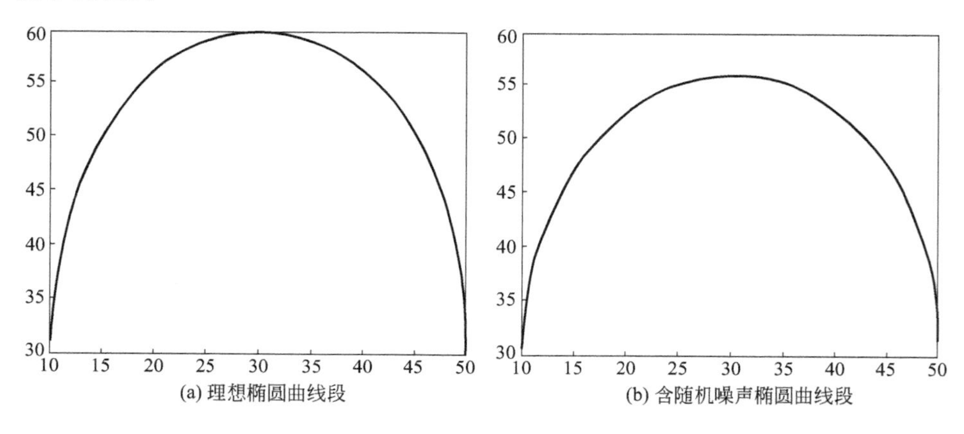

(a) 理想椭圆曲线段 (b) 含随机噪声椭圆曲线段

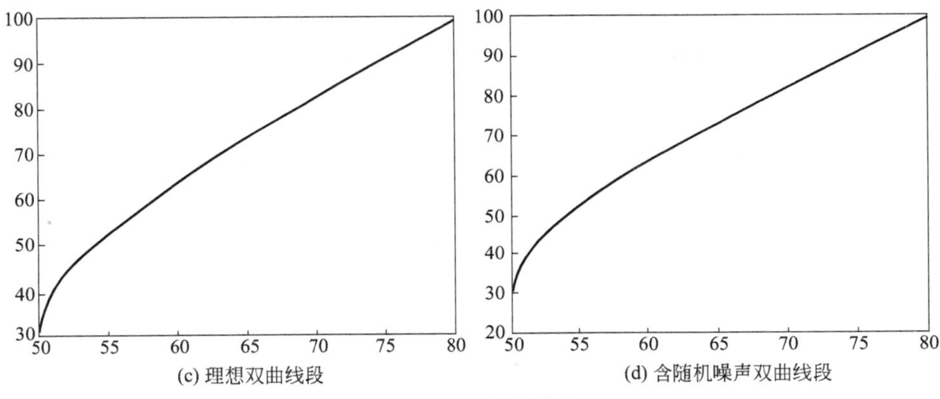

(c) 理想双曲线段　(d) 含随机噪声双曲线段

图 5-13　圆锥曲线段

以离散曲线数据为基础，用二次曲线的统一表示进行最小二乘参数拟合，计算二次曲线不变量，依据二次曲线的不变量进行圆锥曲线特征类型识别，结果如表 5-2。

表 5-2　圆锥曲线特征类型识别

曲线	二次曲线不变量	曲线类型
曲线段 5-13(a)	$I_2=1.8187E-5$	椭圆
曲线段 5-13(b)	$I_2=1.8115E-5$	椭圆
曲线段 5-13(c)	$I_2=-6.9873E-5$	双曲线
曲线段 5-13(d)	$I_2=-7.3320E-5$	双曲线

5.5 截面曲线特征拟合

与截面曲线特征类型识别相对应，截面曲线特征的参数拟合包括以下 3 类。

① 基本线素类，包括直线、圆和圆弧等。如圆 $C(P_0, R)$，由圆心 $P_0(x_0, y_0)$ 定位，半径 R 定形。

② 圆锥曲线类，包括椭圆、抛物线和双曲线等。如：椭圆 $E(P_0, a, b)$，由椭圆中心 $P_0(x_0, y_0)$ 定位，椭圆长、短半轴尺寸 a、b 定形，尺寸为 (a, b)。

③ 基本造型曲线，包括 Bezier 曲线、B 样条曲线和 NURBS 曲线等。曲线的表示由曲线的节点、控制顶点和权因子来确定。

5.5.1 直线和圆弧拟合

下面讨论截面曲线特征为直线或圆弧时的参数拟合问题。采用 Parrt 提出的

特征表达方式，采用代数距离进行直线和圆弧的最小二乘拟合进行参数拟合。

(1) 直线的参数拟合

直线的带有几何意义的参数方程为：$l_0x+l_1y+l_2=0$，点到直线的代数距离就是点的坐标代入方程后的值，因此对 m 个数据点 $P_j(j=1,2,\cdots,m)$进行直线最小二乘拟合，其目标函数：

$$\sum_{i=1}^{N}f(x_i,y_i)^2=\sum_{i=1}^{N}(l_0x_i+l_1y_i+l_2)^2=\overline{\boldsymbol{p}}^{\mathrm{T}}\boldsymbol{H}\overline{\boldsymbol{p}} \tag{5-13}$$

其中$\overline{\boldsymbol{p}}=[l_0,l_1,l_2]^{\mathrm{T}}$ 为参数矢量，$\boldsymbol{H}$ 是数据矩阵，表示为：

$$\overline{\boldsymbol{h}}=[x_i,y_i,1]^{\mathrm{T}},\boldsymbol{H}=\sum_{i=1}^{N}\overline{\boldsymbol{h}}\,\overline{\boldsymbol{h}}^{\mathrm{T}}=\sum_{j=1}^{N}\begin{bmatrix}x_i^2 & x_iy & x_i\\ x_iy_i & y_i^2 & y_i\\ x_i & y_i & 1\end{bmatrix}$$

最小二乘参数拟合的具体实现步骤：

① 确定目标函数及其数据矩阵；

② 采用特征向量估计法求得矩阵 $\boldsymbol{H}$ 绝对值最小的特征值对应的特征向量即是待求直线参数(l_0,l_1,l_2)。对直线参数进行规范化。

$$l_0^2+l_1^2-1=0$$

依据规范化参数，按照下列表达式计算直线的斜率和截距：

$$k=-\frac{l_0}{l_1},b=-\frac{l_2}{l_1}$$

(2) 圆弧的参数拟合

圆弧带有几何意义参数得的方程为：

$$(x-x_0)^2+(y-y_0)^2=R^2 \tag{5-14}$$

方程一般形式为

$$c_0(x^2+y^2)+c_1x+c_2y+c_3=0 \tag{5-15}$$

点到圆弧的代数距离就是点的坐标代入方程后的值，因此对 m 个数据点 $P_j(j=1,2,\cdots,m)$进行圆弧最小二乘拟合，满足 $\boldsymbol{Ax}=0$，其中，

$$\boldsymbol{A}=\begin{bmatrix}(x_1^2+y_1^2) & x_1 & y_1 & 1\\ (x_2^2+y_2^2) & x_2 & y_2 & 1\\ \vdots & \vdots & \vdots & \vdots\\ (x_n^2+y_n^2) & x_n & y_n & 1\end{bmatrix},\boldsymbol{x}=(c_0,c_1,c_2,c_3)$$

采用特征向量估计法求得 $\boldsymbol{x}$ 的解，即为圆弧参数(c_0,c_1,c_2,c_3)。依据

式(5-16) 规范化参数。

$$c_1^2+c_2^2-4c_0c_3-1=0 \tag{5-16}$$

依据规范化参数，按照下列表达式计算圆心 (x_0，y_0) 和半径 R。

$$x_0=-\frac{c_1}{2c_0}, y_0=-\frac{c_2}{2c_0}, R=\left|\frac{\sqrt{c_1^2+c_2^2-4c_0c_3}}{2c_0}\right|$$

对 5.3.4 节中的直线和圆弧组成激光扫描数据点云的分段特征数据按照 5.4 节进行特征类型识别。对其中的直线和圆弧进行最小二乘参数拟合，直线参数为(l_0,l_1,l_2)，圆弧参数为(c_0,c_1,c_2,c_3)，结果见表 5-3。

表 5-3 直线和圆弧的参数拟合

分段数据	特征类型	参数拟合	几何参数(圆心,半径/斜率)
1～95	圆弧 (主要特征)	0.019667,－1.1892, 13.169,2209.7	(30.235,－334.79) 25.424
95～108	直线(主要)	0.44958,0.89324,－337.85	－0.50331
108～116	圆弧 (次要曲线)	0.10091,－6.8859 73.851,13627	(34.118,－365.92) 4.9548
116～128	直线(主要)	0.95845,－0.28525,76.703	3.36
128～135	圆弧 (次要曲线)	0.086305,－4.3851 64.688,12174	(25.405,－374.77) 5.7934
135～150	直线(主要)	0.76822,0.64018,－264.78	－1.2
150～161	圆弧 (次要曲线)	0.056063,－3.7806 43.324,8429.1	(33.718,－386.38) 8.9185
161～186	直线(主要)	0.94349,－0.33141,105.15	2.8469
186～196	圆弧 (次要曲线)	0.11005,－5.5354 88.775,17970	(25.149,－403.32) 4.5432
196～205	直线(主要)	0.50245,0.8646,－365.8	－0.58114
205～216	圆弧 (次要曲线)	0.080933,－4.2712 66.986,13914	(26.387,－413.84) 6.1779
216～257	直线(主要)	0.94061,－0.3395,121.7	2.7706

5.5.2 圆锥曲线拟合

目前对于圆锥曲线的参数拟合主要采用二次曲线的统一表达进行拟合。这种表达方式拟合的参数不具有明确的几何意义。考虑到平面上任意圆锥曲线可以看作标准圆锥曲线经过平移变换和旋转变换得到，这也与正向圆锥曲线设计的思路符合。基于此，将变换矩阵参数可以作为圆锥曲线特征拟合的参数，给出了基于圆锥曲线标准表达形式参数，平移矩阵参数和旋转矩阵参数的进行圆锥曲线特征拟合的理论推导。

以椭圆为例，说明激光扫描数据点云基于圆锥曲线标准形式表达和矩阵变换理论的圆锥曲线参数拟合方法的基本过程。由解析几何可知，椭圆的标准方程为当中心点的位置为 $M_0(0,0)$，长、短半轴分别为 a、b 的椭圆的标准方程：

$$\frac{x^2}{a^2}+\frac{y^2}{b^2}=1 \tag{5-17}$$

一般椭圆的方程可以用椭圆的标准方程经过平移变换和旋转变换得到。采用先平移后旋转的方法，平移后的中心点的位置为 $M_T(T_x,T_y)$，旋转的角度为 θ_0。

采用齐次坐标表示，标准椭圆曲线的数据点的描述为（$x\quad y\quad 1$），一般的椭圆曲线数据点的表示（$\bar{x}\quad \bar{y}\quad 1$）。由计算机图形学中的图形变换理论：

平移变换矩阵：$\boldsymbol{T}=\begin{bmatrix}1 & 0 & 0\\ 0 & 1 & 0\\ T_x & T_y & 1\end{bmatrix}$，旋转变换矩阵：$\boldsymbol{R}=\begin{bmatrix}\cos\theta & \sin\theta & 0\\ -\sin\theta & \cos\theta & 0\\ 0 & 0 & 1\end{bmatrix}$

变换矩阵右乘于标准椭圆曲线上点的齐次坐标向量表示得到变换后的椭圆曲线上点的齐次坐标向量，所以有标准椭圆曲线采用先平移后旋转的变换矩阵：

$$[x\quad y\quad 1]\begin{bmatrix}1 & 0 & 0\\ 0 & 1 & 0\\ T_x & T_y & 1\end{bmatrix}\begin{bmatrix}\cos\theta & \sin\theta & 0\\ -\sin\theta & \cos\theta & 0\\ 0 & 0 & 1\end{bmatrix}=[\bar{x}\quad \bar{y}\quad 1] \tag{5-18}$$

对于以激光扫描数据点云为处理对象的一般椭圆曲线的逆向工程参数拟合而言，测量数据点为（$\bar{x}\quad \bar{y}\quad 1$），所以对一般椭圆曲线进行先旋转角度 $-\theta$ 后，再平移（$-T_x,-T_y$）可以得到（$x\quad y\quad 1$），其变换矩阵为

$$[\bar{x}\quad \bar{y}\quad 1]\begin{bmatrix}\cos(-\theta) & \sin(-\theta) & 0\\ -\sin(-\theta) & \cos(-\theta) & 0\\ 0 & 0 & 1\end{bmatrix}\begin{bmatrix}1 & 0 & 0\\ 0 & 1 & 0\\ -T_x & -T_y & 1\end{bmatrix}=[x\quad y\quad 1]$$

简写为：

$$\overline{\boldsymbol{X}}\boldsymbol{RT}=\boldsymbol{X} \tag{5-19}$$

由于（$x\quad y\quad 1$）齐次坐标形式对应的坐标点满足标准椭圆的方程，由标准椭圆的方程$\frac{x^2}{a^2}+\frac{y^2}{b^2}-1=0$，矩阵形式为：

$$\boldsymbol{XAX}^{\mathrm{T}}=\boldsymbol{B} \tag{5-20}$$

其中 $\boldsymbol{X}=[x \quad y \quad 1]$；$\boldsymbol{A}=\begin{bmatrix}\frac{1}{a^2} & 0 & 0\\ 0 & \frac{1}{b^2} & 0\\ 0 & 0 & 1\end{bmatrix}$；$B=2$。

将式(5-19) 带入式(5-20) 得到：

$$\overline{\boldsymbol{X}}\boldsymbol{RTAT}^{\mathrm{T}}\boldsymbol{R}^{\mathrm{T}}\overline{\boldsymbol{X}}=\boldsymbol{B} \tag{5-21}$$

与二次曲线统一表达参数拟合相比，以带有明确几何意义的参数进行圆锥曲线拟合，参数都是 5 个，且与正向设计的思路相符。难点是这个数学问题的求解方法还在研究，还很不成熟。

5.5.3 自由曲线拟合

截面特征曲线中，除了直线、圆弧和圆锥曲线外的特征，被认为是自由曲线特征，采用非均匀有理 B 样条进行拟合。K 次 NURBS 曲线为一分段的矢值有理多项式函数 $P(u)$，其表达式为：

$$P(u)=\frac{\sum_{i=0}^{n}B_{i,k}(u)W_iV_i}{\sum_{i=0}^{n}B_{i,k}(u)W_i} \tag{5-22}$$

其中，节点矢量 $\boldsymbol{U}=[u_0,u_1,u_2,\cdots,u_{n+k}]$；$V_i$ 为控制顶点；W_i 为权因子，首位权因子 w_0，$w_0>0$，其余 $w_n\geqslant 0$，以防止分母为零，保留其凸包性质及曲线不至于因权因子而退化为一点；与控制顶点 P_i 相对应，$B_{i,k}(u)$ 为 B 样条基函数。基函数 $B_{i,k}(u)$ 的定义为：

$$\begin{cases}B_{i,0}(u)=\begin{cases}1, u_i\leqslant u\leqslant u_{i+1}\\ 0,\text{其他}\end{cases}\\ B_{i,k}(u)=\dfrac{u-u_i}{u_{i+k}-u_i}B_{i,k-1}(u)+\dfrac{u_{i+k+1}-u}{u_{i+k+1}-u_{i+1}}B_{i+1,k-1}(u)\end{cases} \tag{5-23}$$

采用四阶（三次）NURBS 曲线在自由端点条件做边界，进行自由曲线的拟合。设给定三维数据点 $P_1,P_2,\cdots,P_m$，算法步骤如下。

① 采用积累弦长确定节点矢量，端点处采用四重节点。

弦长：$u_1=0, u_m=1, u_i=u_{i-1}+|P_{i+1}-P_i|, i=2,3,\cdots,m-1$。规范化弦长 $u_i\Leftarrow u_i/u_n$，节点矢量 $\boldsymbol{U}=[u_1,u_1,u_1,u_1,u_2,\cdots,u_{m-1},u_m,u_m,u_m,u_m]$。

② 建立方程组：$\dfrac{\sum_{i=0}^{n} B_{i,k}(u_j)W_iV_i}{\sum_{i=0}^{n} B_{i,k}(u_j)W_i} = P_j, j = 0,1,2,3,\cdots,n$。

③ 确定补充方程的条件。由自由端点条件给出构造补充方程。

④ 求解方程组，确定控制顶点 V_i。

⑤ 权因子常取为 1，得到 NURBS 曲线。

图 5-14 为汽车覆盖件发动机罩的激光扫描数据点云中的一条截面线，先对截面线数据进行精简，在精简数据的基础上进行自由曲线控制顶点的反求。

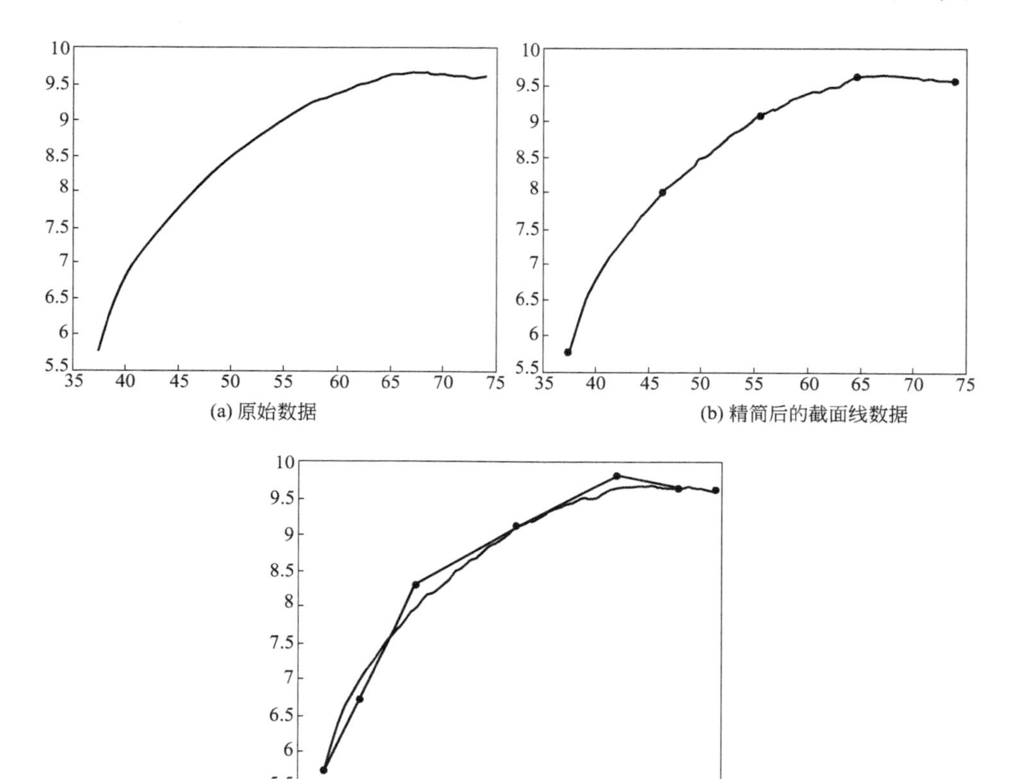

图 5-14　发动机罩的截面线数据及控制顶点

第6章

曲面特征提取

曲面特征是逆向工程CAD建模的一个重要组成部分。截面轮廓能够很好地表征复杂曲面的结构，是复杂曲面激光扫描线数据点云曲面特征识别的一个重要特征。本章主要研究基于截面轮廓特征相似性度量的曲面特征分割方法。将Curvelet变换引入点云的多尺度多方向分析，研究数据点云不同尺度曲面特征的提取方法。在此基础上系统地讨论曲面特征识别方法和以带有明显几何意义的参数进行曲面特征拟合的方法。

6.1 基于截面轮廓的曲面特征分割方法

曲面特征提取作为基于变量化设计的逆向工程CAD建模核心技术之一。截面轮廓能够很好地表征复杂曲面的结构，是复杂曲面激光扫描线数据点云曲面特征识别的一个重要特征。由于截面轮廓数据点云中不显式地含有相邻层轮廓间的对应关系，因此需要根据激光扫描截面轮廓数据点云提供的有限信息推导相邻层轮廓间蕴含的对应关系。基于截面轮廓的曲面特征分割方法主要包括：基于截面轮廓属性的分割法和匹配分割法。

① 基于截面轮廓属性的分割法。采用2D曲线近似曲率分析实现截面封闭轮廓集的分割。存在的问题是在噪声大及存在辅助特征和次要特征的情况下，近似曲率分析法检测的特征可能出现定位错误。通过比较轮廓和相邻层上所有待选轮廓的截面属性，确定截面轮廓间的相似性，实现截面轮廓的分割。存在的问题是只能处理具有简单拓扑结构的零部件。当轮廓形状复杂、位置变化较大时，常不能进行正确分割。应进一步研究能够处理分支和融合的截面轮廓分割方法。

② 匹配分割法。采用匹配参数和形状变形度进行截面轮廓间的弹性样条匹配。存在的问题是弹性样条与图形之间的差别较大时，优化过程经过几次迭代后，匹配参数会发生突变。将截面轮廓与待匹配轮廓拟合为B样条，然后进行弹性样条匹配。存在的问题是即使采用分段重构技术，也无法分割出能用一组统一的参数表示的封闭轮廓集。考虑到截面数据一般都含有丰富的曲面特征信息，在一定程度上反映了曲面的特征分布，如果对其不加分析，统一用样条曲线表达然后蒙皮，则重构曲面往往会破坏曲面特征走向，甚至丢失特征信息，难以真正实现与产品设计意图相一致。

基于截面特征的曲面分割能反映设计意图，能够较好地表达曲面细节特征，保形性好。有必要进一步研究基于截面曲线特征的、能够处理分支和融合的复杂开放轮廓数据点云曲面特征分割方法，系统地研究激光扫描数据点云曲面特征提取方法，如图 6-1 所示。该方法主要包括曲面特征分割、曲面特征识别和曲面特征拟合。

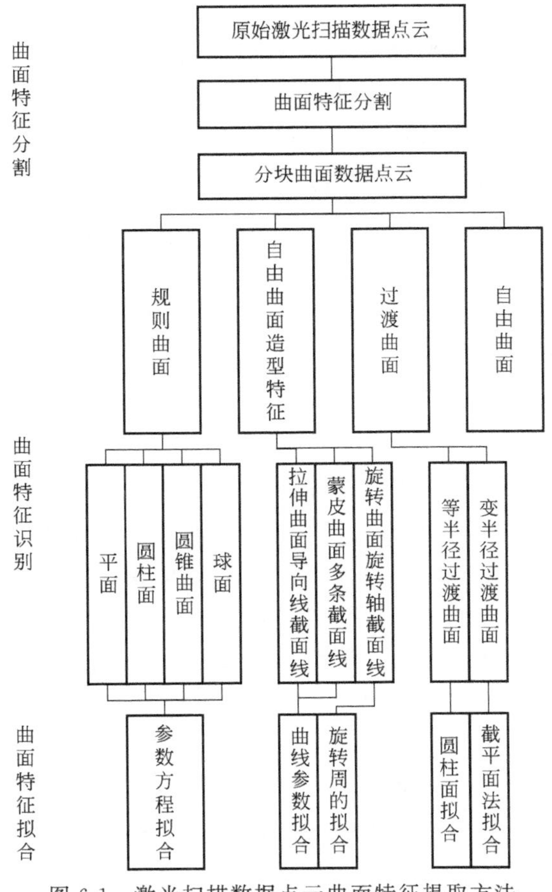

图 6-1 激光扫描数据点云曲面特征提取方法

6.2 基于截面特征相似性度量的曲面特征分割

通过相邻层截面轮廓的对比和分析可知，相邻层对应的截面轮廓有几何形状上的相似性。基于截面特征相似性度量的复杂曲面激光扫描线数据点云的曲面特征分割方法，基本思路是以截面轮廓形状描述为基础，采用截面轮廓相似性度量准则实现数据点云的分割。主要包括截面轮廓形状描述方法、相似性度量及相似性度量准则。

6.2.1 形状描述

截面轮廓形状描述是按照某一形状特征值提取算法对每个截面轮廓数据点提取相应的形状特征值，作为形状描述参数的函数值。截面形状描述的主要目的在于提取有效的形状特征信息，必须满足如下几个方面的准则：

① 广泛性，能够描述一个较宽范围内的形状；

② 唯一性，与形状之间应该存在一一对应的关系；

③ 稳定性，形状改变在形状描述的变化上应该是同尺度的改变。

目前，已经提出许多有效的形状描述方法。由解析几何可知，曲面、曲线具有如下的几何性质。

① 曲面：仅靠两点之间的弧长不能决定空间曲面形状，因为在弧长不变的情况下，曲率可以发生变化。

② 曲线曲率：曲率为曲线上相邻两点的切线倾角变化与弧长变化之比。

③ 空间曲线：对于截面曲线，弧长度量和曲率度量可以完全决定一条空间曲线形状。对于空间曲线，在这两个量确定的情况下，曲线还可以发生扭曲。空间曲线由弧长、曲率和挠率唯一决定。

因此，在上述曲线、曲面几何性质的基础上，由于激光扫描线数据点云的每条扫描线都可以看作截面轮廓曲线即平面曲线，可以采用弧长、切线倾角进行激光扫描线数据点云的截面轮廓形状描述。

(1) 曲线上相邻点间的弧长

采用弧长描述截面轮廓形状。曲线的弧长 s 表示从曲线上的起始点 b_0 沿曲线到某一动点 b 间的弧长。设 $L: x=x(t)$，$y=y(t), \alpha \leqslant t \leqslant \beta, A(x(\alpha), y(\alpha)), B(x(\beta), y(\beta)), x(t)$ 和 $y(t)$ 在区间 $[\alpha, \beta]$ 上连续可导且 $[x'(t)]^2+[y'(t)]^2 \neq 0$，则 L 上以 A 和 B 为端点的弧段的弧长为

$$s=\int_{\alpha}^{\beta} \sqrt{[x'(t)]^2+[y'(t)]^2}\, dt \tag{6-1}$$

采用式(6-2) 来近似计算激光扫描线数据点的弧长：

$$s_b=\sqrt{(x_b-x_{b_0})^2+(y_b-y_{b_0})^2} \tag{6-2}$$

(2) 曲线上某点的切线倾角

采用切线倾角描述截面轮廓形状。对于截面轮廓曲线 $f(x, y)$，为计算第

i 点的切线倾角，选择一个大小为 $k=2m+1$ 的窗口，即取 i 点前后的 m 个点，采用式(6-3) 计算激光扫描数据点的切线倾角：

$$\alpha_i=\frac{k\sum_{i=-m}^{i=m}x_iy_i-\left(\sum_{i=-m}^{i=m}x_i\right)\left(\sum_{i=-m}^{i=m}y_i\right)}{k\sum_{i=-m}^{i=m}x_i^2-\left(\sum_{i=-m}^{i=m}x_i\right)^2} \tag{6-3}$$

6.2.2 相似性度量函数

相似性度量与形状描述密切相关，因此相似度量在一定程度上取决于形状描述方法。对截面轮廓，在一定形状描述方法的基础上，计算两截面轮廓的相似性，称为截面轮廓形状相似性度量。比较已有的八种数学相似性度量的性能，得出的结论是在考虑时间因素时，EHDI 方法最优；在一般情况下，互相关系数法（CCC）性能最优。因此本节采用互相关系数作为截面轮廓的相似性度量。

（1）互相关系数

互相关系数是一种典型的二维离散数据的相似性度量。去均值的归一化相关系数对于较小的几何畸变具有不变特性，在实际中应用比较多。采用互相关系数法中去均值归一化的互相关系数（NCC）作为相似性度量，其数学表达式为：

$$\mathrm{NCC}=\left|\frac{\sum_{k=0}^{K-1}\sum_{l=0}^{L-1}(u(k,l)-\overline{u})(v(k,l)-\overline{v})}{\sqrt{\sum_{k=0}^{K-1}\sum_{l=0}^{L-1}(u(k,l)-\overline{u})^2\sum_{k=0}^{K-1}\sum_{l=0}^{L-1}(v(k,l)-\overline{v})^2}}\right| \tag{6-4}$$

其中，u、v 为截面轮廓线；K 为截面轮廓段数；L 为每一段截面轮廓的激光扫描数据点的个数；$u(k,l)$、$v(k,l)$ 表示第 k 段、第 l 个激光扫描数据点；$\overline{u}$、$\overline{v}$ 分别为 u、v 截面轮廓线激光扫描数据点的均值。

在激光扫描数据点弧长和切线倾角形状描述的基础上，利用去均值归一化的互相关系数计算函数作为相似性度量，计算相邻截面轮廓数据点云间的互相关系数来评价相邻截面轮廓间的相似性程度。对于激光扫描数据点云中的两截面轮廓数据点云，弧长的去均值归一化的互相关系数如下。

$$\mathrm{NCC}(s_{pq}(i))=\left|\frac{\sum_{t=0}^{T-1}(s_p(t)-\overline{s_p})(s_q(t)-\overline{s_q})}{\sqrt{\sum_{t=0}^{T-1}(s_p(t)-\overline{s_p})^2\sum_{t=1}^{T-1}(s_q(t)-\overline{s_q})^2}}\right| \tag{6-5}$$

其中，p、q 为截面轮廓线；$\mathrm{NCC}(s_{pq}(i))$ 表示 p、q 截面轮廓线第 i 段弧

长的互相关系数；T 为截面轮廓线第 i 段弧的个数；$s_p(t)$、$s_q(t)$ 表示第 i 段、第 t 个弧长；$\overline{s_p}$、$\overline{s_q}$ 分别为 p、q 截面轮廓线激光扫描数据点弧长的均值。

切线倾角去均值归一化的互相关系数：

$$\mathrm{NCC}(\alpha_{pq}(i))=\left|\frac{\sum_{t=0}^{T-1}(\alpha_p(t)-\overline{\alpha_p})(\alpha_q(t)-\overline{\alpha_q})}{\sqrt{\sum_{t=0}^{T-1}(\alpha_p(t)-\overline{\alpha_p})^2\sum_{t=0}^{T-1}(\alpha_q(t)-\overline{\alpha_q})^2}}\right| \tag{6-6}$$

其中，$\mathrm{NCC}(\alpha_{pq}(i))$ 表示 p、q 截面轮廓线第 i 段切线倾角的互相关系数；T 为截面轮廓线第 i 段切线倾角的个数；$\alpha_p(t)$、$\alpha_q(t)$ 表示第 i 段、第 t 个切线倾角；$\overline{\alpha_p}$、$\overline{\alpha_q}$ 分别为 p、q 截面轮廓线激光扫描数据点切线倾角的均值。

互相关系数作为相似性度量，互相关系数越接近于 1，说明越相似；互相关系数越小，说明相似性越差。

（2）数据点的相似性度量

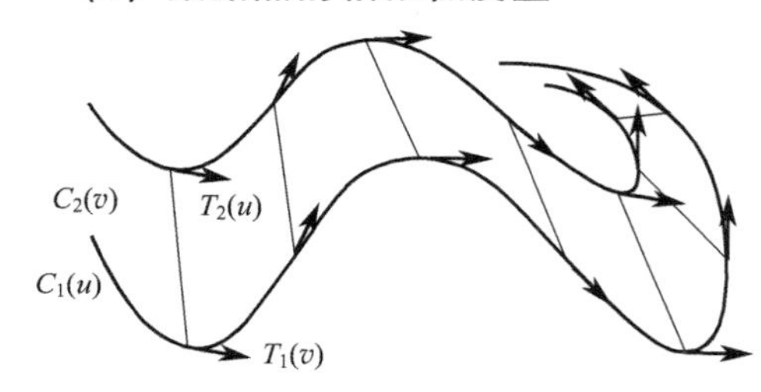

图 6-2 数据点的相似性度量

以截面轮廓曲线特征的特征点切矢内积定义特征点间的相似性，如图 6-2 所示。设 $L_1=\{\alpha_{i,j}\}$ 和 $L_2=\{\beta_{i,j}\}$ 为两条相邻的截面轮廓曲线，$C_1(u)$（$u_l<u<u_{l+1}$）和 $C_2(v)$（$v_l<v<v_{l+1}$）为截面曲线的两条曲线特征。

如果内积小于 $T_1(u), T_2(v)\geqslant 1, T_1(u)$、$T_2(v)$ 平行且相等。参数 u、v 小的变化，如果 $U'(t)$、$V'(t)$ 均大于零，有局部区域的切矢映射完全相容，则曲线特征 $C_1(u)$ 和 $C_2(v)$ 在点 u、v 处相似。

采用互相关系数、数据点的相似性度量，进行复杂曲面激光扫描数据点云的曲面特征分割。能保证所得出的相似候选点的可靠性，具有较好的抗噪性。

6.2.3 基于截面特征的相似性度量准则

曲线特征是产品设计中截面轮廓的基本几何元素，可视为截面轮廓间建立特征对应关系的可能特征。激光扫描线数据点云中截面扫描线轮廓向三维曲面特征转换过程中，在截面形状描述的基础上，计算相似性度量函数值，按某种相似性度量准则来衡量截面轮廓曲线特征间的相似性，实现曲面特征的分割。

截面轮廓曲线特征间有两种基本的关系。

① 两截面轮廓曲线特征相对应，即两截面轮廓曲线特征相似。

② 在一截面轮廓上有一段曲线特征，而在另一截面轮廓上没有对应的曲线特征，即两截面轮廓曲线特征不相似，分为三种情况：分支、融合或者不相似。分支为在一截面轮廓上的一段曲线特征对应另一截面轮廓上多段曲线特征。融合是在一截面轮廓上的多段曲线特征对应另一截面轮廓上一段曲线特征。不相似是在一截面轮廓上的一段曲线特征在另一截面轮廓上没有对应的曲线特征。

根据截面轮廓相似性度量函数确定相邻层轮廓的相似性。两截面轮廓为 $c(s)$ 和 $c'(s)$，计算两轮廓数据点的弧长互相关系数、切线倾角互相关系数，在截面轮廓相似性判断中采用了如下准则：

① 如果接近于 1，则说明截面轮廓相似；

② 如果不接近于 1，则说明有三种可能：分支、融合和不相似。

比较截面轮廓 $c(s)$ 和 $c'(s)$ 上的特征点 P_i 和 P'_i 的相似性度量，确定曲线特征为分支、融合或不相似。计算点 P'_i 与曲线 $c'(s)$ 其前后某一数据窗口范围内数据点的相关性，如果相关性系数接近于 1，则说明出现了轮廓曲线融合。计算点 P_i 与其前后某一数据窗口范围内数据点的相关性，如果相关性系数接近于 1，则说明出现了截面轮廓曲线特征出现分支。分别以点 P_i 和 P'_i 为中心的某一数据窗口范围内数据点的互相关性，如果互相关性系数小于给定的阈值范围，则说明不相似。

对于两截面轮廓上不相似数据点云逐对判断 P_i、P'_i，在一数据窗口范围内计算角度相似性度量，找到相似性度量中最小的点，确定分支、融合和不相似特征点的位置。

图 6-3 为两截面曲线 $c(s)$ 和 $c'(s)$ 及其形状描述弧长、切倾角。表 6-1 为相似性度量函数值，基于截面特征相似性度量的特征分割确定完全相似、分支、融合和不相似的截面特征。a_1 表示该特征段上弧长的相似性度量函数值，a_2 表示该特征段上切倾角的相似性度量函数值，a_{31} 表示曲线 $c(s)$ 上特征点 $P(i)$ 前后两特征段数据点的相似性度量函数值，a_{32} 表示曲线 $c'(s)$ 上特征点 $P'(i)$ 前后两特征段数据点的相似性度量函数值，a_{33} 表示曲线 $c(s)$ 上特征点 $P(i)$ 和曲线 $c'(s)$ 上特征点 $P'(i)$ 的相似性度量函数值。

表 6-1 基于截面特征的相似性度量函数值

截面特征	AB ($A'B'$)	BC ($B'C'$)	CD ($C'D'$)	DE ($D'E'$)	EF ($E'F'$)	FG ($F'G'$)	GH ($G'H'$)
a_1	0.99656	0.9961	0.98894	0.0288	0.99975	0.99305	0.99642

续表

截面特征	AB $(A'B')$	BC $(B'C')$	CD $(C'D')$	DE $(D'E')$	EF $(E'F')$	FG $(F'G')$	GH $(G'H')$
a_2	0.62573	0.25838	0.033344	0.53512	0.54324	0.2643	0.70344
a_{31}		0.70319	0.98967	0.99951	0.97642	0.84687	
a_{32}		0.8649	0.75887	0.99506	0.62317	0.99995	
a_{33}		0.64291	0.88274	0.89984	0.89826	0.99662	
结论	相似	分支	不相似	不相似	不相似	融合	相似

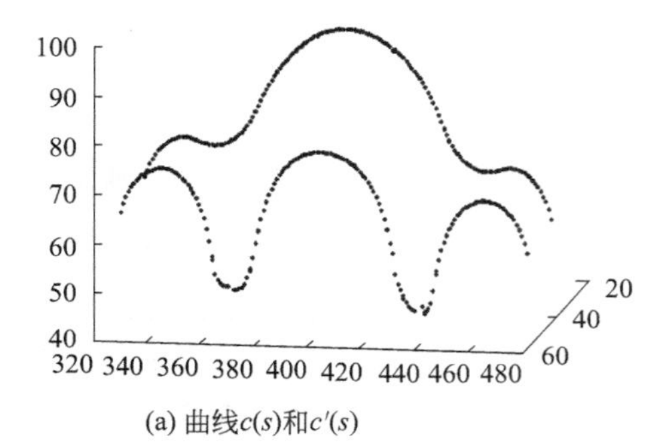

(a) 曲线$c(s)$和$c'(s)$

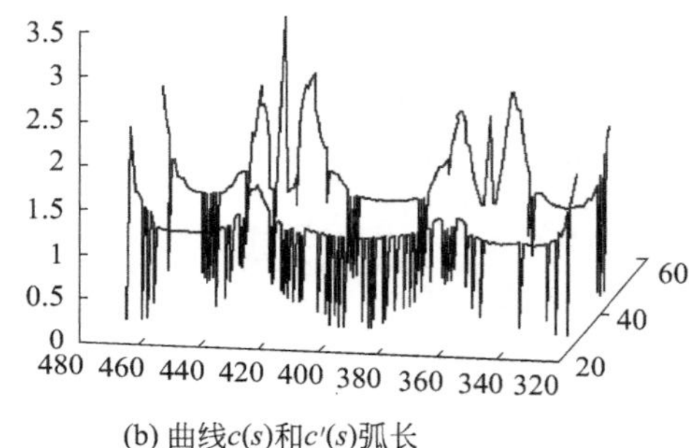

(b) 曲线$c(s)$和$c'(s)$弧长

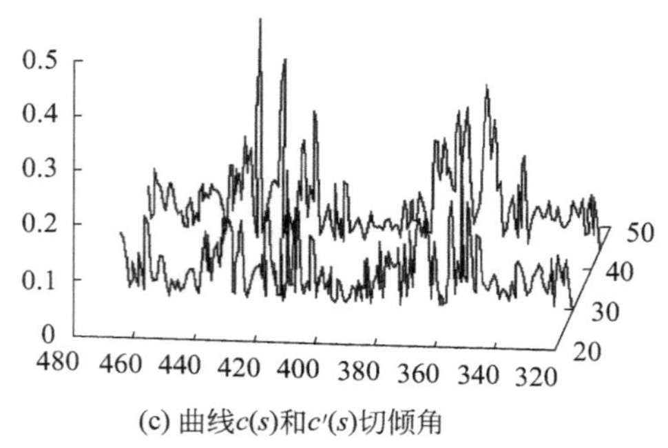

(c) 曲线$c(s)$和$c'(s)$切倾角

图 6-3　截面曲线及其形状描述

6.2.4 实例

图 6-4(a) 为某车用刹车制动器壳体的部分激光扫描线数据点云，在基于多尺度分析的截面特征分割的基础上，进行基于截面特征相似性度量的复杂曲面激光扫描线数据点云曲面特征分割，结果见图 6-4(b)。分析图 6-4(b)，可以得出能够处理激光扫描线数据点云曲面特征分割的分支和融合，获得表达反映设计意图的曲面细节特征，保形性好。

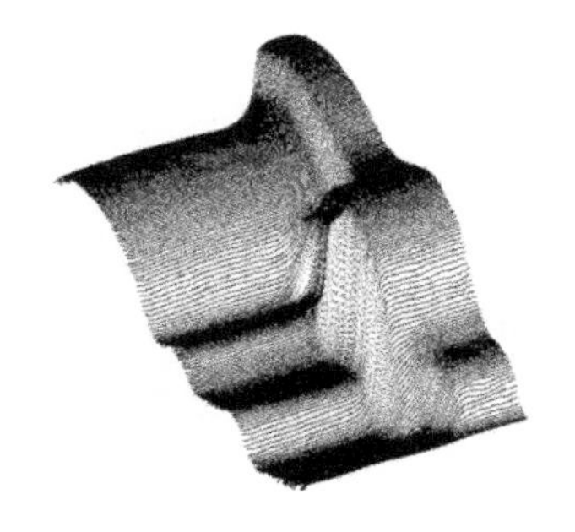

(a) 某壳体的部分激光扫描数据点云

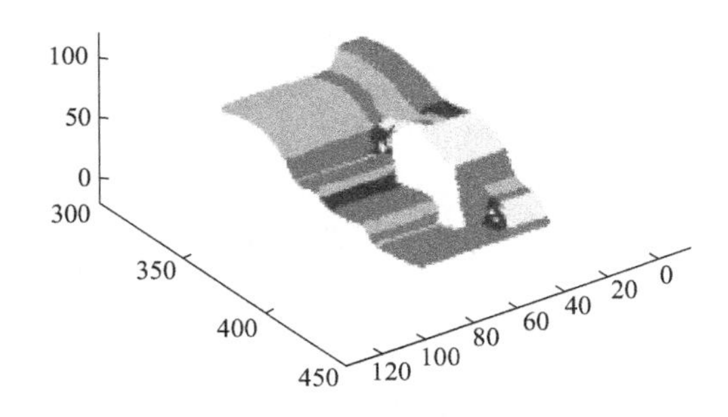

(b) 基于相似性度量的曲面特征分割

图 6-4 曲面特征分割

6.3 基于 Curvelet 变换的曲面特征提取

基于曲率尺度空间的截面数据点云特征提取方法，将数据点云的曲率计算和多尺度分析统一于曲率尺度空间，充分考虑多尺度融合，提高了截面数据点云特征提取的准确性和计算效率。基于小波分析的数据点云分割，计算量大，方向检测性差。Curvelet 变换是一种多分辨的、局部的、具有方向性的函数分析法，已经成功地应用于图像的多尺度分割。将多尺度几何分析理论中的 Curvelet 变换引入复杂产品实物样件激光扫描线数据点云的多尺度、多方向分析，研究数据点云曲面特征提取的新方法。

基于 Curvelet 变换能将信号中的边缘如曲线、直线等特征用较少的、较大的 Curvelet 变换系数表示这一事实，以第二代离散 Curvelet 变换分析数据点云，采用软硬阈值折中法，对表示数据点云边缘的 detail 层、fine 层 Curvelet 变换系数进行处理，增强数据点云的边缘。对增强后的 Curvelet 变换系数进行 Curvelet 逆变换，重构数据点云，提取数据点云的边缘，直接获取曲面特征。

6.3.1 第二代离散 Curvelet 变换理论

Curvelet 变换在二维空间 $\mathbb{R}^2$ 中进行，x 为空间位置参量，ω 为频率域参量，r、θ 为频率域下的极坐标。

定义 1 假设存在光滑、非负、实值的“半径窗口”$W(r)$ 和“角度窗口”$V(t)$，如果 $W(r)$ 和 $V(t)$ 满足以下容许性条件：

$$\sum_{j=-\infty}^{\infty} W^2(2^j r)=1, r \in \left(\frac{3}{4},\frac{3}{2}\right)$$

$$\sum_{j=-\infty}^{\infty} V^2(t-l)=1, l \in \left(-\frac{1}{2},\frac{1}{2}\right)$$

对所有尺度 $j \geqslant j_0$，定义傅里叶频率域的频率窗为：

$$U_j(r,\theta)=2^{-3j/4}W(2^{-j}r)V(\frac{2\lfloor j/2 \rfloor \theta}{2\pi})$$

其中，$\lfloor j/2 \rfloor$表示为 $j/2$ 的整数部分。

U_j 为极坐标下的一种楔形窗，如图 6-5 所示，阴影部分表示的楔形窗，为 Curvelet 的支撑空间。

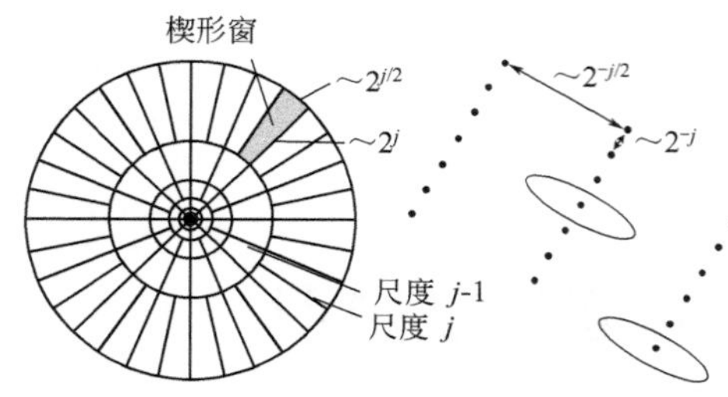

图 6-5　Curvelet 频率域空间区域分块图

定义 2　如果 $\varphi_j(x)$ 的傅里叶变换满足等式 $\hat{\varphi}_j(\omega)=U_j(\omega)$，则定义 $\varphi_j(x)$ 为 Mother Curvelet。那么，在尺度 2^{-j} 上所有 Curvelets 都可由 φ_j 通过旋转和平移得到。引入等距的旋转角序列：

$$\theta_l=2\pi \times 2^{-\lfloor j/2 \rfloor} \times l(l=0,1,\cdots,0 \leqslant \theta_l \leqslant 2\pi)$$

位移参量序列：

$$k=(k_1,k_2) \in Z^2$$

尺度为 2^{-j}，方向角为 θ，位置为 $x_k^{(j,l)}=\boldsymbol{R}_{\theta_l}^{-1}(k_1 \times 2^{-j}, k_2 \times 2^{-j/2})$ 的 Curvelet 变换为：

$$\varphi_{j,k,l}(x)=\varphi_j[\boldsymbol{R}_{\theta_k}(x-x_k^{(j,l)})]$$

其中，$\boldsymbol{R}_\theta$ 表示以 θ 为弧度的旋转矩阵，则 $\boldsymbol{R}_\theta^{-1}$ 为其逆矩阵。

定义 3　根据定义 1、定义 2，则频率域 Curvelet 变换的定义为：

$$c(i,l,k)=\frac{1}{(2\pi)^2}\int \hat{f}(\omega)\hat{\varphi}_{j,k,l}(\omega)\mathrm{d}\omega$$

$$=\frac{1}{(2\pi)^2}\int \hat{f}(\omega)U_j(\boldsymbol{R}_{\theta_l}\omega)\exp[i\langle x_k^{(j,l)},\omega\rangle]\mathrm{d}\omega$$

引入低通窗口 W_0，满足：

$$|W_0(r)|^2+\sum_{j \geqslant 0}|W(2^{-j}r)|^2=1$$

对于 k_1，$k_2 \in Z$，可以定义粗尺度下的 Curvelets 为：

$$\begin{cases}\varphi_{j_0,k}(x)=\varphi_{j_0}(x-2^{-j_0}k)\\ \hat{\varphi}_{j_0}(\omega)=2^{-j_0}W_0(2^{-j_0}|\omega|)\end{cases}$$

定义笛卡儿坐标系下的局部窗口 U_j 为：

$$\overline{U}_j(\omega)=\widetilde{W}_j(\omega)V_j(\omega)$$

其中，$\widetilde{W}_j(w)=\sqrt{\Phi_{j+1}^2(w)-\Phi_j^2(w)}$，$V_j(\omega)=V\left(\dfrac{2^{\lfloor j/2\rfloor}\omega_2}{\omega_1}\right)$，$j\geqslant 0$。

定义 Φ 为一维低通窗口的内积：

$$\Phi_j(\omega_1,\omega_2)=\phi(2^{-j}\omega_1)\phi(2^{-j}\omega_2)$$

引入等间隔斜率序列：

$$\tan\theta_l=l\times 2^{-\lfloor j/2\rfloor},l=-2^{-\lfloor j/2\rfloor},\cdots,2^{-\lfloor j/2\rfloor}-1$$

则 $\widetilde{U}_{j,l}(\omega)=\widetilde{W}_j(\omega)V_j(\boldsymbol{S}_{\theta_l}\omega)$。

其中，剪切矩阵

$$\boldsymbol{S}_\theta=\begin{bmatrix}1 & 0\\ -\tan\theta & 1\end{bmatrix}$$

离散 Curvelet 定义为：

$$\widetilde{\phi}_{j,l,k}(x)=2^{3j/4}\widetilde{\phi}_j(\boldsymbol{S}_{\theta_l}^{\mathrm{T}}(x-\boldsymbol{S}_{\theta_l}^{-\mathrm{T}}b))$$

其中，b 取离散值（$k_1\times 2^{-j},k_2\times 2^{-j/2}$）。

离散 Curvelet 变换系数定义为

$$c(i,l,k)=\int\hat{f}(\omega)U_j(S_{\theta_l}^{-1}\omega)\exp[i\langle\boldsymbol{S}_{\theta_l}^{-\mathrm{T}}b,\omega\rangle]\mathrm{d}\omega$$

由于剪切的块 $\boldsymbol{S}_{\theta_l}^{-\mathrm{T}}(k_1\times 2^{-j},k_2\times 2^{-j/2})$ 不是标准的矩形，同时为了利用经典 FFT 算法，因此经过重构矩形栅格，可以改写上式为：

$$c(i,l,k)=\int\hat{f}(\boldsymbol{S}_{\theta_l}\omega)U_j(\omega)\exp[i\langle b,\omega\rangle]\mathrm{d}\omega \tag{6-7}$$

6.3.2 基于 Curvelet 变换的数据点云分析

基于 Curvelet 变换的数据点云多尺度、多方向分析过程如下：

① 对数据点云的扩展矩阵进行二维傅里叶变换，得到傅里叶频率函数 $\hat{F}(n_1,n_2)$，其中，$-n/2\leqslant n_1$，$n_2<n/2$（n 为扩展矩阵的行数）；

② 在 $\hat{F}(n_1,n_2)$ 中对每一个尺度、方向参数（j,l）采用插值法取样求得 $\hat{F}(n_1,n_2,-n_1\tan\theta_l)$；

③ 用拟合窗 $U_j(n_1,n_2)$乘 $\hat{F}(n_1,n_2,-n_1\tan\theta_l)$，局部化 F；

④ 对局部化的 F 做二维逆傅里叶变换，得到 Curvelet 系数 $C^D(j,l,k)$。

6.3.3 数据点云边缘增强

基于 Curvelet 变换的数据点云多尺度、多方向分析，得到 Curvelet 系数，coarse 层系数是低频系数，包含了图像的概貌，fine 层系数是高频系数，体现了图像的细节、边缘特征，detail 层系数则包含的足中高系数，也主要包含的是边缘特征。增强数据点云 Curvelet 变换后的边缘特征，使得曲面特征提取结果更加准确。

采用软硬阈值折中法处理 detail 层、fine 层的 Curvelet 系数，得到新的 Curvelet 系数，保留细节的同时，增强数据点云的边缘。令 Curvelet 变换后的系数为 C_j，软硬阈值折中后的 Curvelet 系数 $\hat{C}_j$，有：

$$\hat{C}_{j,l}=\begin{cases}\mathrm{sign}(C_{j,l})(|C_{j,l}|-\alpha\lambda_j) & |C_{j,l}|\geqslant\lambda_j \\ 0 & |C_{j,l}|<\lambda_j\end{cases} \tag{6-8}$$

其中，$\alpha(0\leqslant\alpha\leqslant1)$ 为软硬阈值折中系数；λ_j 为 Curvelet 变换后 detail 层、fine 层阈值，用式(6-9) 来自适应确定 λ_j 的值。式(6-9) 中 k_j 为每一层 Curvelet 变换对应的自适应常数；σ_j^2 为一层 Curvelet 变换对应的自适应点云数据细节边缘信息估计，由式(6-10) 确定。其中，$C_{j,l}$ 表示尺度 j、角度 l 的 Curvelet 变换系数。

$$\lambda_j=k_j\sigma_j^2 \tag{6-9}$$

$$\sigma_j=\frac{1}{2}\times\frac{\mathrm{Median}(|C_{j,l}|)}{0.6745} \tag{6-10}$$

6.3.4 曲面特征提取

基于第二代 Curvelet 变换进行数据点云的多尺度、多方向分析，采用软硬阈值折中法增强数据点云边缘，通过边缘检测提取曲面特征的算法步骤为：

① 对数据点云进行分层，扩展为 $M_1\times N_1$ 的形式；

② 对扩展后的数据点云，进行基于 Curvelet 变换的数据点云分析，获得数据点云的 coarse 层、detail 层、fine 层 Curvelet 系数；

③ 采用软硬阈值折中法，用式(6-8)～式(6-10) 对 Curvelet 系数进行处理，本书中 α 取 0.1，由 Curvelet 变换 fine 层对应的 k 值取 1.5，下一层的 k 值取

1.4，由高到低每一层 Curvelet 变换对应的 k 值依次减小 0.1，直到最后一层；

④ 用处理后的 detail 层、fine 层 Curvelet 系数和保留的 coarse 层 Curvelet 系数重建数据点云；

⑤ 将数据点云恢复为 $M \times N$ 的形式；

⑥ 以 Canny 算子检测边缘，获得数据点云的曲面特征。

对某刹车壳体部分数据点云，进行数据分层、投影，以 Canny 算子检测边缘，结果如图 6-6(a) 所示。基于第二代 Curvelet 变换进行数据点云的多尺度、多方向分析，采用软硬阈值折中法增强数据点云边缘，通过边缘检测提取曲面特征，结果如图 6-6(b) 所示。分析图 6-6(a) 与图 6-6(b)，可以得出，以具有多分辨率、局部性、多方向性特点的 Curvelet 变换为基础的曲面特征提取方法，可以更加准确地提取数据点云的曲面特征。以具有多分辨率、局部性、多方向性特点的 Curvelet 变换为基础的曲面特征提取方法，避免了截面特征的提取、截面特征相似性度量，鲁棒性好，可以更加方便、准确地提取数据点云的曲面特征。

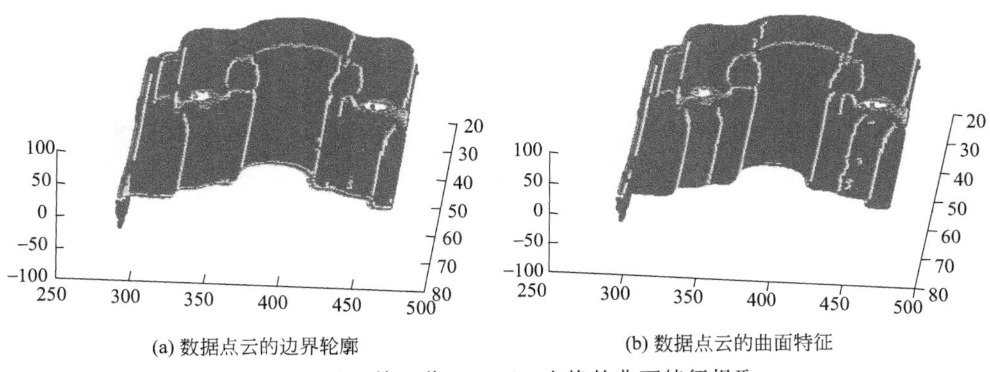

(a) 数据点云的边界轮廓 (b) 数据点云的曲面特征

图 6-6 基于第二代 Curvelet 变换的曲面特征提取

6.4 曲面特征识别

曲面形状特征分为基本曲面特征、次要曲面特征和辅助曲面特征。曲面特征类型可以分为：

① 规则曲面特征类，包括平面、圆柱面和圆锥面等；

② 简单自由曲面造型特征类，包括扫掠、旋转和蒙皮等；

③ 过渡曲面特征类，包括等半径带状、等半径环状和变半径过渡等；

④ 自由曲面特征类，包括 B 样条曲面和 NURBS 曲面等。

6.4.1 规则曲面特征识别

在机械工程中，表面通常由平面和球面、圆柱面和圆锥面等自然二次曲面构成，平面和自然二次曲面统称规则曲面，用式(6-11) 来表示。

$$F(x,y,z)=a_{11}x^2+a_{22}y^2+a_{33}z^2+a_{12}xy+a_{13}xz+a_{23}yz+ \\ a_1x+a_2y+a_3z+a_4=0 \tag{6-11}$$

基于规则曲面特征的统一表示，采用代数距离进行规则曲面的最小二乘拟合，获得激光扫描数据点云规则曲面特征统一表示的参数。对 n 个数据点 $P_i(i=1,2,\cdots,n)$进行规则曲面最小二乘拟合，其目标函数为：

$$\begin{aligned}\boldsymbol{E}&=\sum_{i=1}^{n}[\boldsymbol{F}(x_i,y_i,z_i)]^2=\boldsymbol{p}^{\mathrm{T}}\boldsymbol{H}\boldsymbol{p}\\&=\sum_{i=1}^{n}(a_{11}x_i^2+a_{22}y_i^2+a_{33}z_i^2+a_{12}x_iy_i+a_{13}x_iz_i+a_{23}y_iz_i+a_1x_i+\\&\quad a_2y_i+a_3z_i+a_4)^2\end{aligned}$$

其中，$\boldsymbol{p}=(a_{11},a_{22},a_{33},a_{12},a_{13},a_{23},a_1,a_2,a_3,a_4)^{\mathrm{T}}$ 为参数矢量。

$$\boldsymbol{h}=[x_i^2,y_i^2,z_i^2,x_iy_i,y_iz_i,z_ix_i,x_i,y_i,z_i,1]^{\mathrm{T}}$$

$$\boldsymbol{H}=\sum_{i=1}^{N}\boldsymbol{h}\boldsymbol{h}^{\mathrm{T}}$$

$$=\sum_{j=1}^{N}\begin{bmatrix}x_i^4 & x_i^2y_i^2 & x_i^2z_i^2 & x_i^3y_i & x_i^2y_iz_i & x_i^3z_i & x_i^3 & x_i^2y_i & x_i^2z_i & x_i^2\\ x_i^2y_i^2 & y_i^4 & y_i^2z_i^2 & x_iy_i^3 & y_i^3z_i & x_iy_i^2z_i & x_iy_i^2 & y_i^3 & y_i^2z_i & y_i^2\\ x_i^2z_i^2 & y_i^2z_i^2 & z_i^4 & x_iy_iz_i^2 & y_iz_i^3 & x_iz_i^3 & x_iz_i^2 & y_iz_i^2 & z_i^3 & z_i^2\\ x_i^3y_i & x_iy_i^3 & x_iy_iz_i^2 & x_i^2y_i^2 & x_iy_i^2z_i & x_i^2y_iz_i & x_i^2y_i & x_iy_i^2 & x_iy_iz_i & x_iy_i\\ x_i^2y_iz_i & y_i^3z_i & y_iz_i^3 & x_iy_i^2z_i & y_i^2z_i^2 & x_iy_iz_i^2 & x_iy_iz_i & y_i^2z_i & y_iz_i^2 & y_iz_i\\ x_i^3z_i & x_iy_i^2z_i & x_iz_i^3 & x_i^2y_iz_i & x_iy_iz_i^2 & x_i^2z_i^2 & x_i^2z_i & x_iy_iz_i & x_iz_i^2 & x_iz_i\\ x_i^3 & x_iy_i^2 & x_iz_i^2 & x_i^2y_i & x_iy_iz_i & x_i^2z_i & x_i^2 & x_iy_i & x_iz_i & x_i\\ x_i^2y_i & y_i^3 & y_iz_i^2 & x_iy_i^2 & y_i^2z_i & x_iy_iz_i & x_iy_i & y_i^2 & y_iz_i & y_i\\ x_i^2z_i & y_i^2z_i & z_i^3 & x_iy_iz_i & y_iz_i^2 & x_iz_i^2 & x_iz_i & y_iz_i & z_i^2 & z_i\\ x_i^2 & y_i^2 & z_i^2 & x_iy_i & y_iz_i & x_iz_i & x_i & y_i & z_i & 1\end{bmatrix} \tag{6-12}$$

最小二乘参数拟合的具体实现步骤：

① 确定目标函数及其数据矩阵；

② 采用特征向量估计法求得矩阵 $\boldsymbol{H}$ 绝对值最小的特征值对应的特征向量即是待求规则曲面方程的参数。

基于规则曲面的统一表示，由解析几何的曲面理论，有规则曲面在平移变换及旋转变换下的不变量 I_1、I_2、I_3、I_4，在旋转变换下的不变量 K_1、K_2。

$$I_1=a_{11}+a_{22}+a_{33}$$

$$I_2=\begin{vmatrix} a_{22} & a_{23} \\ a_{23} & a_{33} \end{vmatrix}+\begin{vmatrix} a_{33} & a_{13} \\ a_{13} & a_{11} \end{vmatrix}+\begin{vmatrix} a_{11} & a_{12} \\ a_{12} & a_{22} \end{vmatrix}$$

$$I_3=\begin{vmatrix} a_{11} & a_{12} & a_{13} \\ a_{12} & a_{22} & a_{23} \\ a_{13} & a_{23} & a_{33} \end{vmatrix}$$

$$I_4=\begin{vmatrix} a_{11} & a_{12} & a_{13} & a_1 \\ a_{12} & a_{22} & a_{23} & a_2 \\ a_{13} & a_{23} & a_{33} & a_3 \\ a_1 & a_2 & a_3 & a_4 \end{vmatrix}$$

$$K_2=\begin{vmatrix} a_{22} & a_{23} & a_2 \\ a_{23} & a_{33} & a_3 \\ a_2 & a_3 & a_4 \end{vmatrix}+\begin{vmatrix} a_{33} & a_{13} & a_3 \\ a_{13} & a_{23} & a_1 \\ a_3 & a_1 & a_4 \end{vmatrix}+\begin{vmatrix} a_{11} & a_{12} & a_1 \\ a_{12} & a_{22} & a_2 \\ a_1 & a_2 & a_4 \end{vmatrix}$$

$$K_1=\begin{vmatrix} a_{11} & a_1 \\ a_1 & a_4 \end{vmatrix}+\begin{vmatrix} a_{22} & a_2 \\ a_2 & a_4 \end{vmatrix}+\begin{vmatrix} a_{33} & a_3 \\ a_3 & a_4 \end{vmatrix}$$

$$\mathbf{A}=\begin{bmatrix} a_{11} & a_{12} & a_{13} & a_1 \\ a_{12} & a_{22} & a_{23} & a_2 \\ a_{13} & a_{23} & a_{33} & a_3 \end{bmatrix}$$

基于规则曲面特征不变量的曲面特征类型确定的准则如下。

① a_{11}，a_{22}，a_{33}，a_{12}，a_{13}，a_{23} 为零，二次曲面为平面。

② a_{12}，a_{13}，a_{23} 为零，二次曲面为球。

③ $I_3\neq0$，$I_2>0$，$I_1I_3>0$，$I_4<0$ 时，二次曲面为椭球面。

④ $I_3\neq0$，$I_2\leqslant0$ 或 $I_1I_3\leqslant0$，$I_4<0$，二次曲面为单叶双曲面；

$I_3\neq0$，$I_2\leqslant0$ 或 $I_1I_3\leqslant0$，$I_4>0$ 时，二次曲面为双叶双曲面。

⑤ $I_3=0$，$I_2>0$，$I_4\neq0$，二次曲面为椭圆抛物面；

$I_3=0$，$I_2<0$，$I_4\neq0$，二次曲面为双曲抛物面。

⑥ $I_3=0$，$I_4=0$，$a_{11}a_{13}a_{12}+a_{23}(a_{13}^2+a_{12}^2)=0$，二次曲面为圆柱面；

$I_3=0$，$I_2=0$，$I_4=0$，$K_2\neq0$，二次曲面为抛物柱面；

$I_3=I_4=0$，$I_2>0$，$I_1K_2<0$，二次曲面为椭圆柱面；

$I_3=I_4=0$，$I_2<0$，$K_2\neq0$，二次曲面为双曲柱面。

6.4.2 自由曲面造型特征识别

实物零件激光扫描线数据点云的自由曲面造型特征模型重建的过程为：从激光扫描线数据点云中提取特征曲线，通过基于特征的分段曲线拟合构造特征曲线，利用特征造型方法完成模型重建。因此自由曲面造型特征模型重建的特征识别就转化为从激光扫描线数据点云中提取自由曲面造型特征的特征曲线。

拉伸曲面造型特征的特征曲线包括导向曲线和截面曲线。对于拉伸曲面的截面曲线，采用构造垂直于拉伸方向的平面对激光扫描线数据点云进行切片获取截面曲线。对于拉伸曲面的导向曲线，采用构造平行于拉伸方向的平面对数据点云进行切片获取导向曲线。对于激光扫描线测量数据点云，可以由扫描线数据直接构造位于扫描平面内的截面曲线或导向曲线。当扫描线方向与拉伸曲面的导向曲线方向一致时，采用激光扫描线数据点云分层的方法提取导向曲线。采用沿扫描方向平面对激光扫描线数据点云切片的方法提取截面曲线，具体算法可以参考 4.3.2 节激光扫描线数据点云十字形邻域确定时，沿扫描方向平面对数据点云切片的方法。

图 6-7(a) 为某车用刹车制动器壳体的部分激光扫描数据点云，数据点云的曲面特征为拉伸曲面造型特征。拉伸曲面造型特征的特征曲线为截面曲线和导向曲线，分别如图 6-7(b) 和图 6-7(c) 所示。

旋转曲面造型特征的特征曲线包括旋转轴和截面曲线，对于旋转曲面的截面曲线的提取，采用和拉伸曲面特征的截面曲线相同的方法进行提取，一般通过选取激光扫描数据点云中的一点和旋转轴构成的平面切片得到截面曲线。由于旋转轴作为基准轴，属于数据点云的间接隐含特征信息，无法进行直接的旋转轴特征提取，需要通过特征识别和拟合结合的方法获得，具体见 6.5.2 节。

图 6-8(a) 为某工艺玻璃瓶的激光扫描数据点云，数据点云的曲面特征为旋转曲面造型特征。旋转曲面造型特征的截面曲线如图 6-8(b) 所示。

蒙皮曲面特征的多条截面曲线，采用平面组点云切片技术进行提取。在实际工程应用中，一般由交互方式确定切片平面，然后按照一定的间隔生成平行平面组，最后利用该平行平面组对点云进行切片，切片曲线作为该蒙皮曲面特征的截面曲线。

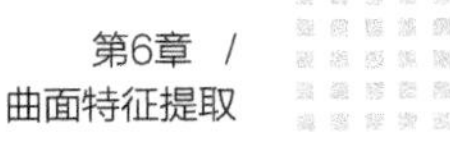

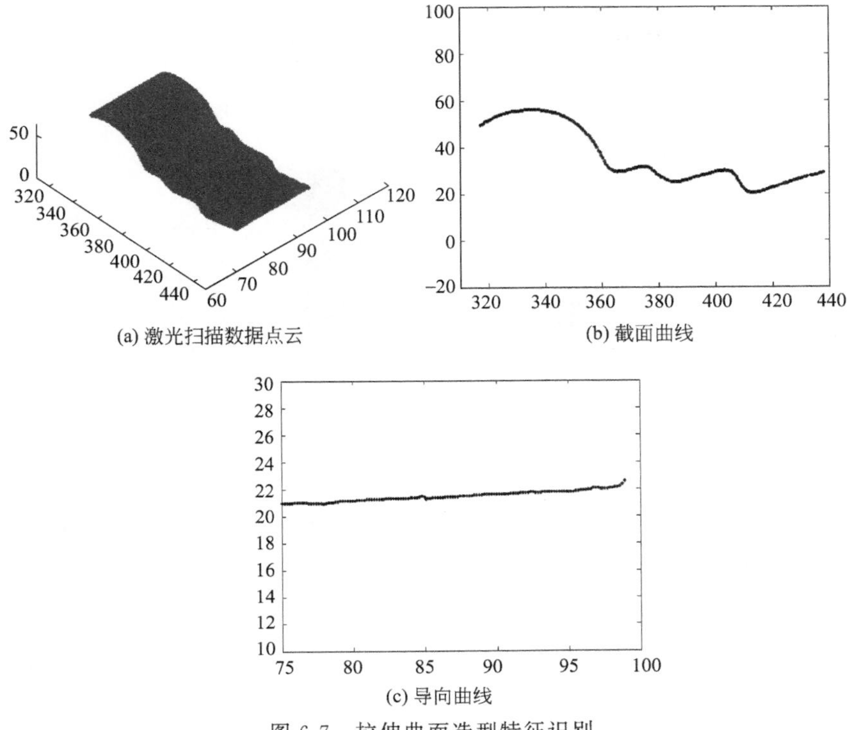

(a) 激光扫描数据点云

(b) 截面曲线

(c) 导向曲线

图 6-7 拉伸曲面造型特征识别

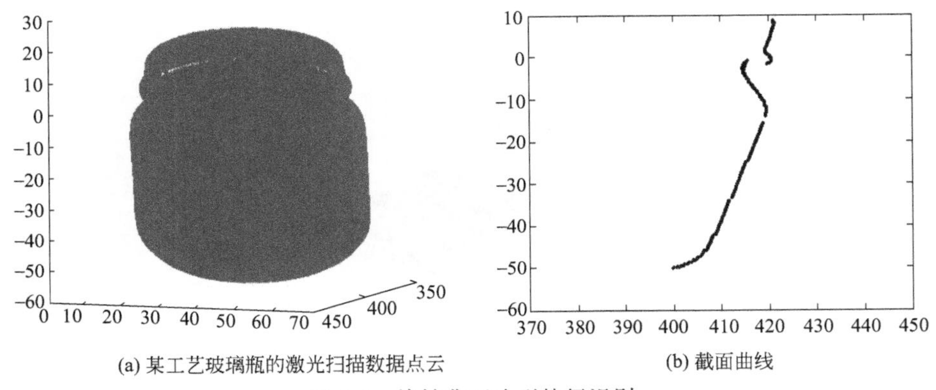

(a) 某工艺玻璃瓶的激光扫描数据点云

(b) 截面曲线

图 6-8 旋转曲面造型特征识别

6.4.3 过渡曲面特征识别

过渡曲面作为光滑连接两张相交曲面的中间曲面，是产品外形中常见的特征。通常，在工业产品表面造型中，为了满足功能或美观的要求，往往需要在两张曲面间构造一张满足一定条件的光滑过渡曲面，以取代曲面相交形成的尖锐连接。机械零件中常见的过渡曲面主要有等半径带状过渡曲面、等半径环状过渡曲面，如图 6-9 所示。

(a) 等半径带状过渡曲面特征　(b) 等半径环状过渡曲面特征

图 6-9　过渡曲面特征

在过渡曲面特征识别中，由于截面特征能够反映曲面特征。利用激光扫描线数据点云的截面轮廓中过渡曲线特征的集成，自动将过渡曲面特征的数据点云从原始测量数据点云中提取出来。其基本过程为通过截面线的多尺度分析，截面线特征中过渡特征的分割和识别及基于截面轮廓相似性度量的曲面分割实现过渡曲面特征的获取。

图 6-10 为实际工程应用中包含常见的等半径带状过渡曲面特征的机械零件，对其进行多尺度分析，截面线特征中过渡特征的分割和识别的结果见第 5 章的 5.1～5.4 节，过渡曲面特征的识别结果见图 6-10。

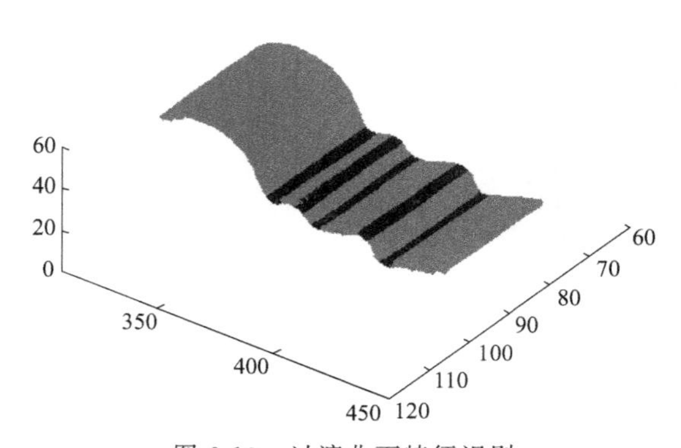

图 6-10　过渡曲面特征识别

6.4.4　自由曲面特征识别

在对产品功能和外形要求日益提高的今天，自由曲面零件在现代工业中得到了越来越广泛的应用。自由曲面是表面模型的一种重要形式，是描述复杂型面的有力工具。在某些产品开发和制造过程中，为了使产品美观或满足某些特殊需要，要求产品外表面光顺，此类产品的表面往往由复杂的自由曲面组合而成，如汽车覆盖件。

产品实物样件激光扫描线数据点云中自由曲面特征的识别可以看成数据点云中截面线上自由曲线特征的集成，采用基于截面轮廓相似性度量的曲面分割识别，或者采用基于 Curvelet 变换的曲面特征提取并识别。汽车发动机罩由自由曲面组成，图 6-11 为某汽车模型（模型比例 1∶18）发动机罩的激光扫描线数据点云，对其进行自由曲面特征识别的结果如图 6-11 所示。

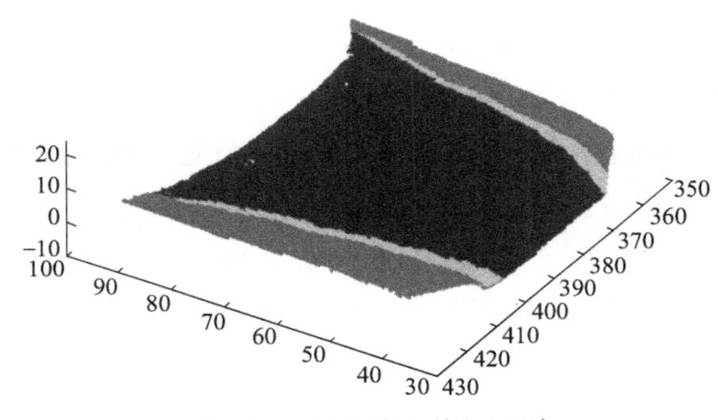

图 6-11　自由曲面特征识别

6.5 曲面特征拟合

6.5.1 规则曲面特征拟合

规则曲面拟合主要包括平面、圆柱面和二次曲面中的椭球面、双曲面、抛物面。目前的二次曲面特征拟合，以二次曲面的统一方程表示，采用最小二乘法进行参数拟合。由于二次曲面的统一方程中的参数没有明显的几何意义，无法表达设计的意图和设计的过程。本书研究带有明显几何意义的参数表示的二次曲面拟合。

(1) 平面特征拟合

平面的方程为 $ax+by+cz+d=0$。其中 a、b、c、d 为平面参数，$\boldsymbol{n}=$

(a,b,c)表示平面法向量，d 表示平面到原点之间的距离。因此对 N 个数据点 $P_j(j=1,2,\cdots,N)$进行平面最小二乘拟合，其目标函数：

$$\sum_{i=1}^{N} f(x_i,y_i)^2=\sum_{i=1}^{N}(ax_i+by_i+cz_i+d)^2=\boldsymbol{p}^{\mathrm{T}}\boldsymbol{H}\boldsymbol{p} \tag{6-13}$$

其中 $\boldsymbol{p}=[a,b,c,d]^{\mathrm{T}}$ 为参数矢量，$\boldsymbol{H}$ 是数据矩阵，表示为：

$$\overline{\boldsymbol{h}}=[x_i,y_i,z_i,1]^{\mathrm{T}},\boldsymbol{H}=\sum_{i=1}^{N}\boldsymbol{h}\boldsymbol{h}^{\mathrm{T}}=\sum_{j=1}^{N}\begin{bmatrix} x_i^2 & x_iy_i & x_iz_i & x_i \\ x_iy_i & y_i^2 & y_iz_i & y_i \\ x_iz_i & y_iz_i & z_i^2 & z_i \\ x_i & y_i & z_i & 1 \end{bmatrix}$$

最小二乘参数拟合的具体实现步骤：

① 确定目标函数及其数据矩阵；

② 采用特征向量估计法求得矩阵 $\boldsymbol{H}$ 绝对值最小的特征值对应的特征向量，即待求平面参数(a,b,c,d)。

图 6-12 所示的平面上数据点云包含 4265 个数据点，包围盒大小为 32.5mm×27mm×32.1mm，采用特征向量估计法进行平面拟合，得到绝对值最小的特征值$\lambda=0.012411$，相应的特征向量 $\boldsymbol{x}$ 即为拟合平面参数，将 (a,b,c) 平面法矢规范化处理，得到拟合平面参数为（0.0358，0.951，0.306，－0.424）。计算所有数据点到平面的距离即可得到拟合误差，其平均误差为 0.0015mm，最大误差为－0.0156mm。

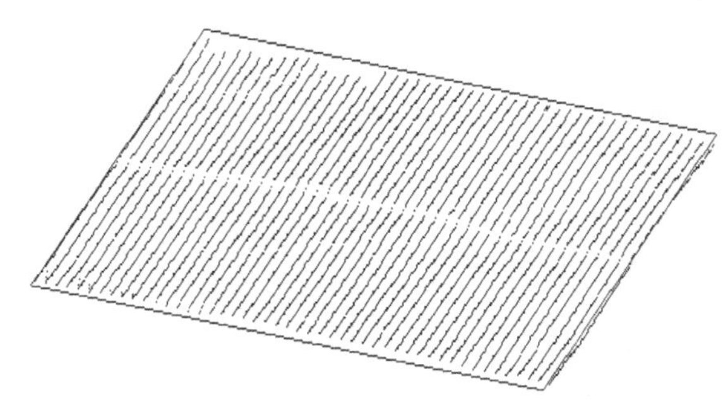

图 6-12　平面特征参数拟合

（2）规则曲面中圆柱面的拟合

采用二次曲面的统一表示进行规则曲面中圆柱面参数的拟合方法中，拟合参数不具有明确的几何意义。为了获得具有明确几何意义的参数，采用圆柱面的规范化表达式进行圆柱面的参数拟合。

$$F(x,y,z)=0$$
$$=(x-x_0)^2+(y-y_0)^2+(z-z_0)^2-[n_x(x-x_0)+n_y(y-y_0)+n_z(z-z_0)]^2-r^2 \quad (6\text{-}14)$$

$\boldsymbol{X}_0=[x_0,y_0,z_0]^{\mathrm{T}}$ 为圆柱面中心轴线上的任意一点；$[n_x,n_y,n_z]^{\mathrm{T}}$ 是圆柱面中心轴单位矢量；r 是圆柱面半径。为了减少计算量，令其中的任意点 (x_0,y_0,z_0) 为原点，则有

$$F(x,y,z)=c_0[(x^2+y^2+z^2)-(c_1x+c_2y+c_3z)^2]+c_4x+c_5y+c_6z+c_7=0 \quad (6\text{-}15)$$

圆柱面的特征参数轴线方向为 (c_1,c_2,c_3)，规范化表达式参数与二次曲面的统一表示系数之间满足下式：

$$a_{11}=c_0(1-c_1^2),a_{22}=c_0(1-c_2^2),a_{33}=c_0(1-c_3^2)$$
$$a_{12}=-2c_1c_2,a_{13}=-2c_1c_3,a_{23}=-2c_2c_3 \quad (6\text{-}16)$$

由圆柱面的轴线方向矢量为单位矢量，则

$$c_1^2+c_2^2+c_3^2=1 \quad (6\text{-}17)$$

综合式(6-16)，式(6-17)，可以求得圆柱面的特征参数轴线方向 (c_1, c_2, c_3)。

圆柱面的特征参数半径 r 为 $1/|2c_0|$，规范化表达式参数与二次曲面的统一表示系数之间满足式(6-18)，可以求得圆柱面的半径 r。

$$a_1=c_4\ a_2=c_5\ a_3=c_6\ a_4=c_7$$
$$c_1c_4+c_2c_5+c_3c_6=c_1a_1+c_2a_2+c_3a_3=0 \quad (6\text{-}18)$$
$$c_4^2+c_5^2+c_6^2-4c_0c_7-1=a_1^2+a_2^2+a_3^2-4c_0a_4=0$$

图 6-13 所示的激光扫描数据点云包含 20583 个数据点，包围盒大小为 41.7mm×39.4mm×41.2mm。首先采用二次曲面的统一表示，通过线性最小二乘法对其进行参数拟合，得到绝对值最小的特征值 $\lambda=0.020751$，相应的特征向量即为拟合圆柱面参数。通过比较圆柱面的规范化方程参数与二次曲面的统一表示参数，确定拟合圆柱面的轴线方向为（0.0917，0.111，−0.99），半径为 24.9mm，拟合平均误差为 −0.00027262mm，最大误差为 0.0007151。

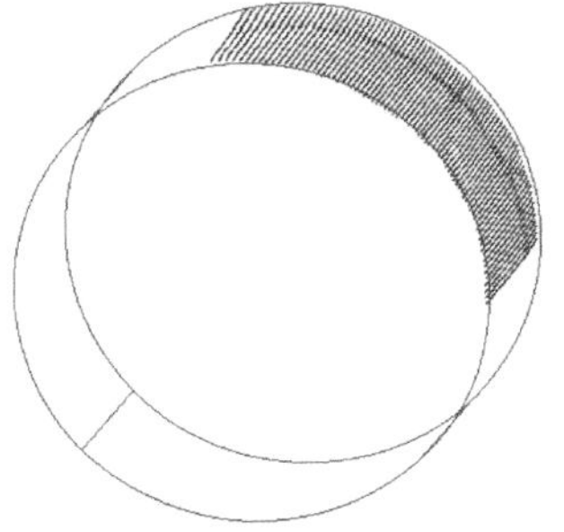

图 6-13　圆柱面特征参数拟合

(3) 二次曲面特征拟合

规则曲面中的圆锥曲面主要包括椭球面、双曲面、抛物面，采用和 5.5.2 节相同的方式进行

曲面特征拟合。对于这类曲面特征，我们认为一般二次曲面设计的基本过程为在其标准方程的基础上，经过中心平移和旋转得到。变换矩阵参数可以作为圆锥曲面特征拟合的参数，推导了以圆锥曲面标准表达形式的参数、平移矩阵参数和旋转矩阵参数为特征参数进行二次曲面中圆锥曲面特征拟合的理论。下面以椭球面方程为例，进行二次曲面的特征拟合。

中心在原点的椭球面的标准方程：

$$\frac{x^2}{a^2}+\frac{y^2}{b^2}+\frac{z^2}{c^2}=1 \tag{6-19}$$

其中，a、b、c 为半轴参数。

采用先平移后旋转的方法，平移后的中心点的位置为 $M^{\mathrm{T}}(T_x, T_y, T_z)$。旋转：绕 x 轴旋转角度 α_x，绕 y 轴旋转角度 α_y，绕 z 轴旋转角度 α_z。在本书中约定由标准椭球面到一半椭球面的变换是先平移，后旋转，旋转的顺序依次为绕 x 轴，绕 y 轴，绕 z 轴。采用齐次坐标表示，标准椭球面的数据点的描述为（$x \quad y \quad z \quad 1$），一般的椭球面数据点的表示（$\overline{x} \quad \overline{y} \quad \overline{z} \quad 1$）。由计算机图形学中的图形变换理论，平移变换矩阵：

$$\boldsymbol{T}=\begin{bmatrix}1 & 0 & 0 & T_x\\0 & 1 & 0 & T_y\\0 & 0 & 1 & T_z\\0 & 0 & 0 & 1\end{bmatrix} \tag{6-20}$$

绕 x 轴旋转角度 α_x，绕 y 轴旋转角度 α_y，绕 z 轴旋转角度 α_z 的旋转变换矩阵：

$$\boldsymbol{R}_x(\alpha_x)=\begin{bmatrix}1 & 0 & 0 & 0\\0 & \cos\alpha_x & -\sin\alpha_x & 0\\0 & \sin\alpha_x & \cos\alpha_x & 0\\0 & 0 & 0 & 1\end{bmatrix},\boldsymbol{R}_y(\alpha_y)=\begin{bmatrix}\cos\alpha_y & 0 & \sin\alpha_y & 0\\0 & 1 & 0 & 0\\-\sin\alpha_y & 0 & \cos\alpha_y & 0\\0 & 0 & 0 & 1\end{bmatrix}$$

$$\boldsymbol{R}_z(\alpha_z)=\begin{bmatrix}\cos\alpha_z & -\sin\alpha_z & 0 & 0\\\sin\alpha_z & \cos\alpha_z & 0 & 0\\0 & 0 & 1 & 0\\0 & 0 & 0 & 1\end{bmatrix} \tag{6-21}$$

变换矩阵右乘于标准椭球面上点的齐次坐标向量表示得到变换后的一般椭球面上点的齐次坐标向量，所以有标准椭球面采用先平移后旋转的变换矩阵：

$$[x \quad y \quad z \quad 1]\boldsymbol{T}\boldsymbol{R}_x(\alpha_x)\boldsymbol{R}_y(\alpha_y)\boldsymbol{R}_z(\alpha_z)=[\overline{x} \quad \overline{y} \quad \overline{z} \quad 1] \tag{6-22}$$

对于以激光扫描数据为处理对象的一般椭球面的逆向工程参数拟合而言，测量数据点为（$\overline{x}\quad\overline{y}\quad\overline{z}\quad 1$），所以对一般球面的测量数据点进行先旋转，绕 z 轴旋转角度 $-\alpha_z$，绕 y 轴旋转角度 $-\alpha_y$，绕 x 轴旋转角度 $-\alpha_x$，再平移（$-T_x$，$-T_y$，$-T_z$））可以得到（$x\quad y\quad z\quad 1$），其变换矩阵为

$$[\overline{x}\quad\overline{y}\quad\overline{z}\quad 1]\boldsymbol{R}_z(-\alpha_z)\boldsymbol{R}_y(-\alpha_y)\boldsymbol{R}_x(-\alpha_x)\boldsymbol{T}=[x\quad y\quad z\quad 1] \tag{6-23}$$

由于（$x\quad y\quad z\quad 1$）齐次坐标形式对应的坐标点满足标准椭球面的方程，由标准椭球面的方程$\frac{x^2}{a^2}+\frac{y^2}{b^2}+\frac{z^2}{c^2}=1$，写成矩阵的形式：

$$\boldsymbol{X}=[x\quad y\quad z\quad 1],\boldsymbol{A}=\begin{bmatrix}\frac{1}{a^2} & 0 & 0 & 0\\ 0 & \frac{1}{b^2} & 0 & 0\\ 0 & 0 & \frac{1}{c^2} & 0\\ 0 & 0 & 0 & 1\end{bmatrix},\boldsymbol{B}=2$$

$$\boldsymbol{XAX}^{\mathrm{T}}=B \tag{6-24}$$

将式(6-23) 带入式(6-24) 得到：

$$\overline{\boldsymbol{X}}\boldsymbol{R}_z(-\alpha_z)\boldsymbol{R}_y(-\alpha_y)\boldsymbol{R}_x(-\alpha_x)\boldsymbol{TAT}^{\mathrm{T}}\boldsymbol{R}_x(-\alpha_x)^{\mathrm{T}}\boldsymbol{R}_y(-\alpha_y)^{\mathrm{T}}\boldsymbol{R}_z(-\alpha_z)^{\mathrm{T}}\overline{\boldsymbol{X}}^{\mathrm{T}}=B \tag{6-25}$$

椭球面特征拟合参数共有九个：a，b，c，T_x，T_y，T_z，α_x，α_y，α_z。与二次曲面的统一表示的参数相比，参数个数减少了一个。参数具有明确的几何意义和设计含义。以圆锥曲面标准表达形式参数、平移变换矩阵参数和旋转变换矩阵参数进行圆锥曲面特征参数拟合时，存在参数耦合现象。同时这个数学问题还没有成熟的求解方法。

6.5.2 自由曲面造型特征拟合

对于自由曲面造型特征中的特征曲线采用第 5 章中截面特征提取方法进行分段特征参数拟合。本节主要讨论旋转轴的参数拟合。旋转曲面特征提取的关键在于旋转轴的提取和拟合。采用圆弧和直线拟合的方法从测量数据点云提取旋转轴。提取旋转轴的基本过程为：首先在估计的垂直旋转轴方向上构造平行平面组对数据点云进行切片处理，然后对各切片数据进行圆弧拟合，最后将得到的各圆弧的圆心进行直线拟合，将得到的直线作为该旋转曲面特征的旋转轴。

采用圆弧和直线拟合的方法从某工艺玻璃瓶的激光扫描线数据点云进行旋转轴的提取和拟合，采用间距为 5、3、1 的截平面组对数据点云进行切片，获得切片数据，进行分片圆弧拟合；对分片圆弧的圆心进行直线拟合，结果如图 6-14 所示。

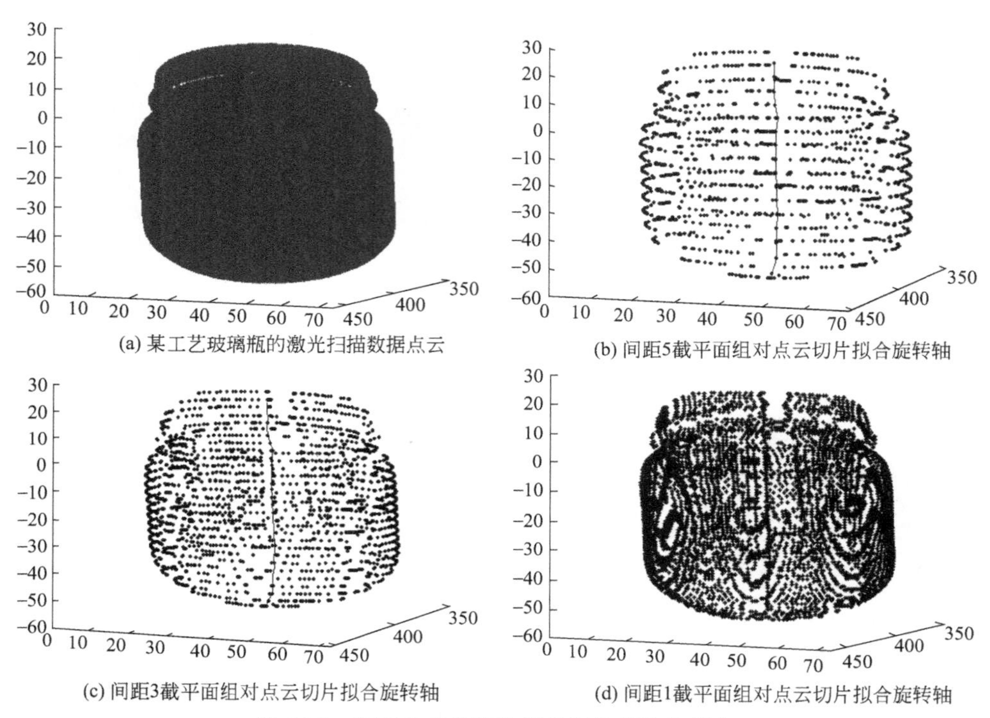

图 6-14　某工艺玻璃瓶的旋转轴的提取和拟合

6.5.3　自由曲面拟合

采用 NURBS 曲面进行自由曲面拟合，$K \times L$ 次 NURBS 曲面的有理多项式矢函数方程：

$$r(u,v)=\frac{\sum_{i=0}^{m}\sum_{j=0}^{n}N_{ik}(u)N_{jl}(v)\omega_{ij}P_{ij}}{\sum_{i=0}^{m}\sum_{j=0}^{n}N_{ik}(u)N_{jl}(v)\omega_{ij}} \tag{6-26}$$

其中，$P_{ij}(i=0,1,\cdots,m;j=0,1,\cdots,n)$为控制顶点；$\omega_{ij}$ 是与 P_{ij} 联系的权因子，规定四角顶点处用正权因子，即 $\omega_{00},\omega_{m0},\omega_{0n},\omega_{nn}>0$，其余 $\omega_{ij}\geqslant 0$；$N_{ik}(u)(i=0,1,\cdots,m)$和 $N_{jl}(v)(j=0,1,\cdots,m)$分别为 u 向 k 次和 v 向 l 次

的规范B样条基，由 u 向节点矢量 $\boldsymbol{U}=[u_0,u_1,\cdots,u_{m+k}]$ 和 v 向的节点矢量 $\boldsymbol{V}=[v_0,v_1,\cdots,v_{m+l}]$，按德布尔递推公式确定。

如果给定三维数据点是 $P_{ij}(i=0,1,\cdots,m;j=0,1,\cdots,n)$，现讨论双向四四阶（三次）NURBS插值，并且给定各边界的边界条件，根据式(6-26)给出的曲面方程，得到双向四四阶（三次）NURBS方程：

$$\frac{\sum_{i=0}^{m+2}\sum_{j=0}^{n+2}N_{i4}(u_r)N_{j4}(v_s)\omega_{ij}V_{ij}}{\sum_{i=0}^{m+2}\sum_{j=0}^{n+2}N_{i4}(u_r)N_{j4}(v_s)\omega_{ij}}=P_{rs},s=0,1,\cdots m,r=0,1,\cdots n \tag{6-27}$$

将曲面反求问题化解为一系列曲线反求问题，得到控制顶点 $V_{i,j}$，最后得到曲面。

图 6-15 为汽车覆盖件发动机罩激光扫描线数据点云中的部分数据，在精简数据的基础上进行自由曲面控制顶点的计算。实例中为双向四次控制顶点的计算，NURBS初始权值为1。

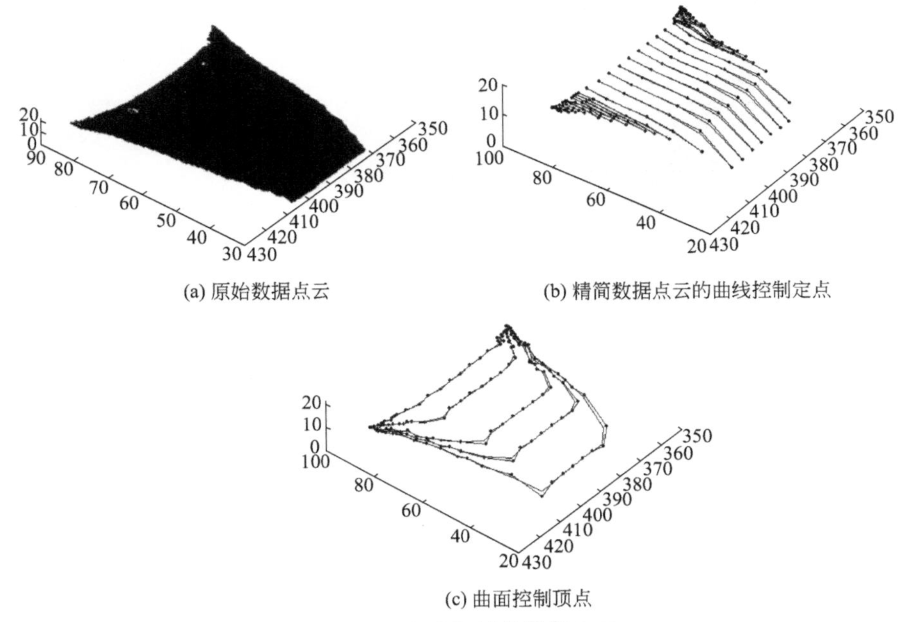

(a) 原始数据点云

(b) 精简数据点云的曲线控制定点

(c) 曲面控制顶点

图 6-15 发动机罩的数据点云

6.5.4 过渡曲面拟合

根据微积分理论，在某一微小范围内，过渡曲面在垂直脊曲线的某一微小薄片范围内，脊曲线可以近似为直线段，过渡半径可以近似为等半径。因此可以采用圆柱拟合或截平面法得到过渡曲面的参数值。

针对在实际工程应用中常见的等半径过渡曲面特征的参数拟合，采用截平面圆拟合的方法进行过渡曲面半径的提取。其基本步骤为：

① 按照一定的间隔建立若干个垂直于相邻曲面与过渡曲面的脊线的截平面。

② 将属于过渡曲面和相邻曲面的点投影到截平面上，对各截平面上的平面数据点用圆进行单独拟合。

③ 以这些拟合出的圆半径的平均值作为等半径过渡曲面的拟合参数。

实际设计中，由于实际的工艺和美观要求，经常存在对整体结构设计影响不大的较小等半径过渡曲面。对于这类过渡曲面，在进行圆柱拟合的基础上，可以根据常见工艺圆角半径的要求进行圆整。

图 6-16 为某刹车壳体的激光扫描数据点云中的部分数据，先进行截平面圆数据获取，在此基础上进行截平面圆的参数拟合，对拟合的截平面圆半径进行平均圆整得到等半径过渡曲面的特征拟合参数。

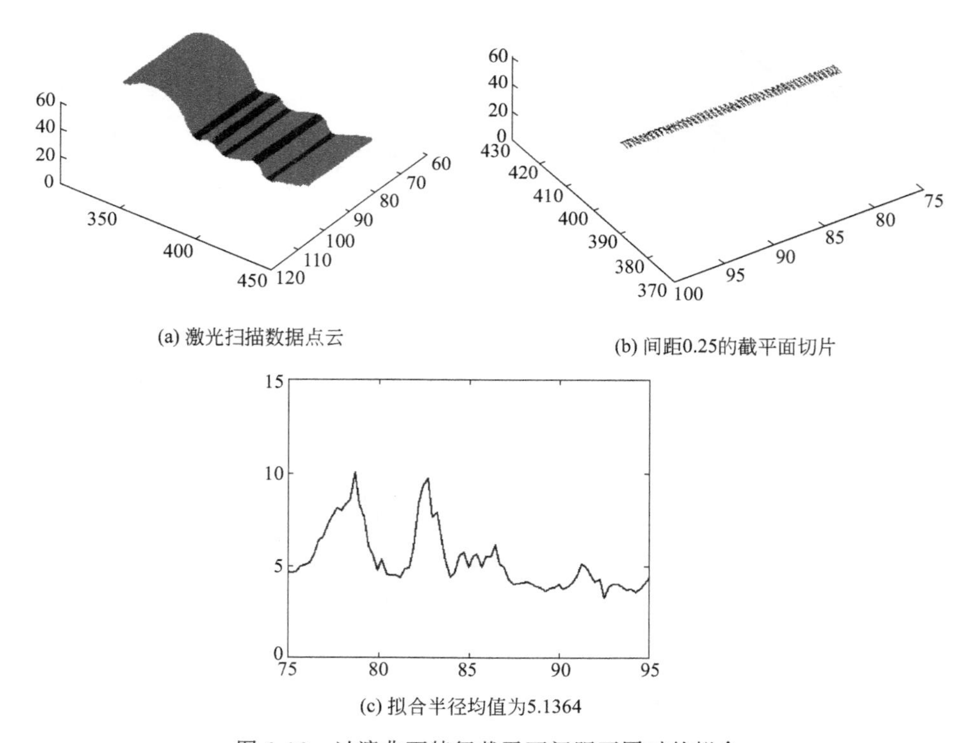

(a) 激光扫描数据点云

(b) 间距0.25的截平面切片

(c) 拟合半径均值为5.1364

图 6-16 过渡曲面特征截平面间距不同时的拟合

第7章

基于约束驱动的特征模型优化重建

变量化设计是一种利用图论和可靠的数值求解技术支持约束驱动的设计方法。本章主要研究基于约束有向图表示和DSM表示的几何约束系统分解和约束驱动特征模型优化问题的稳定的数值求解方法，最后讨论了依据约束优化的模型参数在通用CAD软件中完成模型重建。

7.1 基于图的几何约束分解

机械零件、塑料制品等工业产品中的曲面特征间常有平行、垂直、切矢或曲率连续等约束。对拉伸、旋转、蒙皮等简单自由曲面造型特征，最理想的方法就是基于激光扫描数据点云重构其特征曲线，然后按照正向设计的方法进行产品设计。特征曲线的曲线特征间常满足垂直、平行、相切等几何约束。基于变量化设计的逆向工程CAD建模中，在激光扫描线数据点云的截面特征曲线元和曲面特征抽取的基础上，基于约束驱动特征模型优化，使重建的模型不但满足与数据点云间的逼近误差要求，同时还满足特征间的约束要求。

对激光扫描线数据点云中的特征曲线、特征曲面在满足约束的条件下统一求解，采用罚函数法将约束优化问题转化为无约束优化问题，然后用Levenberg-Marquardt（L-M）法求解，在模型拟合精度和几何约束满足方面获得一个平衡，给出一个近似最优解。用超平面投影法将迭代优化的每一步限制在约束超平面上进行，在满足约束的条件下进行优化求解的方法。存在的问题主要如下。

① 在实际的逆向工程CAD模型重建中，不可避免地会存在不相互独立的耦合约束，目前的方法不能识别和分离出这些约束，影响约束优化的收敛性和稳定性。同时复杂曲面多特征、多约束的问题计算复杂，计算效率特别低。

② 罚函数法中，x_k 是从可行域的外部逼近最优解。当在充分大处终止迭代时，近似最优解只近似地满足约束条件，对于要求精确的情况，这样的解在某些情况下是不能被接受的。

利用图论和可靠的数值求解技术，支持约束驱动特征模型优化的变量化设计方法，可以有效地弥补以上方法的不足，具体表现如下。

对于第一个问题：复杂曲面几何约束系统中耦合约束，采用基于图论和DSM表示法的几何约束表达方式，应用分割算法消除原始几何约束系统的约束耦合现象。基于几何约束图的凝聚算法将复杂曲面几何约束系统分解为简单的小规模子约束问题。

对于第二个问题：利用罚函数法的思想，并克服它的缺点，采用将罚函数与 Lagrange 函数结合的广义乘子法构造目标函数，在目标函数的构造过程中考虑约束之间的尺度变换，对约束规范化，建立约束驱动特征模型优化问题的数学模型。新构造的目标函数本质上是一般的非线性无约束最优化求解的方法，不属于非线性最小二乘规划，因此不能采用 L-M 方法，研究拟牛顿法中的 BFGS 法求解基于约束驱动的特征模型优化问题的原理和步骤。

基于图的几何约束分解采用几何约束的图表达，通过几何约束图的 DSM 矩阵分割算法消除几何约束系统中约束耦合，在分析几何约束图的基础上，本节提出了基于多尺度特征的凝聚算法，以实现几何约束系统的简化。

7.1.1 有向约束图表示

几何约束系统的有向图表示是基于图论的几何约束分解的基础。将几何约束系统中的几何特征对象用节点进行表示，特征间的约束关系用节点间的有向边来表示，约束的方向用方向箭头来表示，没有方向的约束用无方向边表示，两个对象可以同时求解的用双向箭头表示，则一个几何约束系统就可以利用与其对应的有向约束图来等价表示。

图 7-1 为 12 个截面曲线特征和 16 个约束组成的 2D 截面组合曲线几何约束系统的有向约束图表示。图中 A、B、C、D、E、F、G、H、I、J、K、L 表示不同的曲线特征，其间的连线表明特征间存在某种约束。无方向连接表示可以人为地给定约束方向，箭头表明了曲线特征间的约束与被约束关系。

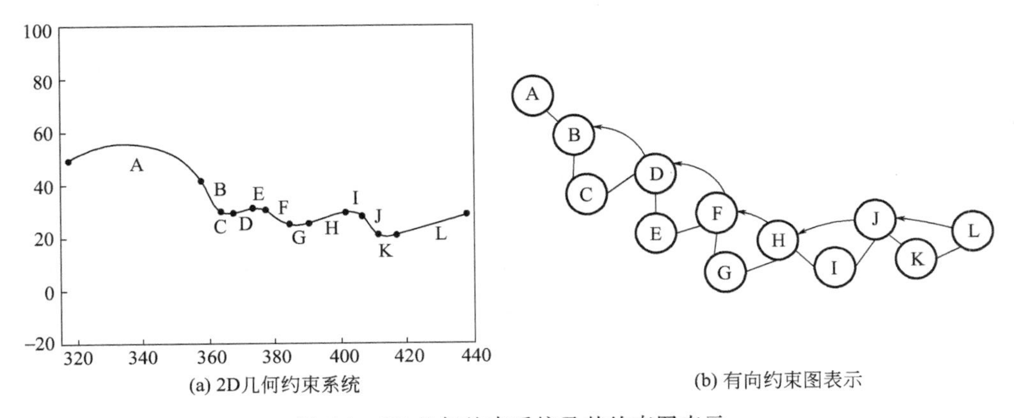

图 7-1 2D 几何约束系统及其约束图表示

7.1.2 几何约束图的 DSM 矩阵

Stenward 最先提出了可以方便地描述元素之间的内部依赖性的设计结构矩阵法（DSM）。采用 DSM 可描述几何约束系统中特征间约束的依赖性。对几何特征元素 x 和 y 间的约束，采用非负优先值 A_{xy} 建模，建立几何约束系统的有向图表示对应的 DSM 矩阵的规则如下。

① 约束的方向通过位置来建模，对 x 到 y 的方向约束，优先值位于矩阵的 x 列、y 行。矩阵可以很方便地表示指定方向的约束。

② 对无方向约束，优先值在矩阵中有一个临时位置（x 列、y 行或 x 行、y 列），优先值为 1。

③ 对双向约束，优先值位于矩阵的两个方向上。双向约束由双连接建模。

④ 对元素之间的多约束，元素之间的多约束采用相当优先值进行描述。相当优先值等于各优先值的和，元素之间存在两个连接的相当优先值为 2。

根据约束的优先级别不同，约束在约束图的有向化过程中起作用不同。可依据约束优先级别对约束的优先值进行修正。约束优先级别越高，优先值越大。约束优先级别的准则如下。

① 主要特征的约束级别高于次要特征，次要特征高于局部特征。

② 一般说来尺寸约束级别最高，关系约束其次，类型约束最低。不同关系约束的优先级也是不相同的。关系约束是指图形几何元素之间的拓扑结构上的关系，包括几何元素的从属关系、连接关系和相对位置关系等。

③ 一般来说关系约束中，从属关系高于连接关系，连接关系高于相对位置关系。连接关系如图形的连接顺序；从属关系如点 A 为直线 L 的端点等；位置关系如平行、垂直、相交、相切、同心、对称等。

依据建立几何约束系统的有向图表示对应的 DSM 矩阵的规则和约束优先值修正准则，建立图 7-1 中的几何约束系统的 DSM 矩阵，如图 7-2 所示。

7.1.3 基于 DSM 的耦合约束消除

几何约束系统的本质在于约束的传播，在几何约束层次上发掘其约束传播机制应当是几何约束系统的关键。几何约束传播的机制，主要有以下三种（图 7-3）：

① 串行：约束 B 以约束 A 为前提条件，然后求解 B；

② 并行：约束 A、B 彼此无关，求解的顺序互不影响；

	A	B	C	D	E	F	G	H	I	J	K	L
A		1										
B				1								
C		1		1								
D						1						
E				1		1						
F								1				
G						1		1				
H										1		
I								1		1		
J												1
K										1		1
L												

图 7-2 几何约束系统的 DSM 矩阵

③ 耦合：约束 A、B 互为依存，互为先决条件，需联立求解。

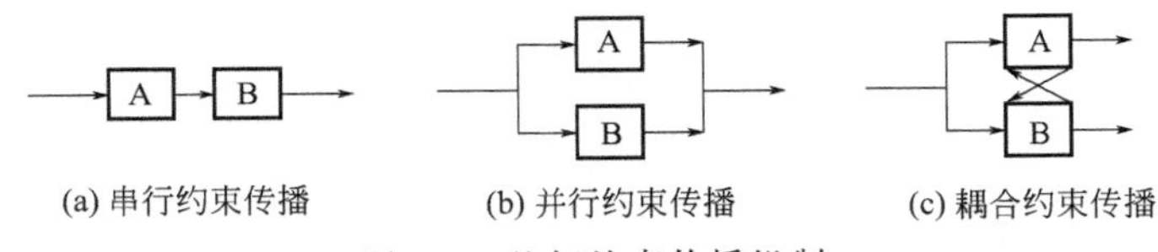

(a) 串行约束传播 (b) 并行约束传播 (c) 耦合约束传播

图 7-3 几何约束传播机制

在几何约束系统中，经常是三种情况并存。图 7-3(a) 中，约束 A 和约束 B 属于串行约束传播，由于约束 A 和约束 B 属于串行，约束 B 的求解，需要先确定约束 A 的结果；图 7-3(b) 中，约束 A 和约束 B 属于并行约束传播，并行约束 A 和 B 的求解依赖同一个输入约束，约束 A 和约束 B 之间互不影响；图 7-3(c) 中，约束 A 和约束 B 属于耦合约束传播，约束 A 和约束 B 的求解除了依赖同一个输入约束外，约束 A 求解时还依赖于约束 B，约束 B 求解时也还依赖于约束 A。

沿着 DSM 矩阵的某一列可以得到以该约束为前提的所有约束。沿着 DSM 矩阵的某一行可以得到影响该约束求解的所有约束。对几何约束图的 DSM 矩阵的行和列重新排序的 DSM 分割算法，消除矩阵中对象线以上部分，即约束中的耦合约束。通过从几何约束图矩阵中去掉耦合约束的过程，使几何约束系统有向图的一个重复环中含有较少的几何特征元素。对 DSM 矩阵重新排序的 DSM 矩阵分割算法的基本过程如下。

① 识别几何约束系统中不需要其他约束输入的约束，通过识别 DSM 矩阵

中的空白行进行这种约束的识别。将这类元素放在DSM矩阵的上方。一旦一个约束被重新放置，DSM中与其相关的记号都被去掉。重复这个步骤，直至结束。

② 识别几何约束系统中不向其他约束传递信息的约束，通过识别DSM矩阵中的空白列进行这类约束的识别。将这类约束放在DSM矩阵的下方。一旦一个约束被重新放置，DSM中与其相关的记号都被去掉。重复这个步骤，直至结束。

对于复杂的情况，重新排序的方法不再适用。可以通过将他们移至对角线附近的局部矩阵中消除反馈约束。依据DSM矩阵重新排序的DSM矩阵分割算法对图7-2中的几何约束系统的DSM矩阵，进行耦合约束的消除，结果如图7-4所示。

	L	J	H	F	D	B	A	K	I	G	E	C
L												
J												
H		1										
F			1									
D				1								
B					1							
A						1						
K		1										
I		1	1									
G			1	1								
E				1	1							
C					1	1						

图7-4　几何约束系统耦合约束的消除

7.1.4　基于多尺度特征的几何约束凝聚算法

逆向工程CAD模型重建中的几何约束系统往往是稀疏的，这为约束分解提供了可能性。孙家广院士给出了约束系统求解的凝聚和剪枝算法。基于多尺度特征的凝聚算法可减少几何约束图的规模，通过聚集算法实现几何约束的分解。

无论是高耦合度的几何约束系统还是低耦合度的几何约束系统，都存在一些能够成为宏几何体的元素组，这些宏几何体对外可以看作一个整体，组成它的几何元素和约束隐藏于宏几何体的内部。因此，简单宏几何体在几何约束系统图表示和矩阵表示中对应一个简单的局部子图或者子矩阵。

几何约束图中能够构成基本宏几何体的子图模式很多，考虑到复杂曲面逆向工程中特征的多尺度特点，提出基于多尺度特征的子图模式作为搜索简单基本宏几何体的匹配子集，如图 7-5 所示，主要包括二维截面特征子图匹配模式和三维曲面特征子图匹配模式。

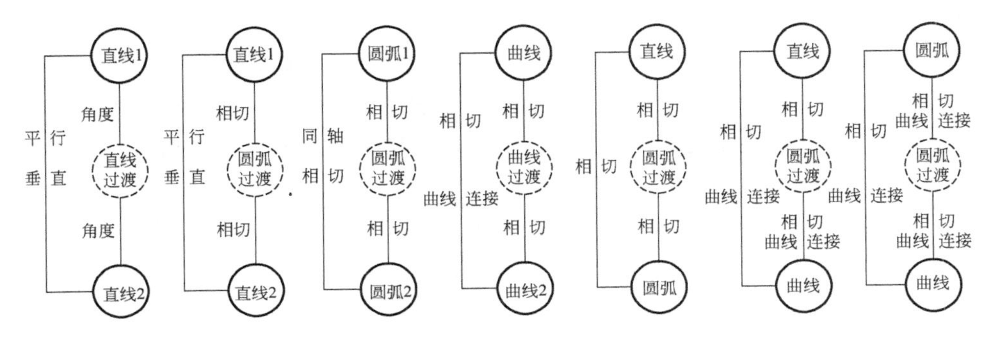

(a) 二维截面特征子图匹配模式

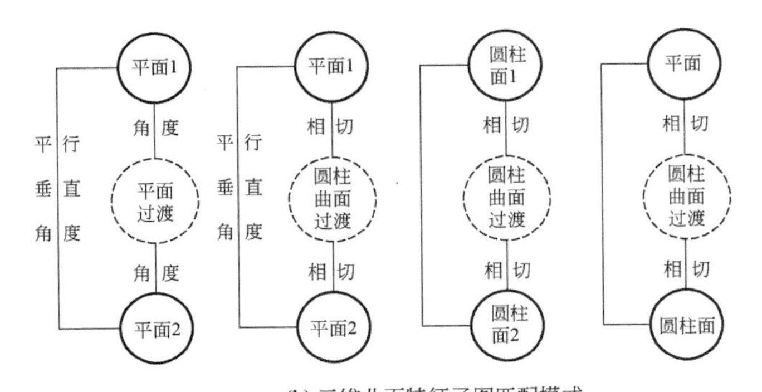

(b) 三维曲面特征子图匹配模式

图 7-5　基于多尺度特征的子图模式

几何约束的凝聚过程：从几何约束图搜索到一个简单基本宏几何体，如果能够由该宏几何体及一些约束关系确定某一特征单元的形状，则说明可以将该基本宏几何体与某一特征单元结合为规模更大的宏几何体，这个过程称为凝聚。通过凝聚算法可以减少约束图的顶点数和约束边数，从而减少约束图的规模。

对完成约束凝聚的几何约束系统，通过寻找其中的封闭环实现几何约束系统的聚集，实现几何约束系统到子系统的分割过程。将一个复杂几何约束问题化为简单几何约束子问题的主要步骤如下。

① 将几何系统转换为约束图表示。如果存在多元约束，几何元素之间的

相当约束的方向为约束方向的重合。有方向约束和无方向约束的重合为有方向约束，两个不同方向的方向约束的重合为双向约束。

② 将几何约束图表示转换为 DSM 矩阵表示。多元约束几何元素之间的相当约束的优先值为各约束优先值的和。依据约束中的优先级别对约束优先值的权值进行修正。

③ 利用分割算法实现 DSM 行和列的重新排序，消除耦合约束。

④ 从几何约束图搜索到一个简单基本宏几何体，通过基于多尺度特征的凝聚算法将该基本宏几何体与某一特征单元结合为规模更大的宏几何体。

⑤ 寻找几何约束有向图的 DSM 矩阵中的封闭环，得到紧密相关的特征组成的几何约束子系统的子集。

依据基于多尺度特征的凝聚算法和几何约束系统的聚集算法对图 7-1 中的几何约束系统进行简化和分解，如图 7-6 所示。

	L	J	H	F	D	B	A	K	I	G	E	C
L												
J												
H		1										
F			1									
D				1								
B					1							
A						1						
K		1										
I		1	1									
G			1	1								
E				1	1							
C					1	1						

图 7-6 几何约束系统的简化和分解

通过消除几何约束系统中耦合约束和基于多尺度特征的凝聚算法，对几何约束系统进行了简化，减少整个系统的规模；通过寻找其中的封闭环几何约束系统的聚集，实现全局到局部的约束分解，减少几何约束系统中几何元素和约束关系的个数，缩小约束问题的规模，提高优化求解的效率。

7.1.5 实例分析

图 7-7(a) 为某车用刹车制动器壳体的部分激光扫描数据点云的曲面特征，对其进行几何约束系统建模、分析和分解。采用几何约束的图表达，通过几何约束图的 DSM 矩阵分割算法消除耦合约束。图 7-7(b) 为与图 7-7(a) 对应的

几何约束图表示，对应的 DSM 矩阵见图 7-8。通过几何约束图的 DSM 矩阵分割算法消除耦合约束，如图 7-9 所示。基于多尺度特征的子图匹配模式和凝聚算法实现几何约束系统的分解，如图 7-10 所示。

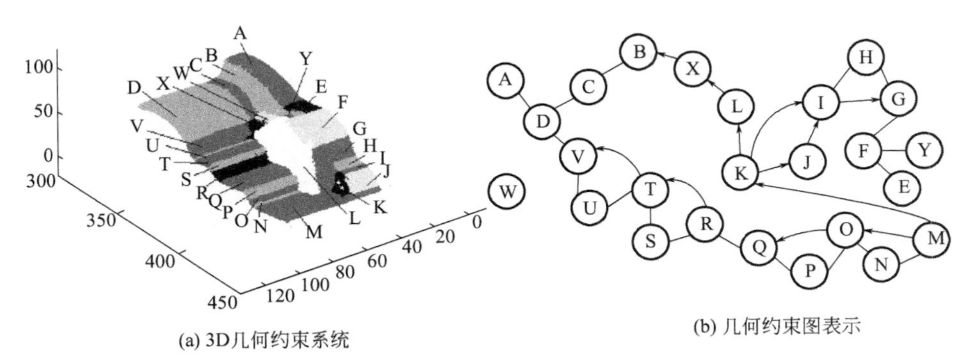

图 7-7　3D 几何约束系统及其约束图表示

	D	A	C	B	X	L	K	J	I	H	G	F	Y	E	W	V	U	T	S	R	Q	P	O	N	M
D																									
A	1																								
C	1																								
B			1		1																				
X						1																			
L							1																		
K																									
J							1																		
I							1	1																	
H									1		1														
G									1																
F											1														
Y												1													
E												1													
W																									
V	1																	1							
U																1		1							
T																				1					
S																		1		1					
R																					1				
Q																							1		
P																					1		1		
O																									1
N																							1		1
M																									

图 7-8　本例中几何约束系统的 DSM 矩阵表示

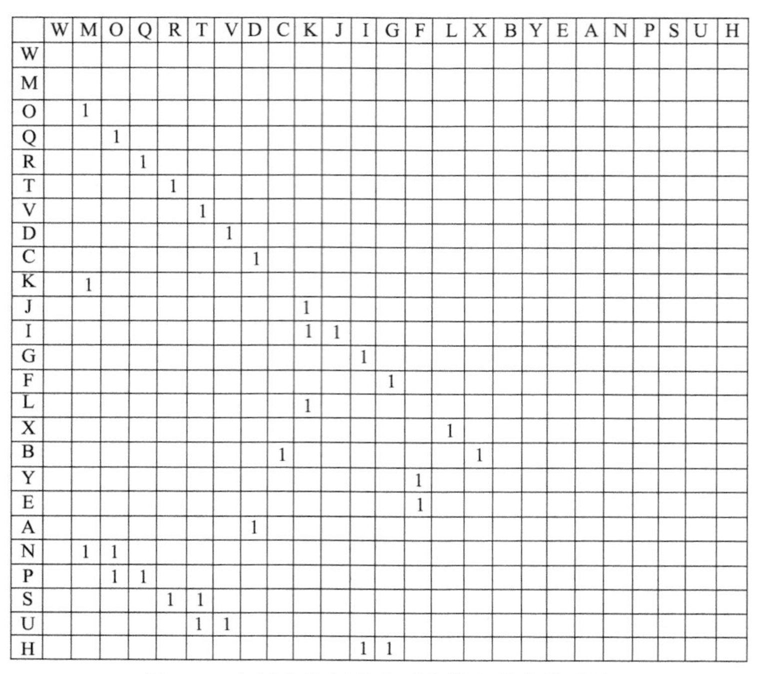

	W	M	O	Q	R	T	V	D	C	K	J	I	G	F	L	X	B	Y	E	A	N	P	S	U	H
W																									
M																									
O		1																							
Q			1																						
R				1																					
T					1																				
V						1																			
D							1																		
C								1																	
K		1																							
J										1															
I										1	1														
G												1													
F													1												
L										1															
X															1										
B									1							1									
Y														1											
E														1											
A								1																	
N		1	1																						
P			1	1																					
S					1	1																			
U						1	1																		
H												1	1												

图 7-9　本例中几何约束系统耦合约束的消除

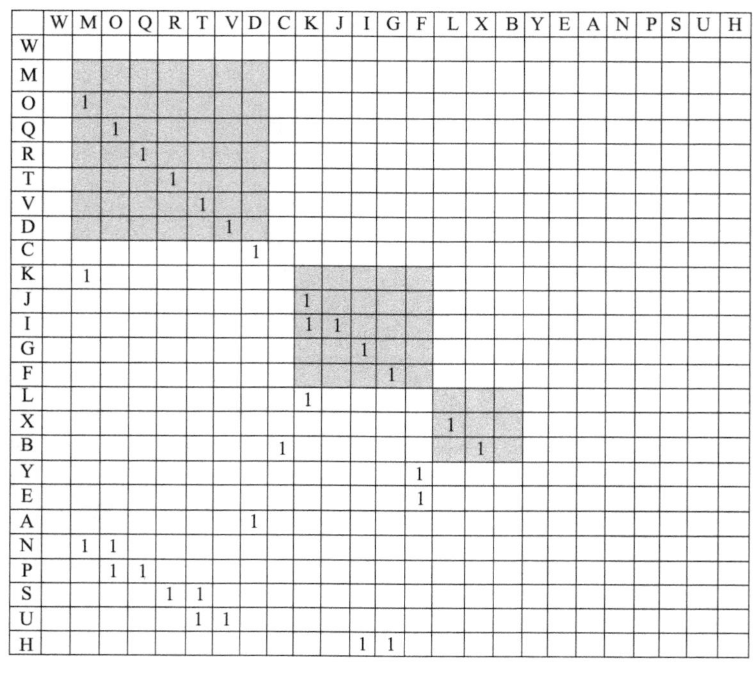

	W	M	O	Q	R	T	V	D	C	K	J	I	G	F	L	X	B	Y	E	A	N	P	S	U	H
W																									
M																									
O		1																							
Q			1																						
R				1																					
T					1																				
V						1																			
D							1																		
C								1																	
K		1																							
J										1															
I										1	1														
G												1													
F													1												
L										1															
X															1										
B									1							1									
Y														1											
E														1											
A								1																	
N		1	1																						
P			1	1																					
S					1	1																			
U						1	1																		
H												1	1												

图 7-10　本例中几何约束系统的分解

7.2 特征模型优化的数值求解

用数值方法来求解几何约束问题，约束驱动特征模型优化是必不可少的。对简化后的几何约束子问题，转换为一组非线性方程组，采用数值法进行优化求解。通过对目标函数和几何约束罚函数乘子，把约束最优化问题转化为相应的无约束最优化问题来求解。

基于约束优化的模型重建中，约束分为几何约束和工程约束。几何约束是指特征元素之间固有的约束关系，反映了产品的设计要求，一般以包含几何设计参数的约束方程式表达。工程约束更关注设计的功能要求。在特征分类和数学表示的基础上，本节主要讨论特征间的几何约束。

7.2.1 约束的数学表示

(1) 曲线特征元之间的几何约束

由于直线、圆弧和样条曲线是基于约束驱动曲线模型优化的主要研究对象，在第 5 章介绍曲线特征的分类和数学表示的基础上，讨论曲线特征之间的几何约束的数学表示。

① 直线与直线　直线的带有几何意义的参数方程为 $l_0x+l_1y+l_2=0$，直线 l_1 的参数为 (l_0, l_1, l_2)，直线 l_1'的参数为 (l_0^1, l_1', l_2')。

a. 直线与直线平行的约束方程为：

$$l_0l_1'-l_1l_0'=0 \tag{7-1}$$

b. 直线与直线垂直的约束方程为：

$$l_0l_0'+l_1l_1'=0 \tag{7-2}$$

c. 直线与直线角度的约束方程为：

$$l_0l_0'+l_1l_1'\pm\cos\beta=0 \tag{7-3}$$

② 直线与圆　直线的带有几何意义的参数方程为 $l_0x+l_1y+l_2=0$，直线 l_1 的参数为(l_0, l_1, l_2)；圆弧带有几何意义参数方程为$(x-x_0)^2+(y-y_0)^2=R^2$，转化为一般形式为 $c_0(x^2+y^2)+c_1x+c_2y+c_3=0$，参数为$(c_0, c_1, c_2, c_3)$，圆心 (x_0, y_0) 和半径 R 如下。

$$x_0=-\frac{c_1}{2c_0}y_0=-\frac{c_2}{2c_0}R=\left|\frac{\sqrt{c_1^2+c_2^2-4c_0c_3}}{2c_0}\right|$$

a. 直线与圆相切的约束方程为：$l_0c_1+l_1c_2-2l_2c_0\pm1=0$；　　(7-4)

b. 圆心在直线上的约束方程为：$l_0c_1+l_1c_2-2l_2c_0=0$。　　(7-5)

③ 圆和圆　圆弧 R 的参数为(c_0,c_1,c_2,c_3)，圆心为 (x_0,y_0) 和半径为 R_1。圆弧 R'的参数为(c_0',c_1',c_2',c_3')，圆心为 (x_0',y_0')，半径为 R_1'。

a. 圆和圆外切的约束方程为：

$$(c_0c_1'-c_1c_0')^2+(c_0c_2'-c_2c_0')^2=2c_0c_0'(c_0+c_0') \tag{7-6}$$

b. 圆和圆内切的约束方程为：

$$(c_0c_1'-c_1c_0')^2+(c_0c_2'-c_2c_0')^2=2c_0c_0'(c_0-c_0') \tag{7-7}$$

c. 圆和圆同心的约束方程为：$c_0'c_1-c_1'c_0=0$，且 $c_0'c_2-c_2'c_0=0$。　　(7-8)

④ 直线与B样条　直线的带有几何意义的参数方程为 $l_0x+l_1y+l_2=0$，直线 l_1 的参数(l_0,l_1,l_2)，B样条端点为 P_0 或者 P_n。

a. 直线与B样条位置约束方程为：

$$l_0P_{0x}+l_1P_{0y}+l_2=0 \text{ 或 } l_0P_{nx}+l_1P_{ny}+l_2=0 \tag{7-9}$$

b. 直线与B样条相切约束方程如下。

直线与B样条相切约束可以转化为直线与B样条位置约束和直线的法矢与B样条端切矢约束。

$$l_0P_{0x}+l_1P_{0y}+l_2=0 \text{ 或 } l_0P_{nx}+l_1P_{ny}+l_2=0$$

$$l_0(P_{1x}-P_{0x})+l_1(P_{1y}-P_{0y})=0 \text{ 或 } l_0(P_{nx}-P_{(n-1)x})+l_1(P_{ny}-P_{(n-1)y})=0 \tag{7-10}$$

⑤ 圆弧与B样条　圆弧 R_1 的参数为(c_0,c_1,c_2,c_3)，圆心为 (x_0,y_0)，半径为 R_1。B样条端点为 P_0 或者 P_n。

a. 圆弧与B样条位置约束方程为：

$$c_1P_{0x}+c_2P_{0y}+c_3=-c_0(P_{0x}^2+P_{0y}^2) \text{或} c_1P_{nx}+c_2P_{ny}+c_3=-c_0(P_{nx}^2+P_{ny}^2) \tag{7-11}$$

b. 圆弧与B样条相切约束方程如下。

圆弧与B样条相切约束可以转化为圆弧与B样条位置约束和圆弧在该点处的法矢与B样条端切矢约束。

$$c_1P_{0x}+c_2P_{0y}+c_3=-c_0(P_{0x}^2+P_{0y}^2) \text{或} c_1P_{nx}+c_2P_{ny}+c_3=-c_0(P_{nx}^2+P_{ny}^2)$$

$$\text{同时}(2c_0P_{0x}+c_1)(P_{1x}-P_{0x})+(2c_0P_{0y}+c_2)(P_{1y}-P_{0y})=0$$

$$\text{或}(2c_0P_{0x}+c_1)(P_{1x}-P_{0x})+(2c_0P_{0y}+c_2)(P_{1y}-P_{0y})=0 \tag{7-12}$$

⑥ B样条与B样条　B样条曲线1端点为 P_0 或者 P_n，B样条曲线2端点为 P_0'或者 P_n'。

a. 位置连续的约束方程：

$$P_{0x}=P'_{nx} \text{且} P_{0y}=P'_{ny} \text{或} P_{nx}=P'_{0x} \text{且} P_{ny}=P'_{0y} \tag{7-13}$$

b. 切矢连续的约束方程如下，B样条与B样条相切约束可以转化为B样条间位置约束和端切矢约束。

$$P_{0x}=P'_{nx} \text{且} P_{0y}=P'_{ny} \text{或} P_{nx}=P'_{0x} \text{且} P_{ny}=P'_{0y}$$

同时$(P_{1x}-P_{0x})(P'_{ny}-P'_{(n-1)y})=(P_{1y}-P_{0y})(P'_{nx}-P'_{(n-1)x})$

或$(P_{nx}-P_{(n-1)x})(P'_{1y}-P'_{0y})=(P_{ny}-P_{(n-1)y})(P'_{1x}-P'_{0x})$ (7-14)

(2) 曲面特征元之间的几何约束

由于平面、圆柱面和自由曲面是基于约束的曲线模型优化的主要研究对象，在第6章的曲面特征的分类和数学表示的基础上，主要讨论平面和圆柱曲面特征间的几何约束的数学表示。

① 平面与平面　平面S的方程为$ax+by+cz+d=0$，(a,b,c,d)为参数。平面S'的方程为$a'x+b'y+c'z=d=0$，(a',b',c',d')为参数。

a. 平行约束的方程：$\frac{a}{a'}=\frac{b}{b'}=\frac{c}{c'}$； (7-15)

b. 垂直约束的方程：$aa'+bb'+cc'=0$； (7-16)

c. 角度约束的方程：$\cos\theta=\frac{|aa'+bb'+cc'|}{\sqrt{a^2+b^2+c^2}\sqrt{a'^2+b'^2+c'^2}}$。 (7-17)

② 平面与柱面　平面S的方程为$ax+by+cz+d=0$，(a,b,c,d)为参数。柱面轴线方向的单位向量为$\boldsymbol{C}(m,n,l)$。

a. 平面与柱面的轴线平行的约束方程：$\frac{a}{m}=\frac{b}{n}=\frac{c}{l}$； (7-18)

b. 平面与柱面的轴线垂直的约束方程：$am+bn+cl=0$。 (7-19)

③ 柱面与柱面　柱面C轴线方向的单位向量$\boldsymbol{C}(m,n,l)$，柱面C'轴线方向的单位向量$\boldsymbol{C}'(m',n',l')$。

a. 两柱面的轴线平行的约束方程：$\frac{m}{m'}=\frac{n}{n'}=\frac{l}{l'}$； (7-20)

b. 两柱面的轴线垂直的约束方程：$mm'+nn'+ll'=0$。 (7-21)

7.2.2 数学模型的建立

约束驱动激光扫描线数据点云的特征优化可转化为约束优化问题的数学模型求解。一般的约束优化问题表现为函数的极值问题，数学模型包括两个部分：目标函数和约束条件。

$$\min_{x \in R^n} f(x)$$
$$c_i(x)=0, i=1,2,\cdots,m_c \tag{7-22}$$
$$c_i(x)\geqslant 0, i=m_{c+1},m_{c+2},\cdots,m$$

其中，$f(x)$ 是目标函数；$c_i(x)$ 是约束条件。

(1) 数学模型的尺度规范化

数学模型的尺度变换，是指通过放大或缩小坐标比例尺，从而改善数学模型形态。通过数学模型的尺度变换，可以加快优化设计的收敛速度、提高计算的稳定性和对数值的灵敏性。约束优化数学模型的尺度变换，主要包括目标函数的尺度变换和约束条件的尺度变换两种。

目标函数的尺度变换的目的，是想通过尺度变换使它的等值线尽可能接近于同心圆或同心椭圆族，减小原目标函数的偏心率或畸变度，以加快优化搜索的收敛速度。从数学变换理论上可以通过二阶偏导数矩阵进行尺度变换，改进目标函数等值面的性质，但会给计算增加不少困难，所以实际上并不采用。

几何约束条件的尺度变换，一般情况下，优化设计的约束条件数都比较多，因此，造成约束函数值的数量级相差很大。例如，设计变量 x_i 的边界约束为 $0.01<x_i<1000$，则其约束条件为

$$\begin{aligned} g_1(x)&=0.01-x_i<0 \\ g_2(x)&=x_i-1000<0 \end{aligned} \tag{7-23}$$

这种形式的约束条件对数值反应的灵敏度不同，灵敏度高的约束在极小化中会首先得到满足，而其余约束却几乎得不到考虑，这样就会使计算结果误入歧途。考虑到特征之间的尺寸约束和角度约束的不同，采用约束条件的尺度变换避免出现灵敏度相差很大的约束条件，提高优化结果的精度。

(2) 数学模型的建立

对于约束优化问题，一个自然的想法就是将其转化为无约束优化问题，采用罚函数乘子法建立激光扫描数据点云约束驱动特征模型优化问题的数学模型。这里仅考虑等式约束。通过罚函数乘子法构造目标函数：

$$\min E(x)=F(x)+\sum_{i=1}^{m}\frac{M_i}{2}[c_i(x)]^2+\sum_{i=1}^{m}\lambda_i c_i(x) \tag{7-24}$$

7.2.3 特征模型优化数值求解

依据 7.2.2 节建立数学模型的方法，将约束优化求解问题转化为无约束优化求解问题。激光扫描数据点云的约束驱动特征模型优化问题，采用罚函数乘

子法得到的无约束优化问题属于一般的无约束优化问题，而BFGS法是求解无约束优化问题最有效的方法。迭代求解的初值用特征拟合的方法给定，选取合适的初始惩罚因子。

(1) 特征模型优化的数学模型

约束驱动特征模型优化是依据特征间的约束和数据点云改进特征模型拟合参数，在约束满足和测量数据点云逼近两者之间获得一种平衡。约束优化问题包括激光扫描数据点云到特征距离的最小平方表示的目标函数和约束方程。

用 $C_i(i=1,2,\cdots,n)$ 表示特征曲线中第 i 段数据所对应的目标曲线；$\overline{p}_i$ 表示目标曲线的参数；点 P_{ij} 表示第 i 段数据中的第 j 个数据点($j=1,2,\cdots,m$)；$\overline{p}$ 表示特征曲线的参数。约束驱动特征模型优化数学模型为：

$$\begin{aligned}&\min\sum_{i=1}^{n}\sum_{j=1}^{m}C_i^2(\overline{p}_i,P_{ij})\\&c_k(\overline{p})=0,k=1,2,\cdots,m\end{aligned}\tag{7-25}$$

利用罚函数乘子法将约束优化的数学模型转化为无约束优化数学模型：

$$\min E(\overline{p})=\min\left[\sum_{i=1}^{n}\sum_{j=1}^{m}C_i^2(\overline{p}_i,P_{ij})+\frac{M}{2}\sum_{i=1}^{m}c_i^2(\overline{p})+\sum_{i=1}^{m}\lambda_i c_i(\overline{p})\right]\tag{7-26}$$

用 $S_i(i=1,2,\cdots,n)$ 表示激光扫描数据点云第 i 块数据点云所对应的目标曲面；$\overline{p}_i$ 表示目标曲面的参数；点 P_{ij} 表示第 i 块数据中的第 j 个数据点($j=1,2,\cdots,m$)；$\overline{p}$ 表示特征曲面的参数。约束驱动曲面特征模型优化的数学模型为：

$$\begin{aligned}&\min\sum_{i=1}^{n}\sum_{j=1}^{m}S_i^2(\overline{p}_i,P_{ij})\\&c_k(\overline{p})=0,k=1,2,\cdots,m\end{aligned}\tag{7-27}$$

利用罚函数乘子法将约束优化的数学模型转化为无约束优化数学模型：

$$\min E(\overline{p})=\min\left[\sum_{i=1}^{n}\sum_{j=1}^{m}S_i^2(\overline{p}_i,P_{ij})+\sum_{i=1}^{m}\frac{M_i}{2}c_i^2(\overline{p})+\sum_{i=1}^{m}\lambda_i c_i(\overline{p})\right]\tag{7-28}$$

(2) 数值求解方法——BFGS法

对子约束系统建立约束驱动特征模型优化的数学模型，利用罚函数乘子法将约束优化问题转化为无约束优化问题。采用BFGS法进行优化求解获得约束优化的最优解。

以激光扫描线数据点云最小平方拟合参数值作为优化问题 $\overline{p}$ 的初值 $\overline{p}_0$。罚因子的初值计算见式(7-29)，拉格朗日乘子初值为对应的罚因子初值的 1/2。

$$M_i=\frac{2\sum_{i=1}^{n}\sum_{j=1}^{m}C_i(\overline{p}_0,P_{ij})}{c_i(\overline{p}_0)} \text{ 或 } M_i=\frac{2\sum_{i=1}^{n}\sum_{j=1}^{m}S_i(\overline{p}_0,P_{ij})}{c_i(\overline{p}_0)} \tag{7-29}$$

BFGS 法的基本思想是利用目标函数值的二阶导数信息和一阶梯度信息来构造目标函数的曲率近似，并将其极小化。实现 BFGS 法的基本流程见图 7-11。

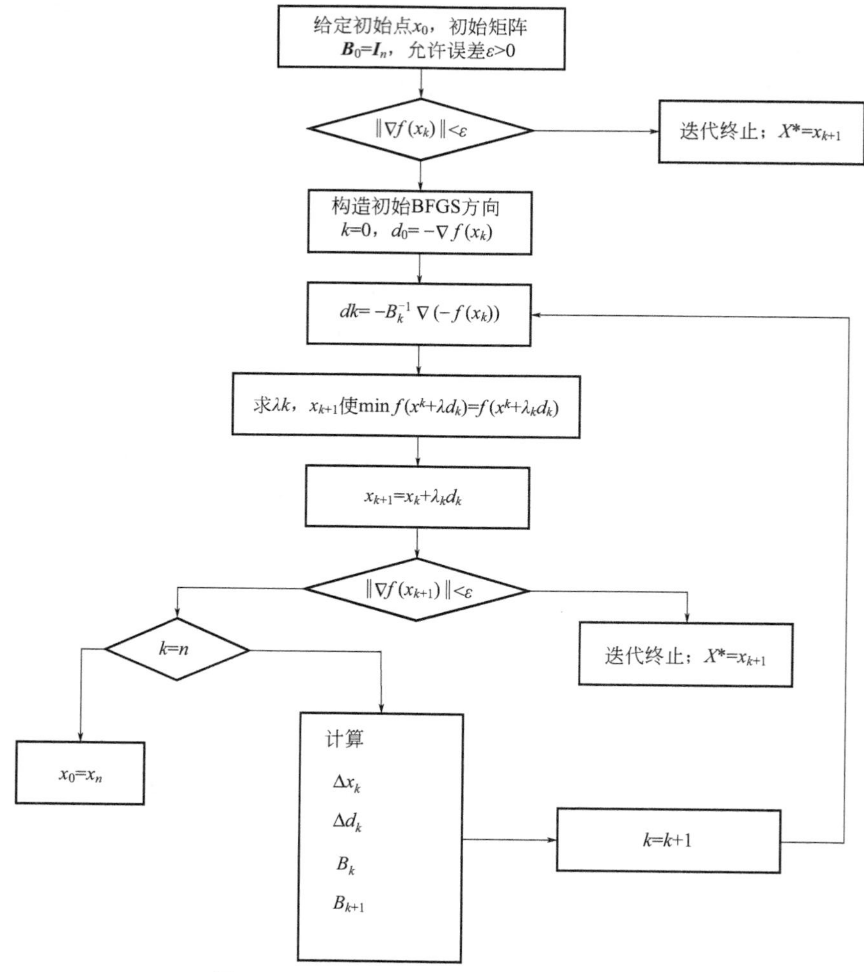

图 7-11 BFGS 法进行优化求解的基本流程

(3) 约束优化误差分析

约束驱动的特征模型优化可以得到特征在满足约束条件下与数据点的逼

近，因此优化结果分析主要包括逼近误差分析和约束误差分析。

特征与离散数据点间的逼近误差，可以通过分析数据点到特征的几何距离来评价。一般情况下，用点到特征的代数距离来替代几何距离。平均距离和最大距离是常用的评价指标。全部分块（分段）数据点与相应曲面（曲线段）之间的平均距离可以充分反映曲面（曲线）与数据点之间的逼近程度。点到特征的平均距离可进行逼近误差分析。

特征间几何关系可用来计算约束值，分析约束误差。对于直线与直线特征间平行约束、垂直约束及夹角约束，其误差评价可以通过对方向矢量计算夹角来获得。直线与圆弧相切、圆弧与圆弧相切的约束误差计算可以通过分别计算圆心点到直线的距离、两个圆心之间的距离，并将其与圆弧的半径比较来获得。平面与平面之间的平行、垂直和角度约束误差评价可以通过方向矢量计算夹角来获得。平面与圆柱面之间的垂直约束误差评价，可以通过对方向矢量与圆柱面的中心轴方向矢量计算夹角获得。

7.2.4 实例分析

对图 7-7(a) 中某车用刹车制动器壳体的部分激光扫描数据点云的复杂曲面对应的几何约束系统，以及基于图的几何约束分解结果（图 7-10），基于罚函数乘子法建立约束驱动特征模型优化的数学模型，以拟牛顿法中的 BFGS 法进行约束优化数值求解。对曲面特征 M、O、Q、R、T、V 几何约束子系统进行优化数值求解，分析优化前后的逼近误差和约束满足误差，如表 7-1、表 7-2 所示。

表 7-1 中详细列出了数据点云所对应的曲面特征类型，以及初始曲面和优化后的结果曲面与对应的数据点之间的逼近误差。表 7-2 中列出了各曲面特征间添加的几何约束类型及初始曲面和优化曲面间的约束满足误差。

表 7-1　曲面特征系数和逼近误差

曲面特征	优化前的参数	优化后的参数	初始拟合误差均值	优化拟合误差均值
M(平面)	−0.0002,−0.0027,−0.0075,1.0000	−0.0001,−0.0012,−0.0033,0.4467	0.0408	0.0082
O(平面)	0.0000,−0.0024,0.0015,1.0000	−0.0000,−0.0014,0.0005,0.5839	4.1811×10^{-4}	8.6115×10^{-4}
Q(平面)	−0.0004,−0.0031,−0.0092,1.0000	−0.0004,−0.0028,−0.0081,0.8983	0.0402	0.0326

续表

曲面特征	优化前的参数	优化后的参数	初始拟合误差均值	优化拟合误差均值
R(平面)	0.0000,−0.0024,0.0035,1.0000	−0.0000,0.0017,−0.0025,−0.7261	0.0106	0.0057
T(平面)	−0.0001,−0.0029,−0.0033,1.0000	0.0001,0.0006,0.0010,−0.1791	0.1766	0.0068
V(平面)	−0.0000,−0.0027,0.0012,1.0000	0.0000,−0.0031,0.0014,1.1572	3.9886×10^{-4}	6.2836×10^{-4}

表 7-2 曲面特征间的约束满足误差

约束曲面一	约束曲面二	约束类型	初始约束误差	优化约束误差
M(平面)	O(平面)	垂直	90.0003	90.0000
O(平面)	Q(平面)	垂直	90.0003	90.0000
Q(平面)	R(平面)	垂直	90.0014	89.9991
R(平面)	T(平面)	垂直	90.0003	90.0001
T(平面)	V(平面)	垂直	89.9998	90.0000

可以得出，初始曲面特征对数据点云的逼近程度和初始曲面特征间的约束满足程度都得到了优化。对比优化前后的约束满足误差和逼近误差，为了满足约束要求，优化后的曲面特征与数据点云的逼近误差部分有所放大，经过全局优化后，曲面特征间的约束误差大为减小，罚函数乘子法可以得到较好的结果曲面，优化后的结果较好，可以接受。

7.3 CAD 模型重建

在获得特征曲线和特征曲面的基础上，基于约束驱动进行特征模型优化，得到特征结构的优化拟合参数。由特征结构通过布尔运算重构被测物体的整体 CAD 模型，主要是基本的图形学运算。考虑到现有 CAD 软件有相应的功能，故没有做重复性的工作，而是将基于约束驱动的优化特征拟合参数导入 CAD 软件，如 UG，完成 CAD 模型重建。本节结合在某机械零件刹车壳体、某工艺玻璃瓶和某汽车覆盖件发动机罩三个实例，说明约束驱动特征模型优化重建的基本过程。

7.3.1 CAD模型重建的基本步骤

基于变量化的逆向工程CAD建模，首先从激光扫描线数据点云中提取出反映复杂曲面设计意图的特征信息，如特征点、特征线、特征面等；其次，基于约束驱动特征模型优化；最后，在通用CAD软件UG中完成模型重建。基本步骤如下。

① 用非接触式激光扫描仪LSH-800获得产品样件的数据点云。

② 数据点云预处理，去除数据点云中的脉冲噪声、随机噪声和冗余数据，获得质量较好的方便后续CAD模型重建的数据点云。

③ 激光扫描线数据点云的截面特征抽取，在曲线特征类型识别的基础上，以带有明显几何意义的参数进行截面特征的参数拟合。

④ 激光扫描线数据点云的曲面特征抽取，在曲面特征类型识别的基础上，以带有明显几何意义的参数进行曲面特征的参数拟合。

⑤ 基于约束驱动的特征模型优化。在约束加权有向图表示和DSM表示的基础上，进行几何约束系统的分解。对分解的子系统建立优化数学模型，进行优化数值求解。

⑥ 在UG中构建CAD模型。通过特征结构间的布尔运算重构被测产品样件的整体CAD模型。

7.3.2 实例分析

(1) 复合曲面的逆向工程CAD建模

实际产品中，产品外形是由多个子曲面经过渡、拼接和剪裁等形成的复合曲面。复合曲面中的特征曲面有平面、圆柱面等规则曲面特征和过渡曲面特征，特征间常有平行、垂直、切矢或曲率连续等约束。

以某刹车壳体部分数据点云为例，研究复合曲面的逆向工程CAD建模。图7-12所示为某车用刹车制动器壳体的部分激光扫描数据点云，数据点个数为97528，包围盒大小为61.648mm×121.003mm×51.726mm。

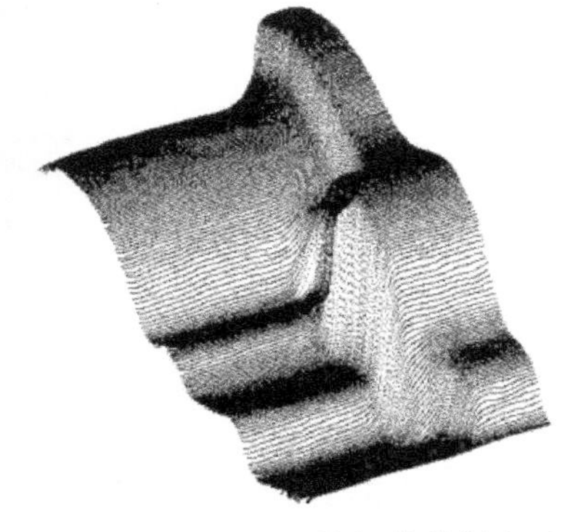

图7-12 某刹车壳体部分数据点云

在对图7-12所示的刹车壳体激光扫描线数据点云预处理的基础上，进行基于多尺度分析的截面特征分割。然后基于截面轮廓的相似性度量，实现曲面特征的初步分割。对分割获得的曲面特征，进行曲面特征类型识别，基于曲面类型实现特征的集成，获得曲面特征的精确分割，见图 7-13。

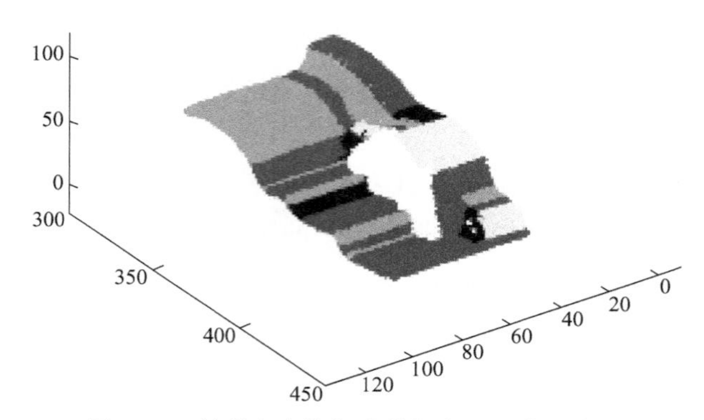

图 7-13　某刹车壳体部分数据点云的曲面特征

对精确特征分割的曲面特征进行特征类型的识别，由曲面特征类型可知，曲面特征组成为基本曲面（平面、圆柱面）和过渡曲面（等半径过渡曲面）。基于曲面的特征类型，进行曲面特征参数拟合作为约束驱动特征模型优化的初值。建立组合曲面系统的几何约束图表示和 DSM 表示，基于多尺度特征的凝聚算法实现组合曲面系统的几何约束分解。对组合曲面系统约束分解的子系统，采用数值求解方法进行约束驱动特征模型优化。依据约束优化结果，在 UG 中完成 CAD 模型重建，最终模型如图 7-14 所示。

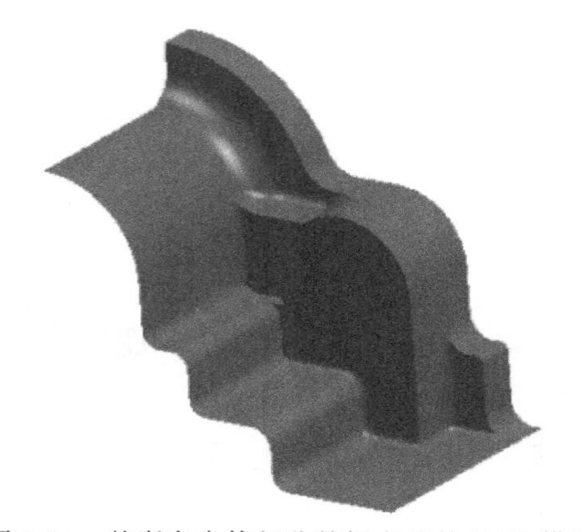

图 7-14　某刹车壳体部分数据点云的 CAD 模型

(2) 自由曲面造型特征的逆向工程 CAD 建模

自由曲面造型特征是目前产品设计中常用的设计方法，常见的自由曲面造型特征有拉伸、旋转和蒙皮等。以某工艺玻璃瓶为例，说明自由曲面造型特征的逆向工程 CAD 建模。

图 7-15(a) 所示为某工艺玻璃瓶激光扫描线数据点云，数据点云个数 160030，包围盒大小为 61.648mm×121.003mm×51.726mm。

(a) 某工艺玻璃瓶激光扫描数据点云

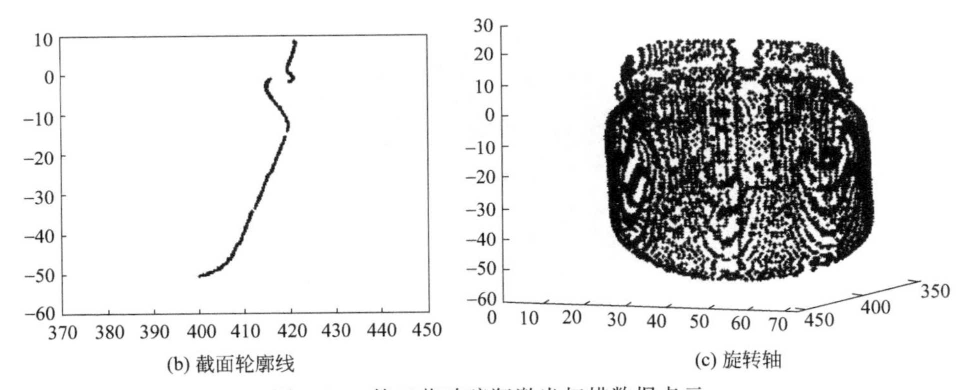

(b) 截面轮廓线 (c) 旋转轴

图 7-15 某工艺玻璃瓶激光扫描数据点云

对图 7-15(a) 所示数据点云，进行自由曲面造型特征中特征曲线（截面轮廓线和旋转轴）的提取，见图 7-15(b)、图 7-15(c)。对截面特征线进行基于多尺度分析的截面特征分割与特征类型的识别，由曲线特征类型可知，特征组成为基本曲线（直线、圆弧）和过渡曲线（圆弧）。基于曲线的特征类型，进行曲线特征参数拟合作为约束驱动特征模型优化的初值。建立特征线的几何约束图表示和 DSM 表示，基于多尺度特征的凝聚算法实现几何约束分解。对约束分解的子系统采用数值求解方法进行约束驱动特征模型优化。依据约束优化结果，在 UG 中完成 CAD 模型重建，最终模型如图 7-16 所示。

(3) 复杂曲面的逆向工程 CAD 建模

汽车覆盖件具有尺寸大、形状复杂、材料厚度相对较小等特点，从外形上来看，属于形状复杂的三维空间曲面，轮廓带有局部形状特征，不能用简单的几何方程式来描述其空间曲面。以发动机罩为例来说明复杂曲面逆向工程CAD建模的基本过程。

图7-16　某工艺玻璃瓶激光扫描数据点云的CAD模型

图7-17所示为某汽车模型发动机罩（1∶18）激光扫描线数据点云，数据点云个数48234，包围盒大小为61.648mm×121.003mm×51.726mm。

在对图7-17所示数据点云预处理的基础上，进行基于截面相似性度量的曲面特征分割，对分割获得的曲面特征进行特征类型识别，特征组成为基本曲面特征（自由曲面）和过渡曲面特征（自由曲面），属于蒙皮曲面造型特征。对蒙皮曲面特征采用切片算法提取特征曲线。以反求的特征线的控制顶点，在UG中完成CAD模型重建，最终模型如图7-18所示。

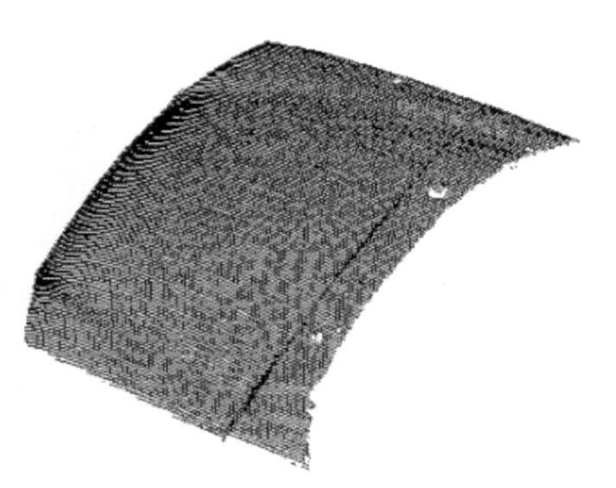

图7-17　发动机罩的激光扫描数据点云

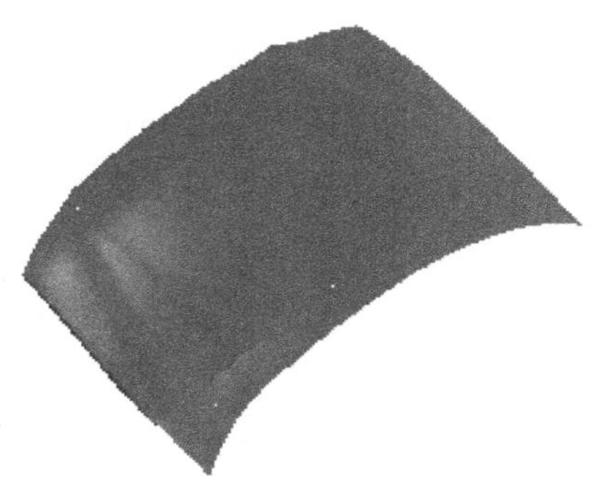

图7-18　发动机罩激光扫描数据点云的CAD模型

第8章

面向智能制造的逆向工程应用

逆向工程是把产品实物样件转变为CAD模型相关的数字化、几何模型重建和产品制造等技术的总称。本章主要介绍面向智能制造的逆向工程应用，主要包括逆向工程在创新设计中的应用、逆向工程在数控加工中的应用、逆向工程在3D打印中的应用及逆向工程在再制造中的应用。

8.1 逆向工程在创新设计中的应用

8.1.1 基于形态特征的逆向创新设计

逆向工程不仅仅是为了重构产品实物样件的CAD模型，其根本的目的是为了产品的创新。本质上，逆向创新设计是逆向工程的最终目标。特征是表达产品模型的基本单元和形状，包含了丰富的与工程语义相关的功能、结构属性信息。蔡闯等人提出了包含功能与结构信息的形态特征（morphological feature，MF）的概念。形态特征集合了包含工程语义的几何形态要素、功能（function）和各种属性（attribute）。考虑到产品的功能决定了其外形和结构，外形和结构又服务于产品的功能。因此，从功能拓展以及属性的不同类型的角度，从特征的形状、数量、尺寸几个方面进行产品的再设计，为后续的创新设计提供了多种可能。

基于形态特征的逆向创新设计方法的基本过程包括：首先，通过快速获取实物样件的数据点云，进行点云预处理，封装得到特征更为明显的多边形网格模型；其次，根据模型的特点，从功能和结构的角度将模型分解成不同的形态特征，确定功能、结构及形态特征间的关系，即各个形态特征中所包含的功能和结构属性；再次，从结构属性出发，以二维形态元素直线、圆弧、B样条曲线为基础，对于包含复杂自由曲面的不规则特征，采用基于曲面特征的逆向建模方法，对于规则特征的重构，采用基于实体特征的逆向建模方法，重构各个形态特征的模型，得到整体结构的CAD模型；最后，在满足一定功能要求的前提下，从形态特征中包含的形状、数量、尺寸等属性出发，对定性和定量相结合表示的功能参数进行编辑优化，得到新的形态特征，形成新的产品，实现产品创新设计。

8.1.2 应用实例

(1) 齿轮的创新设计

齿轮是轮缘上有齿能连续啮合传递运动和动力的机械元件，广泛应用于传动系统。根据功能分析的原理，从产品的形态特征出发，分解齿轮中各个形态特征具有的功能和结构属性，如图 8-1、图 8-2 所示。齿轮的形态特征包含 3 部分：1、2、3。分析形态特征的功能属性：传动 1、支撑 2、定位 3。结构属性：齿形 1、轮辐 2、中心孔 3。从而确定功能和结构属性间的关系。

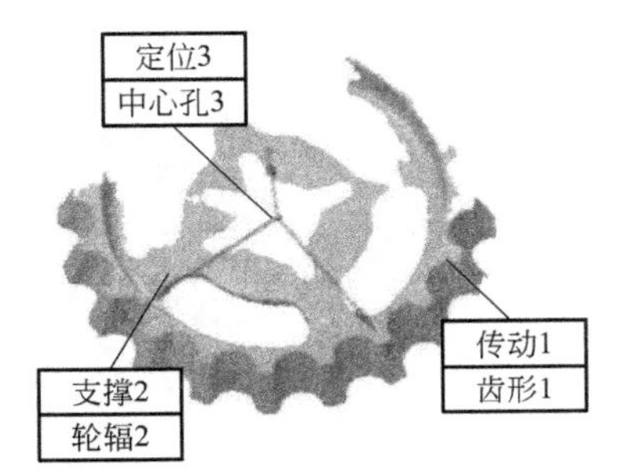

图 8-1　齿轮功能结构分析图

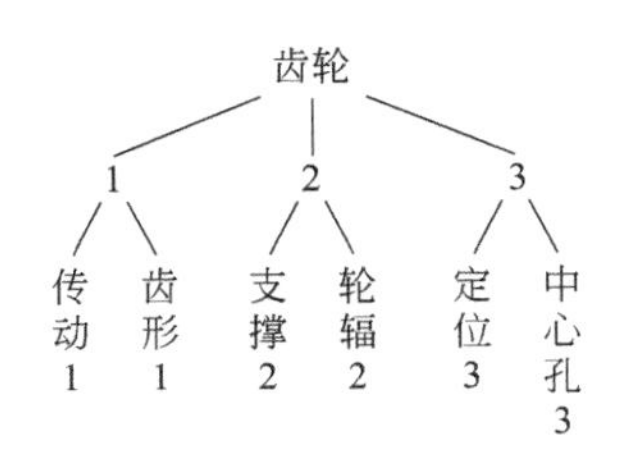

图 8-2　齿轮形态特征的功能结构分解图

齿轮为直齿圆锥齿轮，从二维基元直线、圆弧、B 样条曲线出发，得到特征的截面轮廓线，再设计出新的轮廓线（即二维草图），拉伸新的轮廓线形成截面构造特征，最后对各个特征进行布尔运算，重构齿轮的 CAD 模型。

首先，把整个齿轮当作一个圆锥体，选择牙形的侧面作为圆锥体的侧面，拟合出整个齿轮的圆锥体，如图 8-3 所示；其次形态特征齿形 1 是圆锥体去掉多个圆柱体形成的，提取圆柱体 a 的截面圆，拉伸生成圆柱体，通过阵列功能得到的模型如图 8-4 所示；然后形态特征中心孔 3 是去掉中心圆柱体形成的，提取出中心圆柱体的截面圆，拉伸得到中心圆柱体，对重构出的圆锥体、圆柱体 a、中心圆柱体进行布尔运算，得到齿轮实体模型如图 8-5 所示。

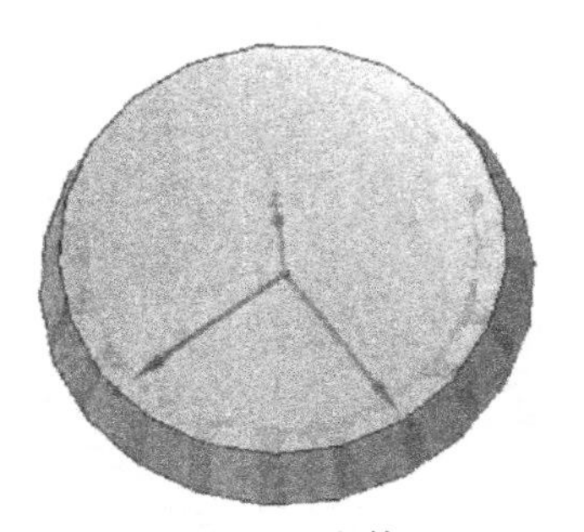

图 8-3　实体

由于形态特征轮辐 2 的功能是支撑作用且为不规则的孔，无法直接拟合特征截面轮廓线。在功能分析原理中，这种称为辅助功能，可以对辅助功能进行再设计，从而达到创新设计的目的。通过截面模式，用一个平行于中心圆柱体上端面的面来截取轮辐 2，获取其截面轮廓线的几何原形，并对截取的轮廓线几何原形在二维草图模式下进行修改再设计，重新设置各个尺寸参数，如图 8-6(a) 所示，或改变形状参数，设计新的轮辐 2 的截面轮廓线，如图 8-6(b) 所示。对再设计的轮辐 2 截面拉伸得到实体并进行阵列操作，也可以改变形态特征的数量，进行布尔运算得到建模结果，如图 8-7 所示。

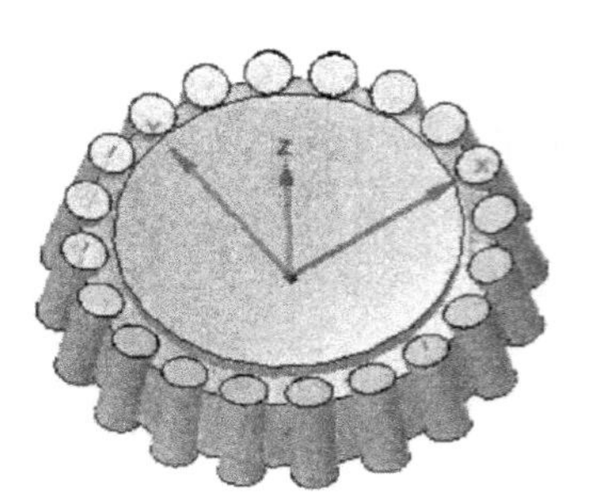

图 8-4 特征实体

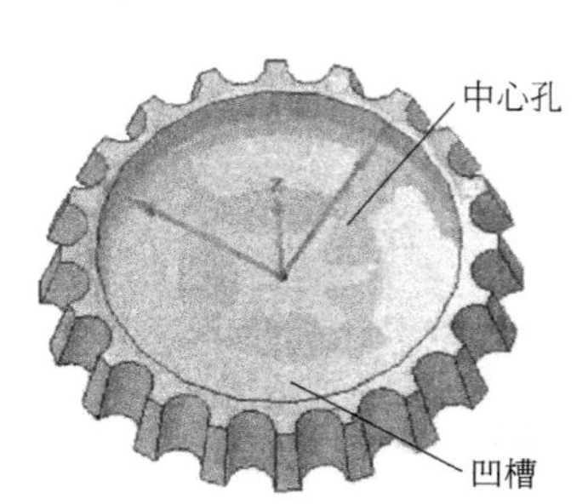

图 8-5 齿轮实体模型

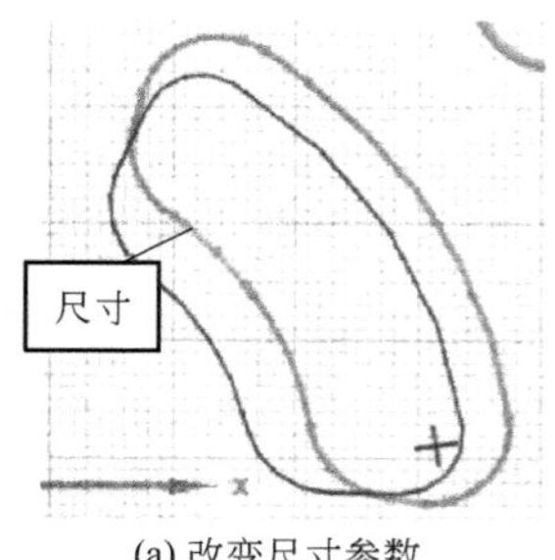

(a) 改变尺寸参数

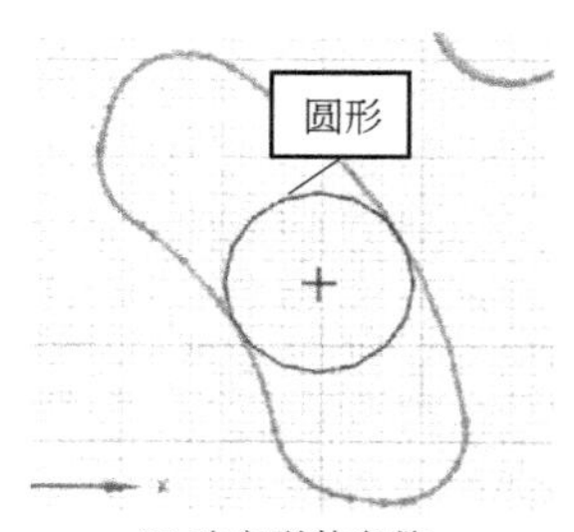

(b) 改变形状参数

图 8-6 轮辐截面创新设计

(a) 原始实体模型

(b) 改变尺寸参数后的实体模型

(c) 改变形状后的实体模型

图 8-7 齿轮模型逆向及创新设计

(2) 叶轮创新设计

叶轮指轮盘与安装在轮盘上的转动叶片的总称，是汽轮机转子的组成部分。叶轮特征可以分解为：叶轮上层、中间叶片、叶轮下层。其中，叶轮上层结构有4条轮辐、4个销钉和中间轴套，功能为连接轴套与中间轴，并固定叶片；中间叶片为规则截面拉伸而成，结构为弧形面，功能为驱动空气；叶轮下层结构为环形，功能为固定叶片。

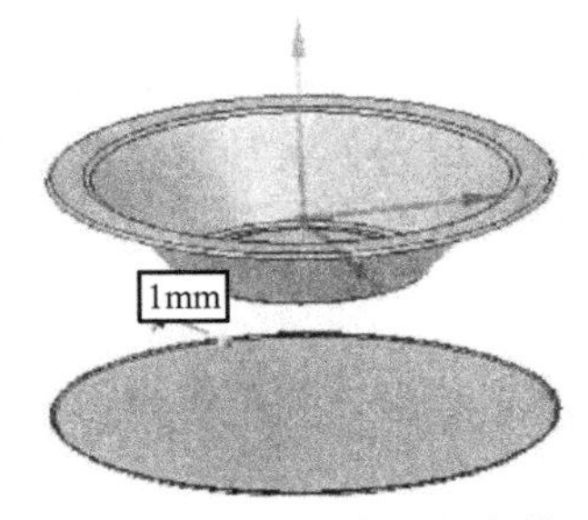

图 8-8 叶轮抽壳后的实体

叶轮整个外轮廓可以看作一个旋转体，选择截面截取叶轮的轴向轮廓。对截取的轮廓线进行编辑，得到截面，绕中间轴旋转截面得到叶轮的轮廓实体。实体模型进行“抽壳”操作，参数化编辑壳厚为1mm，得到叶轮上层和叶轮下层的实体初步模型，如图8-8所示。

叶轮上层的中心轴套由4个销钉固定，轴套端口呈阶梯状，有一个沿中心轴径向的销孔。用垂直于中心孔轴的平面截取阶梯圆柱的横截面，取整圆形截面的直径，通过拉伸得到阶梯形圆柱实体。对销钉直径取整后为8mm，拉伸得到销钉实体，绕中心轴圆形阵列成4个销钉实体。重构中心轴套，如图8-9所示。

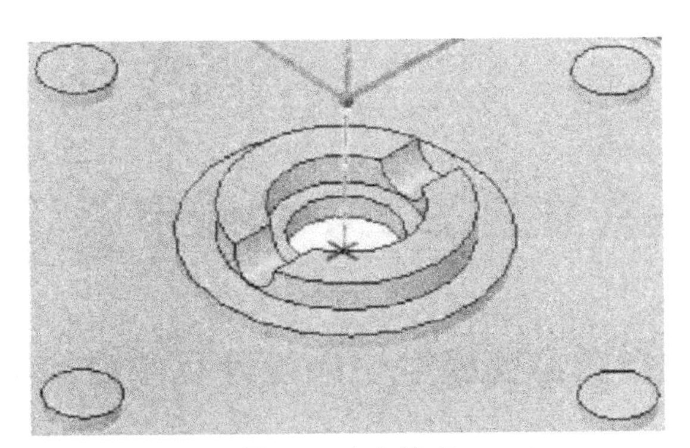
图 8-9 中心轴套

叶轮下层结构可看作是圆环结构的形态特征，功能特征主要是固定叶片，结构特征是叶片与叶轮下层铆接。中心轴为圆心，拟合出叶轮下层的内径和外径圆面，拉伸得到实体模型，经过布尔运算，去除中心圆得到叶轮上层和叶轮下层的初步实体模型。

叶轮叶片为规则拉伸体，选择合适的平面截取叶片的横截面，拉伸得到单个叶片的实体模型，如图 8-10 所示。通过阵列重构出 60 个叶轮叶片实体模型。

对叶轮上层的轮辐条间镂空形状进行逆向创新设计，改善叶轮的通风性和静音效果。选择平面截取出镂空的轮廓线，从改变通气量性能，提高静音效果的需求出发，从形状、数量和尺寸方面进行再设计。在截面的二维草图上对镂空进行参数化的编辑，编辑出新的镂空的轮廓线，拉伸新的截面轮廓线得到形态特征的实体模型，与叶轮上层进行布尔运算，得到新的叶轮上层实体模型。创新设计出的实体模型如图 8-11 所示。

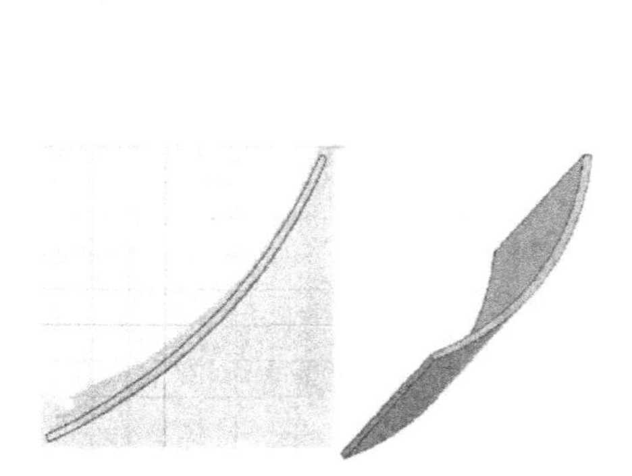

图 8-10　单个叶片的实体模型

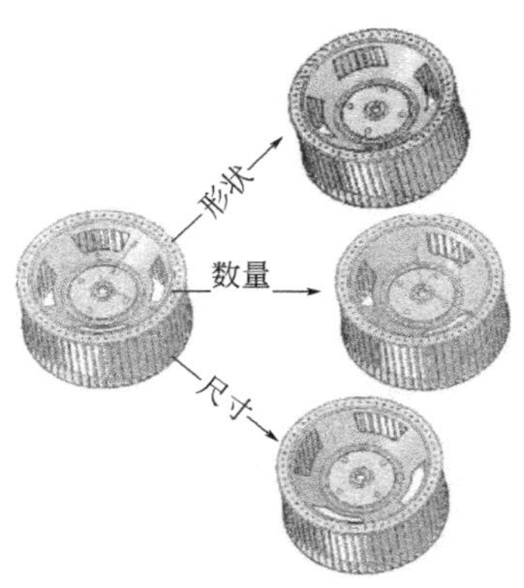

图 8-11　创新设计出的实体模型

8.2 逆向工程在数控加工中的应用

8.2.1 复杂自由曲面模型逆向设计及数控加工

(1) 产品逆向建模及再设计

复杂曲面组成的工艺品如图 8-12 所示。采用柯尼卡美能达非接触式三维激光扫描仪 RANGE5 及其扫描软件 RANGE VIEWER 对模型进行 3D 扫描，获取样品点云数据，如图 8-13 所示。该扫描仪采用斜射式三角法测量原理，扫描精度达到微米级。由于存在旋转台面等一些不需要的模型，每次扫描后都会有不需要的点云。在 RANGE VIEWER 里，进入点云编辑模块，交互式选择并删除不需要的点云数据。由于工艺品模型需要多次扫描才能完成，点云对齐是影响 3D 扫描精度的重要因素。采用 ICP 算法进行数据点云的拼合，通过在一个数据点集中寻找另一个点集中点的最近点，采用刚体平移旋转变换建立点集的对应关系，实现数据点云的匹配。

图 8-12 复杂曲面组成的工艺品

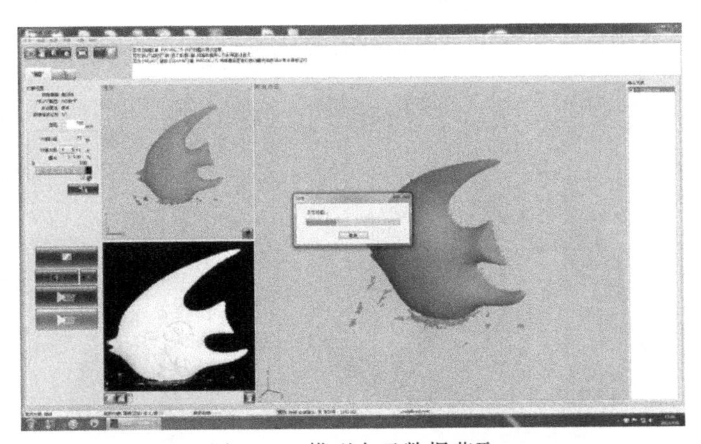

图 8-13 模型点云数据获取

将点云数据导入逆向工程软件 Geomagic Studio 重建工艺品 CAD 模型，其完整流程包含：曲面重建的点阶段、三角网格（封装）阶段、多边形阶段、曲面阶段。

① 曲面重建的点阶段。将点云数据导入 Geomagic Studio 后，点击“点阶段”命令进入点阶段，编辑点云数据。所采集的点云不可避免地含有杂点，可以执行“减少噪音”命令删除体外孤立的点。一般情况下，原始点云数据很大，为了提高效率，还需要对点云数据重新采样。Geomagic Studio 软件提供

了四种采样模式：曲率采样、统一采样、等距采样和随机采样。

② 三角网格（封装）阶段。由于存在多余、错误或表达不准确的点，因此要对这些点构成的三角形编辑处理。“清除”“删除钉状物”等命令可以使模型表面更加光滑。“简化”命令可减少三角形数目，“细化”命令可增加3到4倍的三角形数目。对于曲率变化较小的孔，可以通过“填充孔”命令对其填充。有凹凸的区域，可以用“砂纸”命令进行打磨。

③ 多边形阶段。构造四边形边界曲线划分模型。四边形边界的构建要尽量均匀，避免出现尖角。“创建/修改曲线”“投影曲线”“曲线转为边界”等命令都是常用的构造边界曲线的命令。针对大面到小面的延伸，导致大量的网格线汇聚于小面处的问题，可以分割模型，分开建模，再拼接在一起，避免大量的网格聚集在小面夹角处。

④ 曲面阶段。构建好四边形划分边界，执行“修复相交区域”，提示没有相交三角形后，点击“曲面阶段”按钮，选择塑形阶段，进入构造曲面阶段，得到产品的NURBS曲面模型。“升级/约束”的目的是把探测曲率得到的边界线降级为网格线，通过“构造曲面片”命令后，自动生成四边形网格，再用“移动面板”对网格编辑调整，调整后的网格如图8-14所示。

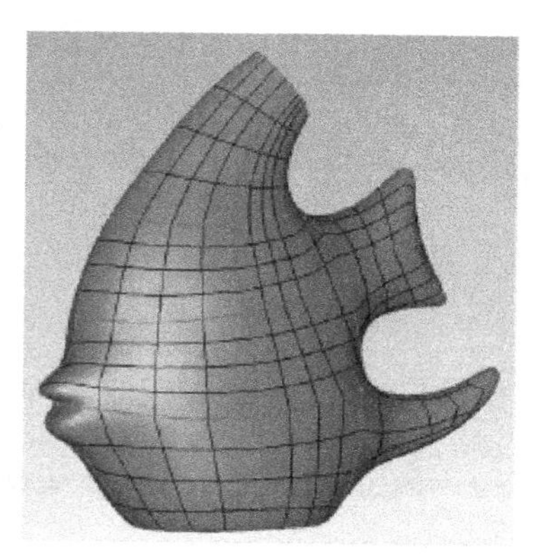

图8-14　模型分割建模与网格划分

为了对Geomagic Studio建立的模型再次设计和加工，将曲面模型另存为IGES格式的文件，将其导入到CAD建模软件UG。打开UG软件的“缝合”命令，将曲面全部缝合，这样曲面模型就转换成了实体模型，如图8-15(a) 所示。由于该模型为陶瓷工艺品，制作和烧结工艺使得模型不是完全对称的产品。为了使模型适合批量化生产，对模型进行了必要的修改和再设计，设计后模型如图8-15(b) 所示。

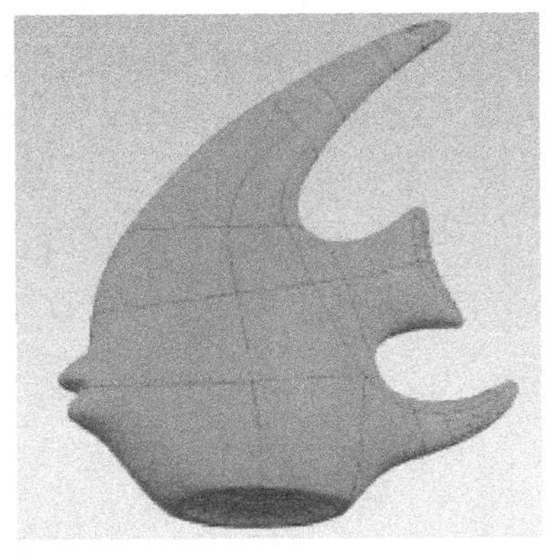
(a) 实体模型

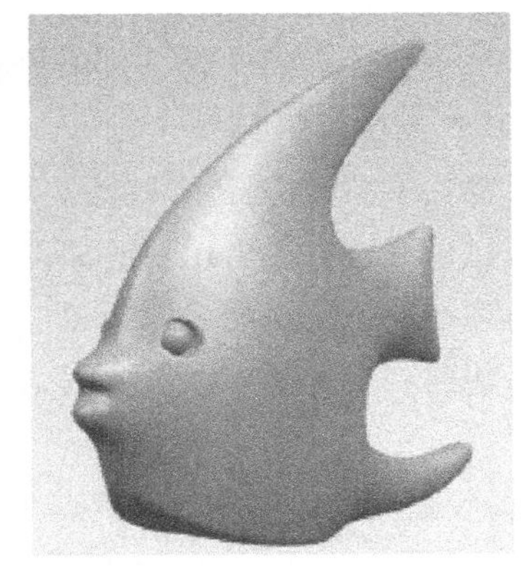
(b) 再设计

图 8-15 实体模型及再设计

(2) 产品模型的数控加工

UG 加工模块能完成数控车床和数控多轴铣、数控电火花的计算机辅助数控编程。采用 UG 加工模块中的 CAVITY _ MILL（型腔铣）、REST _ MILLING（剩余铣）、CONTOUR _ AREA（曲面轮廓铣）来加工模型。

CAVITY _ MILL（型腔铣）：型腔铣用于去除毛坯及部件所定义的一定量的材料，带有许多平面切削模式，常用于粗加工。它根据型腔或型芯的形状，将要切除的部位在深度方向上分成多个切削层进行切削，型腔铣可用于加工侧壁与底面不垂直的部位。

REST _ MILLING（剩余铣）：它主要用于型芯、型腔零件粗加工后的二次开粗（半精加工），可以加工粗直径刀具加工留下的死角，拐角深沟处。

CONTOUR _ AREA（曲面轮廓铣）：该加工方法有区域铣削驱动，用于以各种切削模式切削选定的面或切削区域。常用于半精加工和精加工。在 UG8.0 中，编制加工方案，如表 8-1 所示。

表 8-1 模型加工方案

	粗加工	半精加工	精加工
剩余量	0.5mm	0.2mm	0.0mm
型腔铣刀具	D10R0	D4R0	D4R0
剩余铣刀具	D4R0		D4R1
切削深度	2mm	0.5mm	0.1mm

UG 加工生成的刀具轨迹不能直接传输到机床上进行加工。刀轨数据需要

经过后处理，变成适应特定机床及其控制系统要求的、能够被识别的代码。打开 UG 的加工后处理器，建立机床的后处理器文件。选择 3 轴铣加工，单位为 mm。修改机床行程限制、进给率、程序开始结束符号、G 代码、M 代码及其他设置。输出文件扩展名修改为 NC，然后保存后处理器文件。在“加工方法”导航栏里面右键单击生成的加工方法，选择“后处理”选项，打开后处理对话框，选择自己编辑的后处理器，就可以生成适合机床加工的数控代码了。粗加工和精加工后的模型如图 8-16 所示。

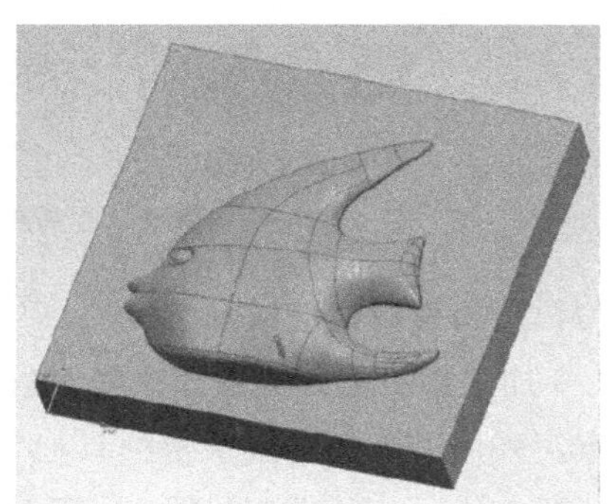

图 8-16　粗加工与精加工后的模型

3D 动态刀路模拟完后，用分析工具检查加工后的过切与过剩量，均在 0.1mm 以下，达到该工艺品的制造要求。

8.2.2　机器人腕关节模型重构及数控加工

“十三五”规划期间，我国的产业政策继续支持精密装备制造、重工业产业的创新改造升级，加速我国从制造业大国向制造业强国转变。机器人产业将会遍布诸多行业，代替大量人工，大大提高生产效率，降低生产成本。目前我国已经是全世界第一大工业机器人产销国。腕关节是工业机器人最主要的零部件之一，腕关节零部件质量的好坏不仅影响自身的使用寿命，而且还会影响工业机器人的正常工作。采用“零部件样品—产品的逆向扫描—CAD 模型重构—产品制造”的开发模式，对腕关节零部件新产品的开发和再设计，显得尤为重要。

(1) 机器人腕关节模型重构及再设计

采用瑞康扫描仪完成机器人腕关节零件点云数据的采集，在镜头校准、系统标定的基础上，考虑到零件材质为合金钢且外表喷涂油漆材质，光滑处可能会反射光线，影响正常的扫描效果，采用喷涂一层显像剂的方式进行扫描获得点云数据。由于关节零件整体结构是一个对称模型，使用辅助转盘对其进行多角度拼接扫描。在平坦面或者曲率变化不大的曲面上，粘贴标识点，以方便扫描完成后对获取的点云数据依据标记点进行校准。通过扫描仪自带软件 Flex Scan 3D Scanner 软件，设定扫描参数，选择扫描数据的格式，得到腕关节零件的点云数据，如图 8-17(a) 所示。将扫描的腕关节零件的点云数据，采用 Geomagic Wrap 软件进行杂点去除、数据拼接、异常点处理、点云数据精简，结果如图 8-17(b) 所示。腕关节点云数据封装如图 8-17(c) 所示。

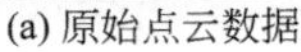
(a) 原始点云数据

(b) 精简后的点云数据

(c) 封装后的点云数据

图 8-17 机器人腕关节零件点云数据

采用 Geomagic Wrap 软件，在数据填补、模型光顺、边界锐化的基础上，通过探测轮廓线、编辑轮廓线、构建曲面片、修理曲面片、移动、编辑曲面片、构造格栅、拟合曲面等造型步骤，重建机器人腕关节零件的曲面 CAD 模型，如图 8-18(a) 所示。利用“偏差”命令，分析重建曲面与点云数据的最大偏差、平均距离、标准偏差等参数，如果参数偏差数值均满足要求，则曲面拟合成功。将重建的机器人腕关节零件的 CAD 模型导入 UG 中，完成孔特征创建，如图 8-18(b) 所示。

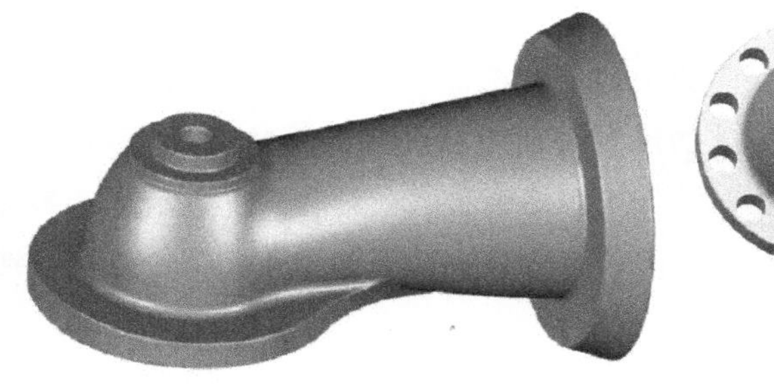
(a) 曲面模型

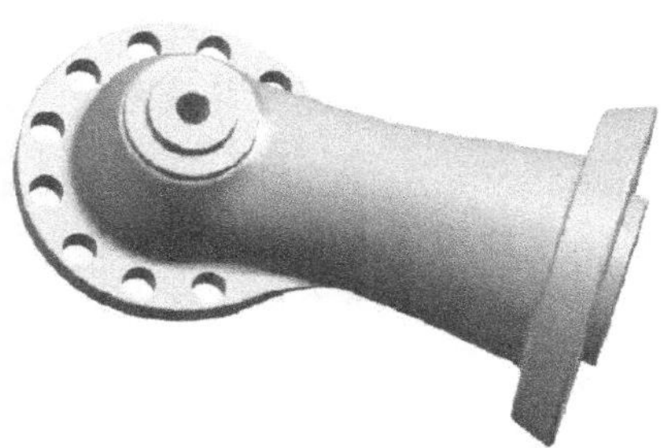
(b) 孔特征创建模型

图 8-18 重建机器人腕关节零件模型

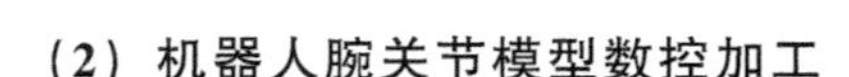

(2) 机器人腕关节模型数控加工

腕关节零部件主身面由复杂曲面构成，曲面连接处有圆弧过渡，与工业机器人的其他零部件连接处有螺纹过孔和螺纹孔。这类具有复杂曲面的零件难以用某几个具体的尺寸数据去描述，故运用普通的机械加工设备无法完成加工。根据腕关节数控加工工艺方案和设定的切削参数，采用自动编程软件 Powermill 加上四轴加工中心实现腕关节的加工制造。

对于腕关节圆柱形底部凸台，以底部圆形凸台上表面圆心为坐标系原点建立腕关节圆柱形底部的坐标系，选择毛坯的类型为圆柱。建立 D16 的立铣刀，设置刀具底直径、长度等参数。选择模型区域清除加工策略进行粗加工，设置合理的切削参数行距、切削深度、加工余量等，计算生成圆形凸台开粗的刀具路径。建立相对应的精加工刀具，选择合理的精加工策略，设置合理的切削参数，计算腕关节圆台底部平面的精加工、侧壁精加工、钻中心孔、钻孔、铰孔加工的刀具路径。

对于腕关节主身曲面，首先采用模型区域清除铣削进行主身面粗加工，使加工后的坯料更加接近零件本身，为半精加工和精加工留有均匀的余料。因为粗加工要去除大量材料，加工时产生大量的热量，刀具易磨损，所以加工时间尽可能地要短。选用合金立铣刀，设置直径、刀长等参数。考虑到后续使用球头铣刀做精加工，让出球头铣刀的空位补偿，设定“限界”下限、切削深度、加工余量、主轴转速、进给量等参数，计算粗加工的刀具路径。采用模型区域清除进行主身面二次开粗。选用牛鼻刀，设置刀刃数、直径去除凹圆角处的一次开粗未清除的残料，避免过切现象。设置走刀方向、侧向步距、切削余量、进给速度、主轴转速等参数，计算主身面二次开粗的刀具路径。

采用平行精加工方法进行半精加工，使零件外形较规整、零件表面的余量更加均匀。选择球头刀、设置直径、切削角度、余量、进给速度、主轴转速等参数，计算半精加工的刀具路径。为了加工出符合零件图纸设计要求、保证尺寸公差和形位公差、符合加工工艺的满足表面粗糙度和曲面精度的合格零件，精加工中选用球头铣刀，设置直径、加工表面余量、主轴转速、进给速度等参数，计算精加工的刀具路径。孔加工的主要内容有钻平面过孔、钻中心孔、钻孔、铰孔。

对零件局部沟槽进行清角加工，清除精加工过程中因刀具半径过大在零件表面凹面处未能加工到的残料。采用多笔清角精加工策略，选用 R2 球头刀，以高转速、低进给、小吃刀的原则设置残留、高度、主轴转速、进给速度，计算清角加工的刀具路径。

选中刀具路径所有的正面程序文件夹里面的程序单击右键弹出的对话框，产生独立的NC程序，如图8-19所示。

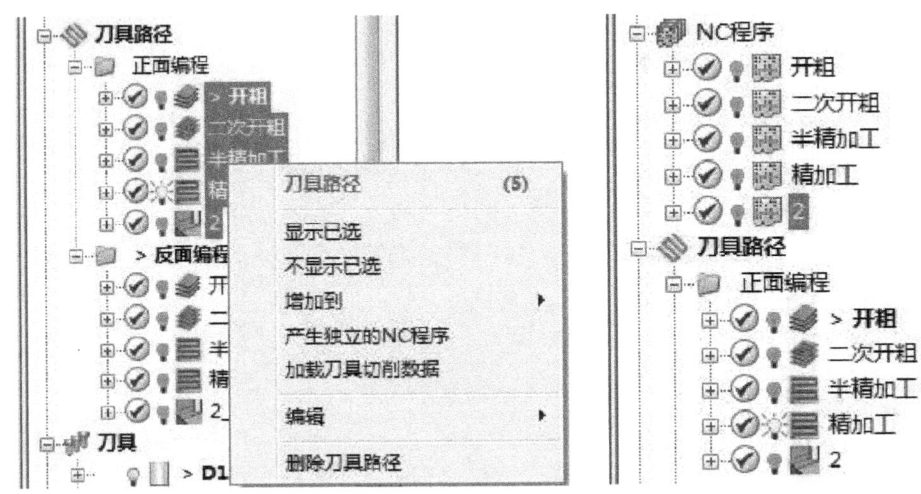

图8-19　后置处理及生成NC程序对话框

部分程序代码如下所示：

```
%
O0001
N10 G91 G28 X0 Y0 Z0
N20 G40 G17 G80 G49
N30 G0 G90 Z50
N40 T1 M6
N50 G54 G90
N60 (刀具路径名称:开粗)
N70 (输出:)
N80 (单位:mm)
N90 (刀具坐标:刀尖)
N100 (刀具编号:1)
N110 (刀具 ID:D12)
N120 (冷却:标准)
N130 (标距长度:60.0)
N140 (毛坯:)
```

```
N150 (最小 X:－77.700)
N160 (最小 Y:－43.810)
N170 (最小 Z:－49.499)
N180 (最大 X:77.700)
N190 (最大 Y:43.810)
N200 (最大 Z:0.000)
N210 (坐标系:激活用户坐标系)
N220 (开始点一刀尖:)
N230 (X:－84.030)
N240 (Y:－6.171)
N250 (Z:50.000)
N260 (槽数:2)
N270 (刀具:端铣刀)
N280 (直径:12.000)
……
N3250 G0 Z50
N3260 M9
N3270 G91 G28 Z0
N3280 G49 H0
N3290 G28 X0 Y0
N3300 M30
```

选择大连机床集团型号为 XD-40D 的四轴加工中心，毛坯规格：尺寸 ϕ80mm×130mm，铝合金 6061 材质。经过粗加工、二次开粗、半精加工、精加工、清角加工等步骤，加工的腕关节零件如图 8-20 所示。

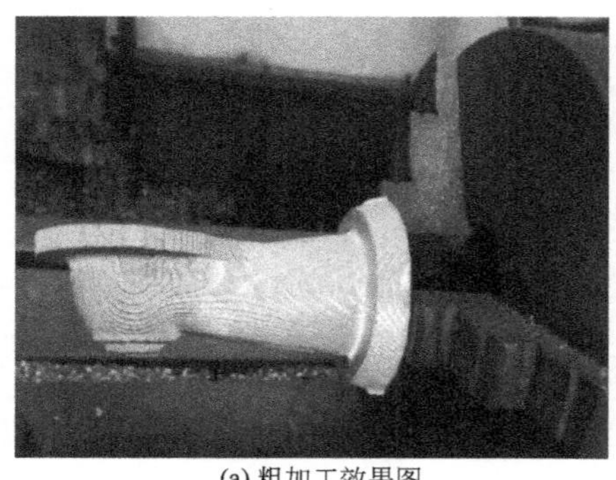

(a) 粗加工效果图

(b) 精加工效果图

图 8-20 机器人腕关节零件加工效果图

8.3 逆向工程在 3D 打印中的应用

8.3.1 FDM 式 3D 打印机

FDM 式 3D 打印机主要由机械结构和控制系统两大部分组成，打印过程需要二者相互配合、协同工作来完成。一台完整的 3D 打印机包括工作平台、送丝机构、挤出机构、动力装置、完成打印所需的固件和控制系统等部分。在产品打印过程中，工作平台为产品生成提供打印场所，送丝机构负责运送丝材，挤出机构负责加热使丝材融化为熔融态并为丝材挤出提供动力，步进电机提供动力来源，控制系统负责扫描路径。FDM 式 3D 打印机的打印过程中，工件的整体通过逐层黏合打印来完成，工作原理图如图 8-21 所示。

FDM 产品成型是材料层层叠加制造的过程，送丝机构输送丝材到挤出机构，丝材在加热腔内受热后变成熔融态并输送到喷嘴中，喷嘴在外界的控制系统的控制下执行二维平面的路径打印，每完成一个平面的打印，喷头沿 z 方向移动一个打印层的距离再对下一平面进行打印，最终实现三维立体结构的打印。此过程主要包含四个技术步骤：零件三维模型的建立、设计三维模型、零件转变成 STL 文件并进行切片处理、后续加工处理，流程图如图 8-22 所示。

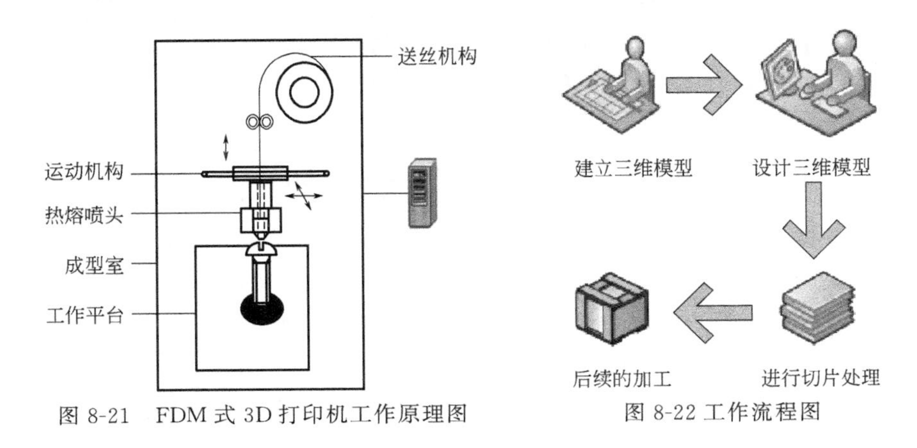

图 8-21 FDM 式 3D 打印机工作原理图

图 8-22 工作流程图

基于 FDM 技术的 3D 打印机具有如下优势：

① 对环境要求低，安全环保，无须在专门的实验室环境中操作；

② 打印材料易于生产，造价低，运输方便快捷，利用率高；

③ 可轻松完成结构复杂、传统加工工艺难以实现的产品（例如变厚度、内腔复杂的产品）的制造；

④ 大幅降低了产品加工时间，提高了产品开发效率。

8.3.2 复杂曲面优化设计及3D打印

(1) 汽车后视镜模型重构

汽车后视镜是驾驶员坐在驾驶室座位上直接获取汽车后方、侧方和下方等外部信息的工具。作为突出于车身表面的部分，汽车后视镜不仅要具备较高的抗挤压、碰撞能力，又要考虑其造型对气动噪声的影响。由于汽车行驶速度不断提高，外后视镜的外形轮廓要符合空气动力学，用圆滑的线条尽量减少风阻及风噪。某品牌汽车的后视镜壳实物如图8-23所示，无法通过一般测量方法得到它的设计参数。镜壳一般通过模具注塑成型来实现批量生产，其制造和使用为一般的、不精密的要求。

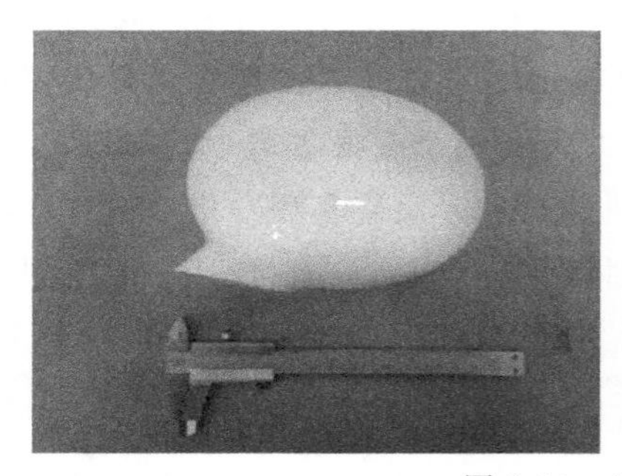
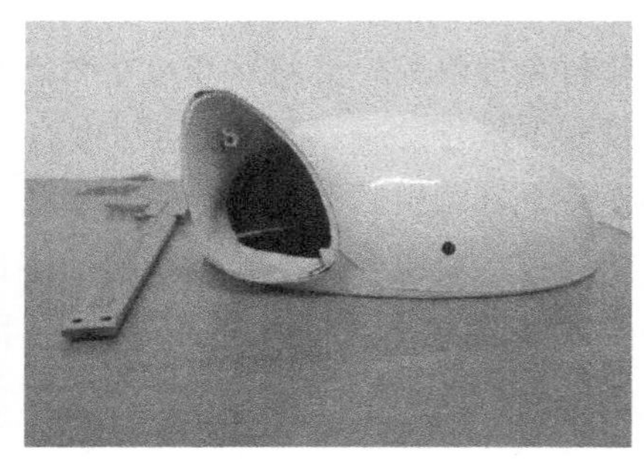

图8-23 汽车后视镜壳

汽车后视镜壳模型主要由手柄和椭圆形大面两部分构成，两部分之间由倒圆角相连接，模型为等壁厚。借助ATOSⅡ型激光扫描仪，采用线扫描方式、自下而上完成汽车后视镜点云线数据的采集过程。以选定基准点为基础，采用基于ICP的点云拼接技术实现点云数据自动拼接。采集的点云数据如图8-24所示，测量点距为0.02～0.079mm，测量精度为0.005mm。在滤波去噪的基础上，将后视镜壳点云数据分为三个区域：大面区、手柄区和圆弧过渡区，圆弧过渡区在曲面模型的建立过程中进行重新设计，如图8-25所示。

采用对称做面的方法，获得汽车后视镜壳模型中大面的重构模型，如图8-26所示。汽车后视镜壳模型中手柄的模型重构，首先利用手柄部分点云创建剖断面，然后利用剖断面析出扫描线，即手柄边界，再利用扫描线构造手

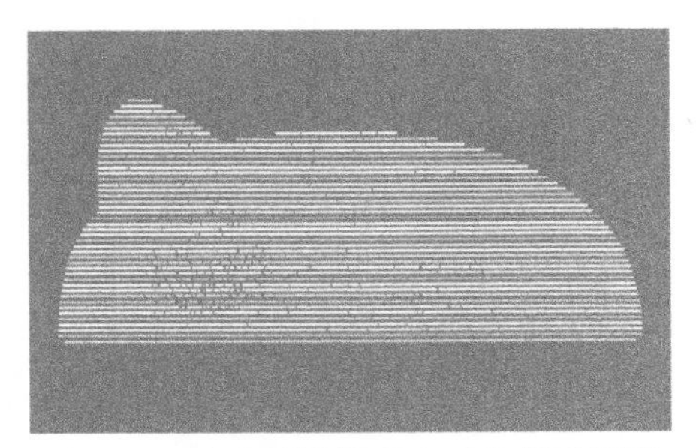

图 8-24　汽车后视镜壳点云数据采集图

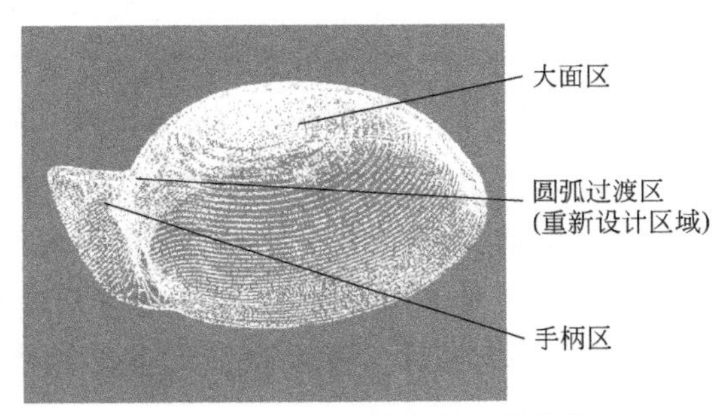

图 8-25　汽车后视镜壳点云数据分区

柄边界曲线，最后利用扫掠命令得到手柄曲面重构模型，如图 8-27 所示。对手柄曲面和大面曲面进行倒圆角处理；拉伸命令得到实体模型，如图 8-28 所示。分析重构精度量化指标点云到曲面的距离，满足重构要求。

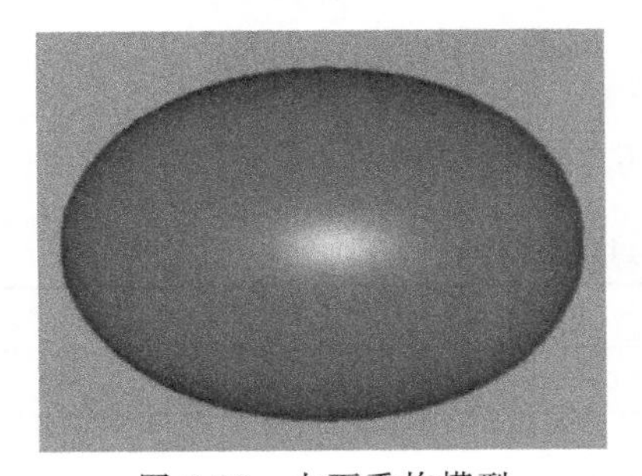

图 8-26　大面重构模型

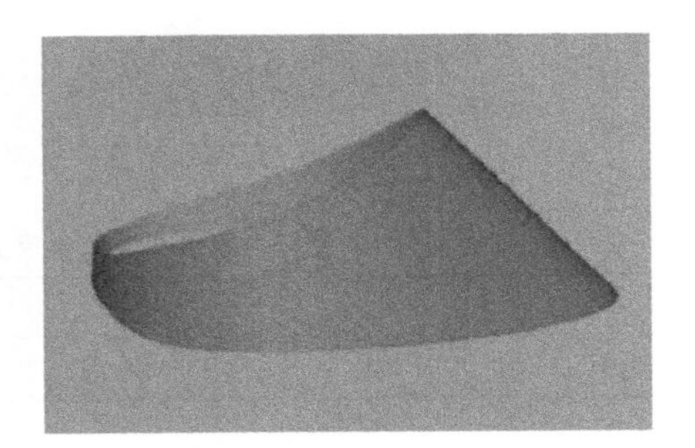

图 8-27　手柄曲面重构模型

(2) 汽车后视镜优化设计

以仿生体龟壳曲面重构模型为基础，采用曲线曲面寄生原理获取后视镜主体结构面，通过适当的放缩保证仿生镜壳与原镜壳的曲面面积尽量一致，手柄部分则保持与原镜壳相同。考虑到仿生镜壳的厚度及曲面曲率变化对镜壳抗挤

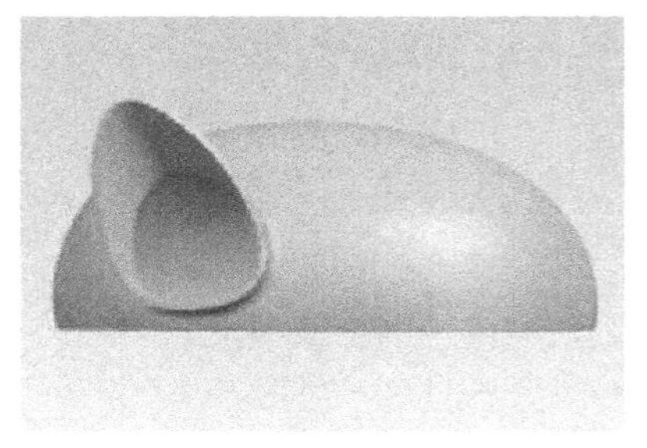

图 8-28　实体模型

压和磕碰强度的影响，构建等厚度、变厚度仿生镜壳模型。等厚度仿生镜壳模型厚度与原始模型厚度一致。

变厚度仿生模型的建立过程中，首先要对壳体外轮廓上的 5 条截面线进行编号，如图 8-29 所示；参照仿生体龟壳曲面图 8-29 中各截面厚度变化规律（表 8-2），在满足重量公差的前提下得到各截面线偏置距离如表 8-3 所示，向内进行偏置得到内部轮廓的 5 条长轴截面线，从而得到内部轮廓曲面，见图 8-30；由内外轮廓曲面填充为实体。等厚度、变厚度两种仿生镜壳剖面图分别如图 8-31(a) 和图 8-31(b) 所示：

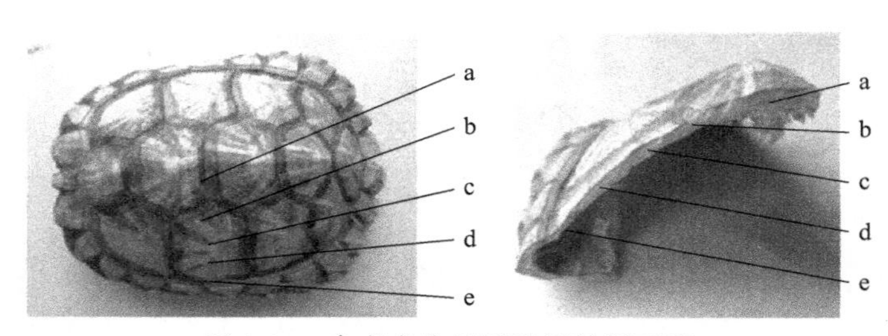

图 8-29　参考点位置图及短轴剖面图

表 8-2　各参考点厚度统计

位置	a	b	c	d	e
厚度/cm	0.408	0.320	0.252	0.210	0.142

表 8-3　截面线偏置距离

截面线编号	1	2	3	4	5
偏置距离/cm	0.43	0.34	0.26	0.22	0.15

依托 Workbench 和 Fluent 软件，验证汽车后视镜原镜壳、等厚度仿生镜壳、变厚度仿生镜壳模型跌落碰撞和空气动力学两方面的性能。跌落碰撞分析仿真模型包含壳体和水泥壁体两部分，二者的材料属性参数见表 8-4。根据国

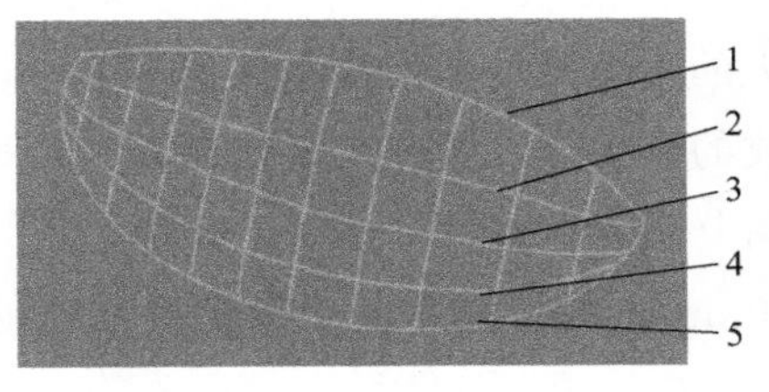

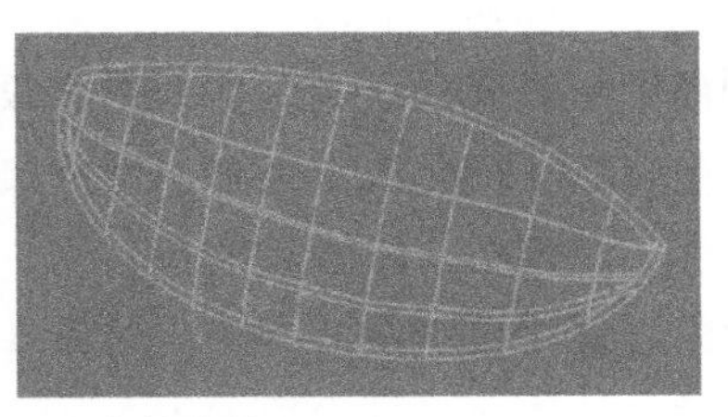

图 8-30 截面线编号及内轮廓线

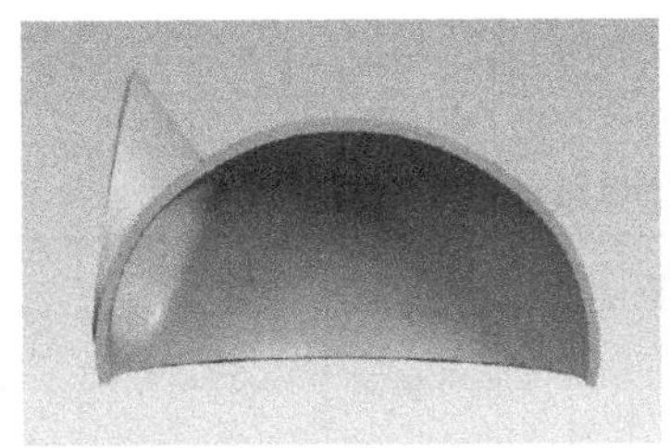
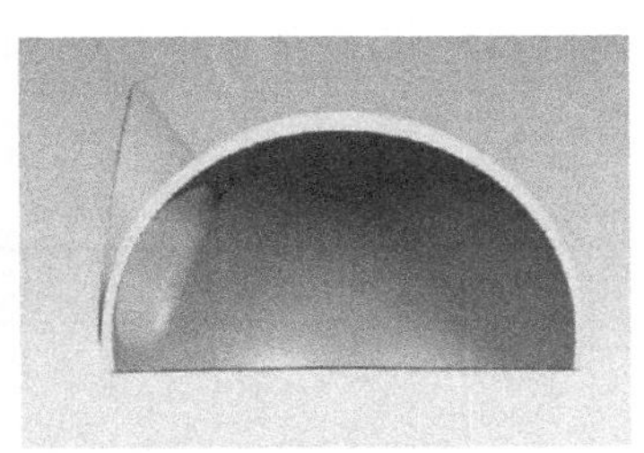

(a) 等厚度仿生镜壳剖面　(b) 变厚度仿生镜壳剖面

图 8-31 等厚度、变厚度两种仿生镜壳剖面图

家标准 GB/T 4857.5—1992 中的垂直冲击跌落试验方法，设定跌落高度为 900mm，重力加速度为 $9.8m/s^2$。即以 4.2m/s 的速度与水泥壁体发生正面撞击。在分析过程中假设后视镜壳材料是弹性体，未考虑塑性变形。对镜壳施加竖直向下的速度，对地面设置固定约束。设置时间增量为 0.001s，分析其在撞击发生 0.05s 内的应力和能量分布情况，如表 8-4 所示。等厚度仿生镜壳碰撞过程中最大等效应力降低了约 23.8%；变厚度仿生镜壳碰撞过程中最大等效应力降低了约 26.1%。

表 8-4 材料属性参数

模型部件	使用材料	密度/$kg \cdot m^{-3}$	弹性模量/MPa	泊松比
壳体	PLA	1170	3200	0.394
壁体	水泥	2300	30000	0.18

表 8-5 跌落分析仿真结果

模型	质量/g	等效应力/MPa	等效应变
原镜壳	153.26	57.522	2.6535×10^{-2}
等厚度仿生镜壳	150.74	43.806	2.0187×10^{-2}
变厚度仿生镜壳	155.37	42.522	2.0147×10^{-2}

汽车在高速行驶时，车外尤其是后视镜及A柱部位会形成较复杂的湍流和剧烈的压力脉动，会为汽车带来很大的气动噪声。为模拟风洞实验，在UG软件中建立了简化汽车模型，噪声接收的分析点设置在车窗处距离人左耳最近的部位。数值仿真计算域的长、宽、高分别为车身的9倍、6倍和5倍。在后视镜附近采用更精细的网格，选取100km/h的行驶速度。汽车后视镜的空气动力学分析边界条件设置如表8-6所示。初始设置计算域中的介质均为理想空气，压强为一个标准大气压，流场速度分布为100km/h，设置采样时间为0.2s，计算的最高频率为5000Hz，即时间步长为1×10^{-4}s，每时间步迭代20次。

表8-6　边界条件

位置	进口	出口	壁体	车身	对称面	其他面
边界条件	速度入口（100km/h）	压力出口	滑移壁面（100km/h）	无滑移壁面	对称边界	静止壁面

对装有两种后视镜的监测点进行声压频率响应函数的计算，结果如图8-32所示。人耳最敏感的噪声频率为2000～5000kHz，在3000Hz以上，仿生镜壳模型测点的声压曲线下降比原镜壳模型更加明显，能够很好地改善车内噪声品质。

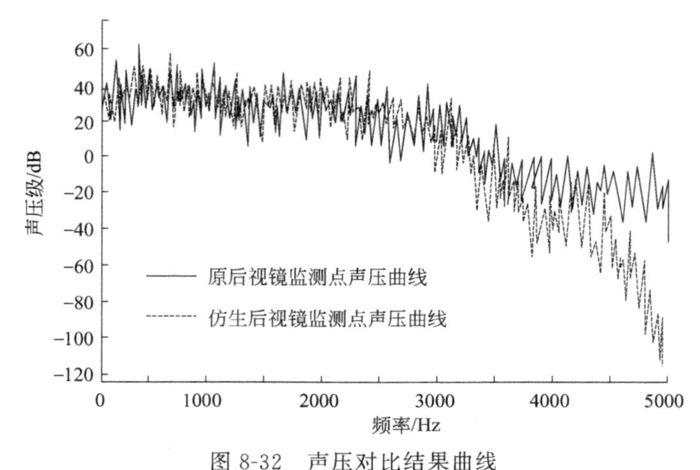

图8-32　声压对比结果曲线

(3) 汽车后视镜优化模型3D打印

采用分层法设置不同区域填充率，实现仿生体积密度变化规律。将后视镜镜壳大面划分成五个区域，如图8-33所示。划分时保证曲率变化大的部位截面线间距小，曲率变化小的部位截面线间距大。

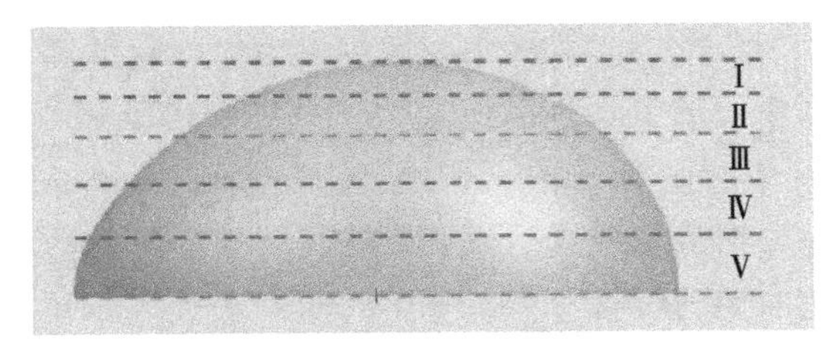

图 8-33　后视镜镜壳大面划分区域

参照仿生体龟壳的体积密度变化规律，依据体积密度与填充率的关系，设定其体积密度最大部位填充率为 100%，设置各区域的体积密度及填充率如表 8-7 所示。采用手柄和大面分区打印的方式，如图 8-34 所示。手柄区无支撑添加，大面区支撑的添加与整体打印一致。分区打印避免了手柄区的支撑添加，会使得该区域具备更好的成型效果。

表 8-7　各区域填充率设置

区域	Ⅰ	Ⅱ	Ⅲ	Ⅳ	Ⅴ
体积密度/g·cm^{-3}	0.946	1.021	1.120	1.156	1.171
填充率	60.8%	70.8%	87.5%	96.5%	100%

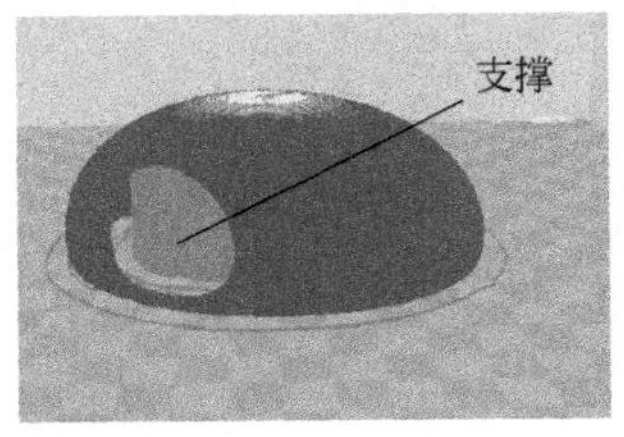

(a) 大面打印

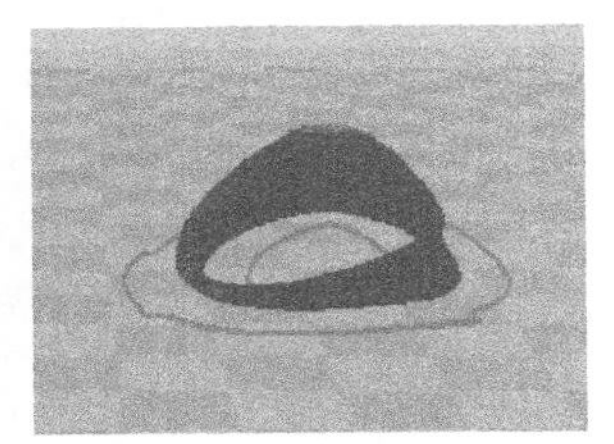

(b) 手柄打印

图 8-34　分区打印

8.3.3　曳引机壳拓扑结构优化设计及 3D 打印

8.3.3.1　曳引机壳拓扑优化设计

曳引机是驱动电梯轿厢和对重装置做上、下运行的装置，其性能的好坏将直接影响电梯的启动、制动和运行过程的加减速等。曳引机壳作为曳引机的主要承力部件，其结构设计是否合理将影响曳引机的传动性能和使用寿命。曳引机壳的设计一般采用经验法，对于薄弱环节采用增加厚度的策略，造成曳引机壳整体的重量增加；制造采用浇铸成型的加工方法，模具制造工序过程复杂，加工时间长，对于复杂模具结构造型困难，增加了加工成本。

针对江苏某公司生产的无机房永磁同步曳引机的轻量化要求，以曳引机的壳体部分为研究对象，通过计算机辅助设计软件创建曳引机壳三维简化模型，采用拓扑优化技术和有限元方法，利用 Solidworks 以及 ANSYS Workbench 等计算机辅助软件，对曳引机进行嵌套式蜂窝结构轻量化设计。

(1) 曳引机壳有限元建模

某型号无机房永磁同步曳引机的曳引机壳全长 726mm，宽 772mm，曳引机轴长 137.5mm，轴身最大直径 118mm，最小直径 75.5mm。为了减少曳引机壳有限元分析的计算时间，提高计算效率，对曳引机壳进行简化设计，保留必要特征，去除倒角、斜角、拔模斜度等不影响有限元分析的元素，简化后的模型如图 8-35 所示。

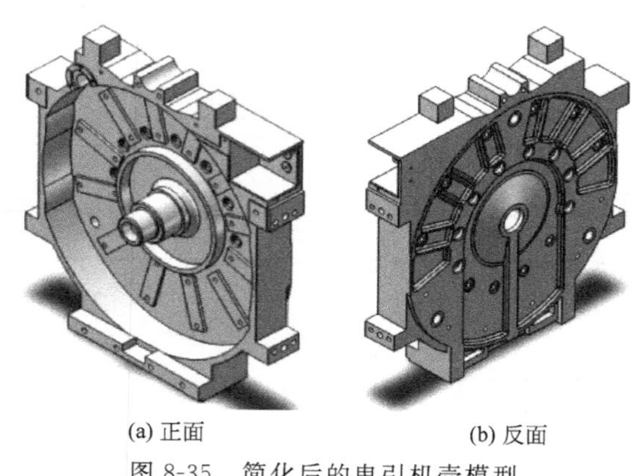

(a) 正面　　(b) 反面

图 8-35　简化后的曳引机壳模型

由于曳引机壳为壳体类零件和轴类零件的混合结构，选用四面体进行网格划分，以保证网格划分的质量。划分后的曳引机壳模型节点数目为 124744，网格数目为 71867。曳引机壳的材料为灰铸铁 HT250，HT250 的材料属性如表 8-8 所示。

表 8-8　HT250 材料属性

材料	弹性模量/MPa	泊松比	抗拉强度/MPa
HT250	1.05×10^5	0.28	250

对曳引机壳施加载荷，考虑电梯在工作过程中的安全标准，选取电梯的满载运行工况进行研究。曳引机在满载运行工况时施加载荷为 32340N。载荷的加载情况如下：在曳引机轴的大直径 C 处施加总载荷 1/3 的力 10780N，在曳引机轴的小直径 B 处施加总载荷的 2/3 的力 21560N，力的方向沿 Y 轴垂直向下，如图 8-36(a) 所示。

永磁同步曳引机安装于轿厢导轨或对重导轨上，通过吊装，将曳引机水平放置在减震部件上，曳引机采用下底面加两个上部方形凸台进行定位，限制了曳引机的六个自由度，实现了完全定位，如图 8-36(b) 所示。

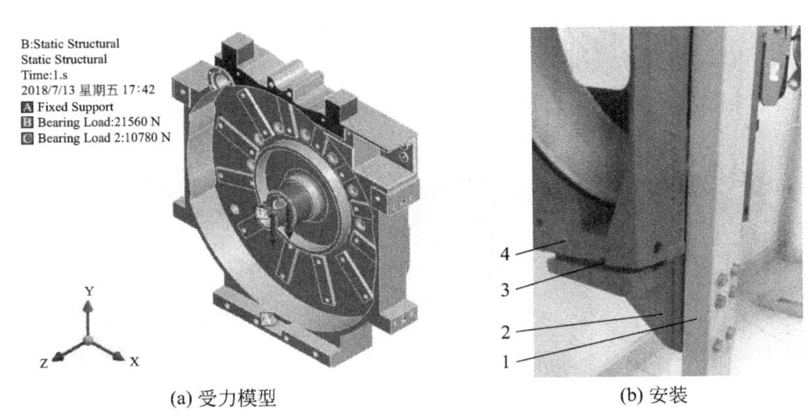

(a) 受力模型　(b) 安装

图 8-36　约束受力模型和实际安装情况

1—轿厢导轨；2—曳引机底座；3—减震垫；4—曳引机壳

(2) 曳引机壳结构分析

1）静力学分析

曳引机轴承受了对重装置、轿厢装置、曳引轮等部件以及乘客的重量，对曳引机壳进行静力学分析，如图 8-37 所示。曳引机壳的最大应力节点与最大位移出现在曳引机轴与曳引机壳的过渡处，此处由于断面突变，产生相对于其他区域急剧变化的应力，出现应力集中现象。应力的最大值为 101.03MPa；最大位移量为 8.08×10^{-4}mm，位移量较小，对于曳引机壳还有较大的优化空间。

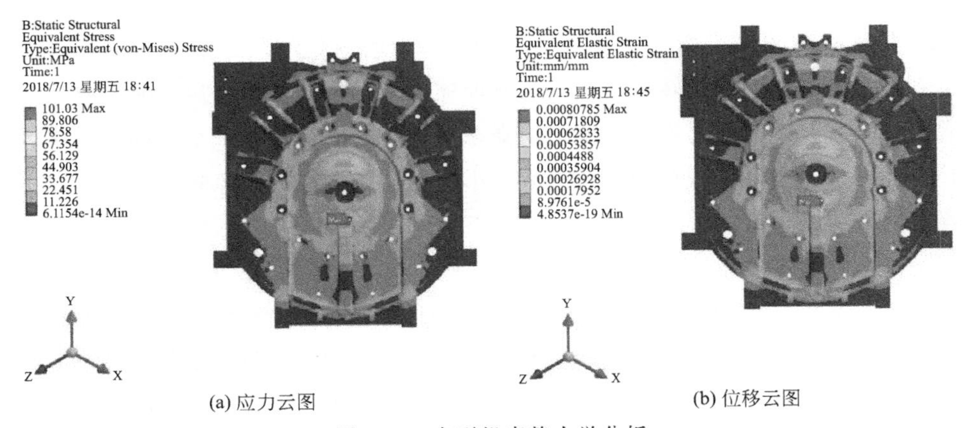

(a) 应力云图　(b) 位移云图

图 8-37　曳引机壳静力学分析

2）模态分析

曳引机的旋转运动产生的内部激振频率是导致电梯振动的根源，在电梯运行过程中，当曳引机进行旋转运动时，由于曳引机部件受迫振动，使得曳引机内部激振频率接近曳引机固有频率，导致共振发生。对曳引机壳的A和B处施加约束，通过有限元软件对曳引机壳进行前六阶模态分析，曳引机壳的前六阶振型图如图8-38所示，前六阶模态固有频率如表8-9所示。

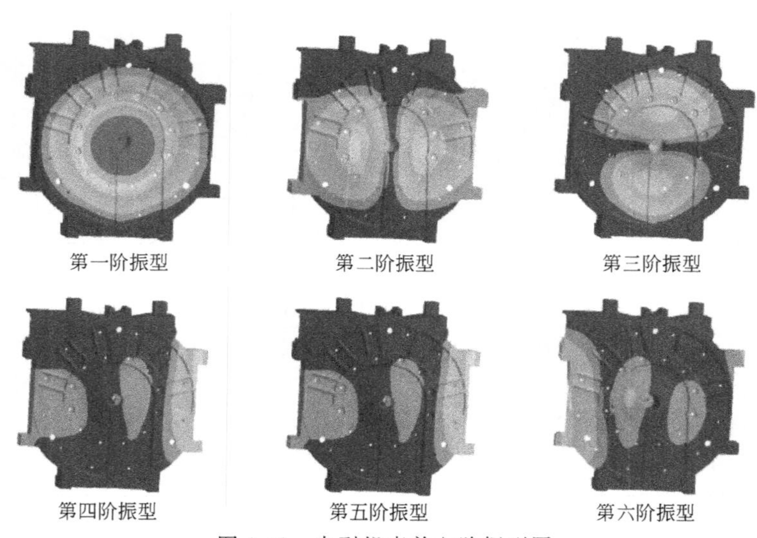

图8-38　曳引机壳前六阶振型图

表8-9　曳引机壳前六阶固有频率

阶次	1	2	3	4	5	6
固有频率/Hz	243.9	407.57	470.33	515.8	562.75	595.6

由图8-38可知曳引机壳前六阶不同阶次下的振型情况：前六阶的振动主要表现为曳引机壳的扭转振动，其次有伸缩振动。由表8-8可知，随着阶次的增加，固有频率也随之增加。曳引机壳在第一阶的固有频率最小，随着阶次的升高，可以激发高阶振动的载荷能量减小，且高阶振动的节点数更多，所以不容易发生共振现象。

(3) 曳引机壳拓扑优化分析

基于ICM拓扑优化方法，对曳引机壳进行轻量化结构设计。第一步划分设计区域和非设计区域。曳引机壳的正面部分，需要与曳引机的永磁同步线圈、硅钢片、曳引轮等零部件相互配合安装，在优化时应避开这些区域；由曳引机壳的有限元建模和静应力云图，将曳引机壳的背面作为设计区域。第二步是定义设计变量、优化目标和设计约束。曳引机壳满载工况下，拓扑结构优化目标为原曳引机壳模型质量的 20%，以曳引机壳设计区域的单元为拓扑优化设计变量，约束为满足曳引机壳结构的应力、位移和振动频率的要求，优化后的曳引机壳模型，如图 8-39(a) 所示。分析发现去除区域形状复杂，造成优化后的模型结构零乱，因此有必要根据优化后的曳引机壳拓扑优化云图和 ICM 拓扑优化方法进行曳引机壳的后处理。采用在背部填充封闭多孔结构的方案进行曳引机壳的后处理设计。利用机构设计成孔法设计了曳引机壳五面体和八面体两种多孔填充模型，如图 8-39(b)、图 8-39(c) 所示。

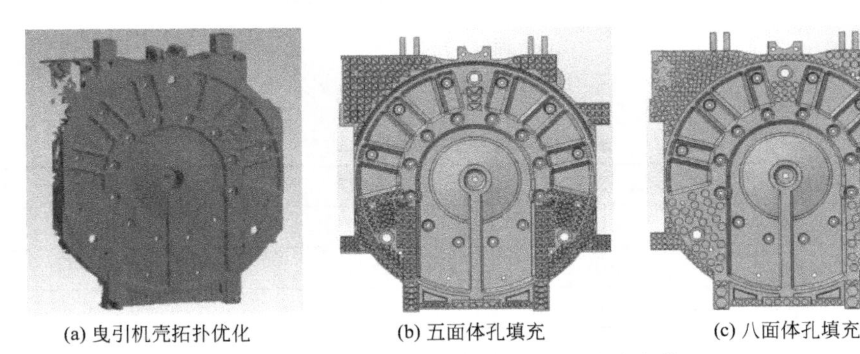

(a) 曳引机壳拓扑优化　(b) 五面体孔填充　(c) 八面体孔填充

图 8-39　后处理设计曳引机壳多孔填充模型

在载荷和边界约束条件相同的情况下，利用有限元分析软件对优化后设计的两种曳引机壳模型与优化前的模型进行仿真对比，优化后的曳引机壳静力学分析结果云图，如图 8-40 所示。优化前模型与优化后模型的最大应力、最大位移和质量对比，如表 8-10 所示。优化后的曳引机壳模型和原模型的前六阶模态对比，如图 8-41 所示。

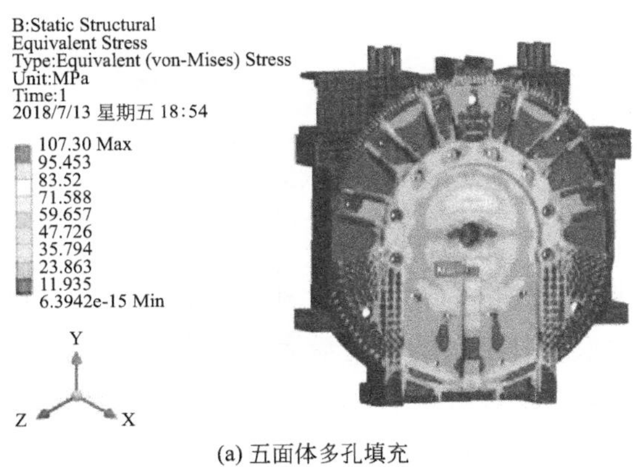

(a) 五面体多孔填充

图 8-40

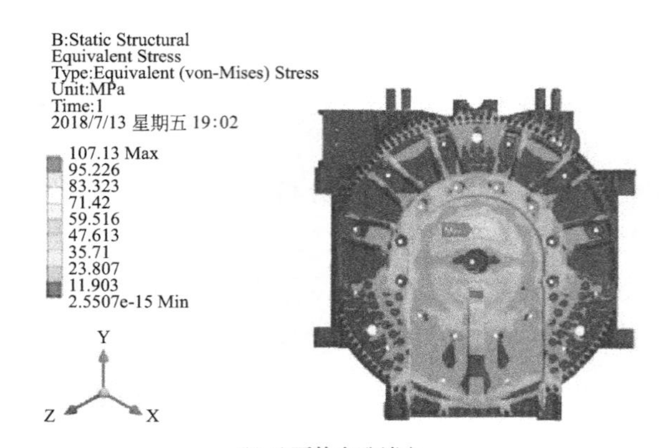

(b) 八面体多孔填充

图 8-40　优化后的曳引机壳静力学分析

表 8-10　拓扑优化属性对比

名称	优化前模型	五面体多孔填充	八面体多孔填充
最大应力/MPa	101	107	107
最大位移/mm	8.08×10^{-4}	9.69×10^{-4}	8.56×10^{-4}
质量/kg	106.011	88.475	86.912

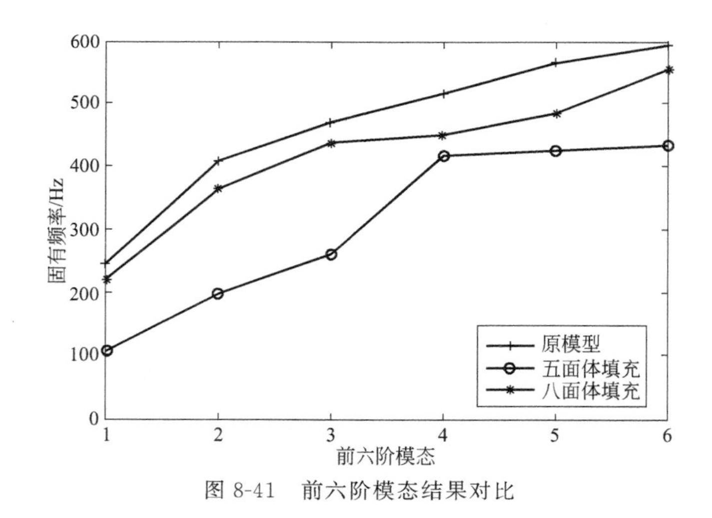

图 8-41　前六阶模态结果对比

图 8-40、表 8-10、图 8-41 的数据表明：优化后的两种曳引机壳模型，在承受相同载荷和约束条件下，两者的最大应力都为 107MPa，小于 HT250 的抗拉强度 250MPa，位移变化较小，能达到优化设计所要求的强度和刚度性能；五面体填充的曳引机壳相对于八面体填充的曳引机壳固有频率总体较低，说明八面体填充的结构在受力分布均匀性方面优于五面体填充，同时两种设计

模型的频率由于与原曳引机壳的激振频率相差较大，不会发生共振。两种设计模型相对于原模型质量，五面体多孔填充的曳引机壳质量为 88.475kg，八面体多孔填充的曳引机壳质量为 86.912kg，分别减轻了 16.5%和 18%。由此可知，拓扑优化设计结构是合理的，达到了轻量化的目的。

8.3.3.2 曳引机壳模型的 3D 打印

对于曳引机壳的制造，传统制造方法对于多孔结构的加工过程复杂，甚至无法加工。近年来，将拓扑优化技术和增材制造技术相结合，可以解决由于拓扑优化结果带来的加工成型问题。利用增材制造技术解决曳引机壳拓扑优化设计后复杂结构的加工问题，采用熔融沉积成型技术（fused deposition modeling，FDM）对曳引机壳模型进行 3D 打印，采用型号为乐创 B600 的工业级熔融沉积成型打印机，进行模型的成型打印，如图 8-42 所示。

将建好的曳引机壳模型保存为 STL 格式文件，导入切片软件进行分层切片处理，将分好层的模型文件通过蓝牙或 SD 卡导入 FDM 打印机上，3D 打印出的曳引机壳模型如图 8-43 所示。

图 8-42 乐创 B600 熔融沉积成型打印机

图 8-43 3D 打印曳引机壳模型

8.4 逆向工程在再制造中的应用

针对废旧零部件再制造过程中人工参与多、经验依赖性强，修复效率低、可靠性差等问题，以损伤模型与原始模型间差异的分析为基础的逆向工程辅助废旧零部件再制造，可以实现废旧零部件的模拟修复。

8.4.1 逆向工程辅助废旧零部件再制造

逆向工程辅助废旧零部件再制造的流程框架如图 8-44 所示。废旧零部件清洗及表面处理后，利用扫描设备采集其表面点云数据，点云数据经过平滑、精简等预处理，生成废旧零部件损伤三角网格模型（以下称为损伤模型），损伤模型能够直观地反映废旧零部件表面损伤的分布情况。将损伤模型与原始

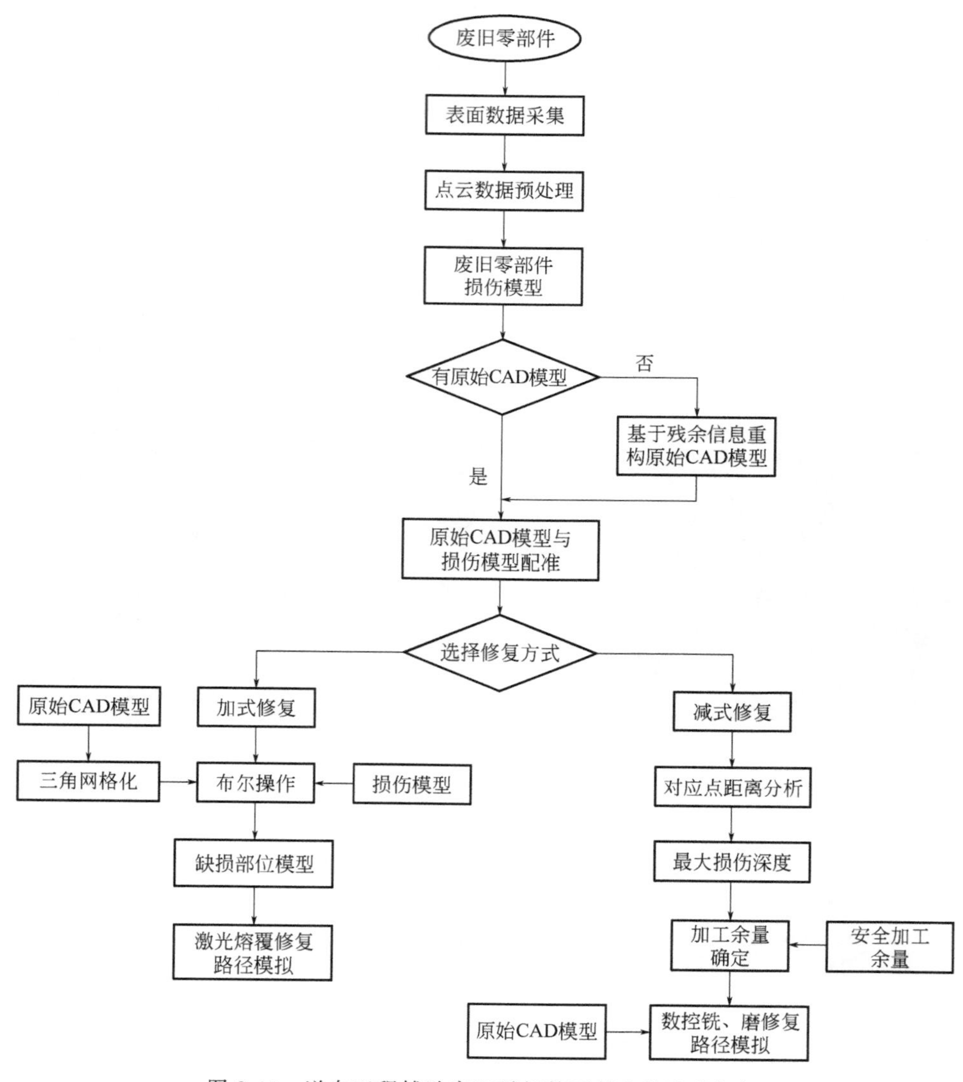

图 8-44 逆向工程辅助废旧零部件再制造的流程框架

CAD模型进行配准。废旧零部件的修复方式，按照修复过程是在原零部件基体上添加还是去除材料，分为加式修复与减式修复。加式修复是指在废旧零部件基体上添加材料的修复方式。将配准后的原始模型与损伤模型进行布尔操作，得到缺损部位模型。根据缺损部位模型即可对激光熔覆等表面修复工艺的修复路径进行规划与模拟。减式修复是指在原零部件基体上去除材料的修复方式，即通过车、铣、磨等机械加工方式对零部件损伤表面进行再加工，直至将表面损伤完全去除。根据配准后的原始模型与损伤模型对应点间的距离以及安全加工余量即可确定减式修复加工余量，模拟机械加工修复过程。

8.4.2 应用实例

(1) 滚齿机挂轮架的模拟修复

滚齿机挂轮架是滚齿机的关键零部件之一，用于安装差动齿轮，实现直齿加工传动链与斜齿加工传动链间的切换。挂轮架磨损后，将直接影响差动挂轮间的啮合，最终影响斜齿轮的加工精度。图8-45(a)为从某废旧滚齿机上拆卸得到的挂轮架，挂轮架的弧形槽区域出现明显磨损，其他部位状况良好，现对其实施再制造模拟修复。对挂轮架部件拆卸清洗后，在其表面喷涂白色显影剂以增强扫描效果，利用ATOS光学三维扫描仪采集表面点云数据，采集过程如图8-45所示。

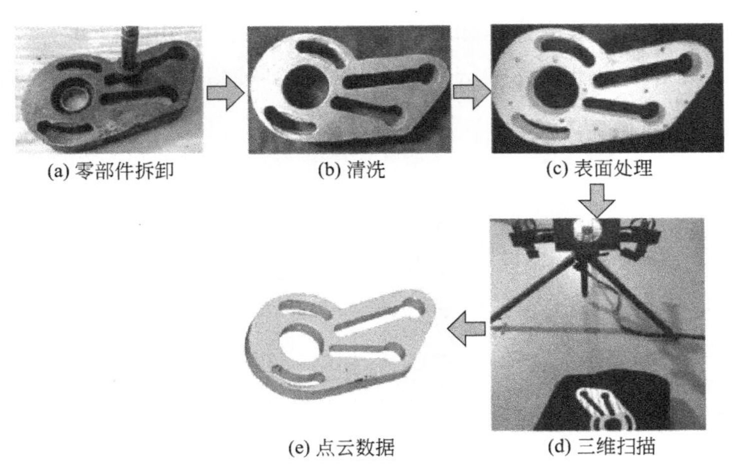

图8-45 挂轮架表面数据采集过程

挂轮架损伤区域集中且磨损较深，故选择加式修复方案，如图8-46所示。将损伤模型与原始CAD模型进行配准，对配准后的两模型实施布尔操作，得到缺损部位的模型。对缺损部位模型进行切片，生成缺损部位模型截面轮廓数据，模拟激光涂覆路径。

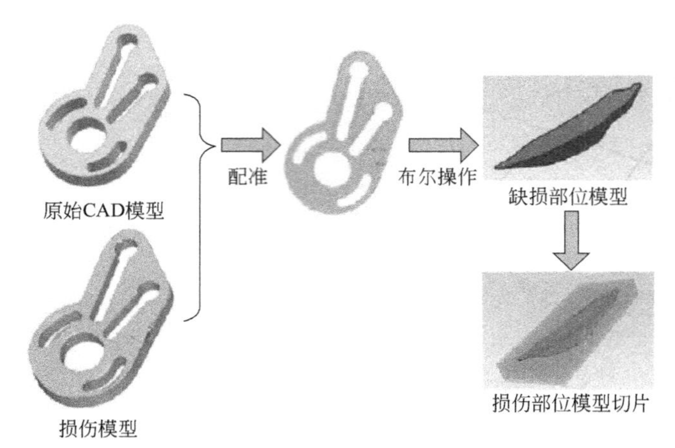

图 8-46　挂轮架加式修复方案

（2）锤锻模具的模拟修复

锤锻模具使用过程中模腔内部承受巨大的冲击载荷，型腔局部产生塑性变形。坯料金属与型腔表面产生剧烈摩擦，型腔表面会出现磨损甚至剥落。对失效锤锻模具进行再制造修复，能够延长模具使用寿命，降低生产成本。图 8-47(a) 所示为报废的汽轮机叶片锤锻模具，现对其开展再制造模拟修复。模具表面点云数据的采集过程如图 8-47(b)、(c) 所示，因模具上表面为主要工作面，故只对模具上表面进行数据采集，提高模拟修复效率。

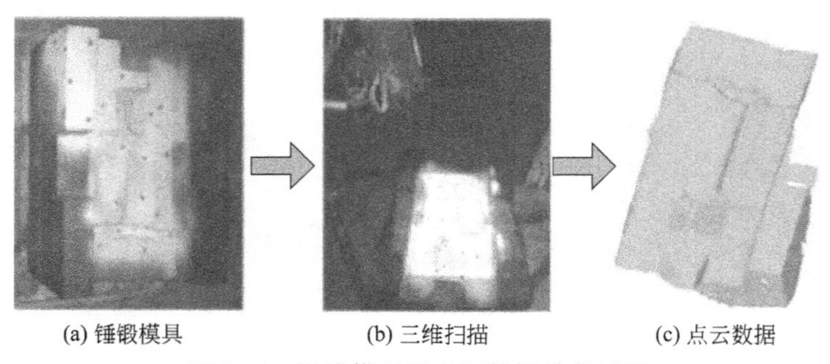

(a) 锤锻模具　(b) 三维扫描　(c) 点云数据

图 8-47　锤锻模具及表面数据采集过程

由于模具损伤区域大，磨损较浅，且加工余量充足，故选择减式修复方案，将模具上表面按照原始设计形状重新铣形。模具原始 CAD 模型与损伤模型进行配准，测量配准后两模型对应点间的距离，对应点间最大距离为 5.3mm，即模

具的最大磨损深度 H 为 5.3mm，选取减式修复加工余量 5.4mm。最后，由原始 CAD 模型及减式修复加工余量值，生成机械加工刀具路径。减式修复过程的模拟如图 8-48 所示。

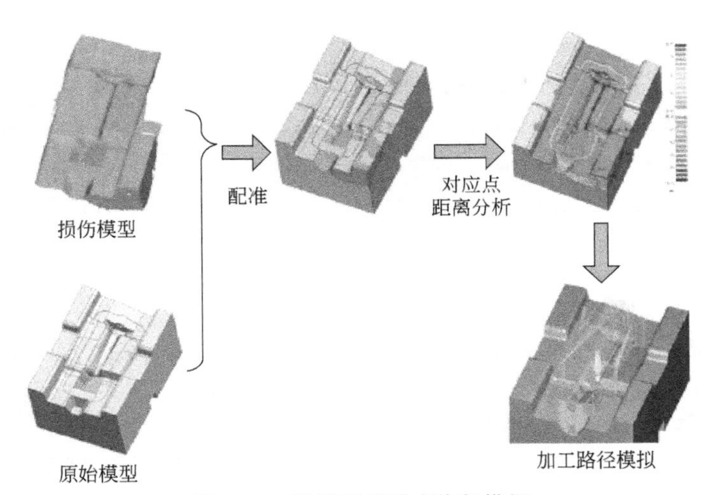

图 8-48 锤锻模具减式修复模拟

参考文献

[1] 路甬祥．提高装备制造业自主创新能力要解决好四大问题［J］．中国机电工业，2006，（6）：15-15．

[2] 金涛，童水光，等．逆向工程技术［M］．北京：机械工业出版社，2003．

[3] 郑康平．基于云点数据的曲面重构关键技术的研究［D］．西安：西安交通大学，2002．

[4] Tamás Várady，Ralph R Martin，Jordan Cox. Special issue：reverse engineering of geometric models［J］. Computer Aided Design，1997，29（4）：253-254．

[5] Yu zhang. Researchinto the engineering application of reverse engineering［J］. Journal of Materials Processing Technology，2003，139（1-3）：472-475．

[6] 金涛，金志江，童水光．一种支持外形创新设计的重建模型表达及建模方法［J］．汽车工程，2005，27（5）：615-618．

[7] Tamás Várady，Ralph R Martin，Jordan Cox. Reverse engineering of geometric models—an introduction［J］. Computer Aided Design，1997，29（4）：255-268．

[8] 陈宏远，刘东．实物逆向工程中的关键技术及其最新发展［J］．机械设计，2006，23（8）：1-5．

[9] 张丽艳，廖文和，周儒荣．逆向工程的关键技术及其研究［J］．数据采集与处理，1999，14（1）：33-36．

[10] Alfred van Kempen，Henk Kok，Harry Wagter. Design modeling［J］. Automation in Construction，1992，1（1）：7-13．

[11] Andrew W Fitzgibbon，David W Eggert，Robert B Fisher. High-level CAD model acquisition from range images［J］. Computer Aided Design，1997，29（4）：321-330．

[12] S Motavalli，S H Cheraghi，Rafie Shamsaasef. Feature-based modeling; An object oriented approach［J］. Computers & Industrial Engineering，1997，33（1-2）：349-352．

[13] Ming Chao，Yinghua Shen，Wei Zhao. Solid modelling based on polyhedron approach［J］. Computers & Graphics，1992，16（1）：101-105．

[14] 王刚．CAD的演变发展与核心建模技术［J］．咸宁师专学报，2001，21（6）：45-47．

[15] 金涛，陈建良，童水光．逆向工程技术研究进展［J］．中国机械工程，2002，13（16）：1430-1436．

[16] Park H，Kim K，Lee S C. A method for approximate NURBS curve compatibility based on multiple curve refitting［J］. Computer Aided Design，2000，32（4）：237-252．

[17] 李亚利，秦新强，童小红，等．B样条曲面的节点插入算法［J］．西安工业学院学报，2005，25（1）：80-83．

[18] Les Piegl，Wayne Tiller. Algorithm for approximate NURBS skinning［J］. Computer Aided Design，1996，28（9）：699-706．

[19] Hyungjun Park. Lofted B-spline surface interpolation by linearly constrained energy minimization［J］. Computer Aided Design，2003，35（14）：1261-1268．

[20] Milroy M J，Bradley C，Vickers G W，et al. G1 continuity of B-spline surface patches in reverse engineering［J］. Computer Aided Design，1995，27（6）：471-478．

[21] 施锡泉，赵岩. 双三次B样条曲面的G1连续条件 [J]. 计算机辅助设计与图形学学报，2002，14 (7)：676-682.

[22] Kruth J P，Kersrens A. Reverse engineering modeling of free-form surfaces from point cloud subject to boundary conditions [J]. Journal of Materials Processing Technology，1998，(76)：120-127.

[23] Imre Juhász. Weight-based shape modification of NURBS curves [J]. Computer Aided Geometric Design，1999，16 (5)：377-383.

[24] Au C K，Yuen M M F. Unified approach to NURBS curve shape modification [J]. Computer Aided Design，1995，27 (2)：377-383.

[25] Hu S M，Li Y F，Ju T，et al. Modifying the shape of NURBS surfaces with geometric constraints [J]. Computer Aided Design，2001，33 (12)：903-912.

[26] 来新民，黄田，曾子平，等. 基于NURBS的散乱数据点自由曲面重构 [J]. 计算机辅助设计与图形学学报，1999，11 (5)：433-436.

[27] 苏洲. 双向蒙皮曲面造型的应用研究 [J]. 机械设计与制造，2003，(2)：75-76.

[28] 周来水，张乐年. NURBS曲面的过渡曲面生成 [J]. 工程图学学报，1996，(2)：52-57.

[29] Xiuzi Ye，Youdong Liang，Horst Nowacki. Geometric continuity between adjacent Bezier patches and their constructions [J]. Computer Aided Geometric Design，1996，13 (6)：521-548.

[30] 李际军. 反求工程CAD建模关键技术研究 [D]. 杭州：浙江大学，1999.

[31] Thompson W B，Owen J C，Stark S R，et al. Feature-based reverse engineering of mechanical parts [J]. IEEE Transactions on Robotics and Automation，1999，15 (1)：57-66.

[32] Au C K，Yuen M M F. Feature-based reverse engineering of mannequin for garment design [J]. Computer Aided Design，1999，31 (12)：751-759.

[33] Benko P，Martin R R，Varady T. Algorithms for reverse engineering boundary representation models [J]. Computer Aided Design，2001，33 (11)：839-851.

[34] Benko P，Várady T. Segmentation methods for smooth point regions of conventional engineering objects [J]. Computer Aided Design，2004，36 (6)：511-523.

[35] Jianbing Huang，Menq Chia-Hsiang. Automatic data segmentation for geometric feature extraction from unorganized 3-D coordinate points [J]. IEEE Transactions on Robotics and Automations，2001，17 (3)：268-279.

[36] 吕震. 反求工程CAD建模中的特征技术研究 [D]. 杭州：浙江大学，2002..

[37] Benko P，Kos G，Várady T，et al. Constrained fitting in reverse engineering [J]. Computer Aided Geometric Design，2002，19 (3)：173-205.

[38] Werghi N，Fisher R，Robertson C. Object reconstruction by incorporating geometric constraints in reverse engineering [J]. Computer Aided Design，1999，31 (6)：363-399.

[39] 金涛，单岩，童水光. 产品反求工程中基于几何特征及约束的模型重建 [J]. 计算机辅助设计与图形学学报，2001，13 (4)：202-207.

[40] 单东日. 反求工程CAD建模中的特征与约束技术研究 [D]. 杭州：浙江大学，2003.

[41] 吴敏. 基于约束和特征的结构类零件实体模型重建关键技术研究 [D]. 南京：南京航空航天大学，2004.

[42] Song C K，Kim S W. Reverse engineering：autonomous digitization of free-formed surfaces on a

CNC coordinate measuring machine [J]. International Journal of Machine Tools and Manufacture, 1997, 37 (7): 1041-1051.

[43] Bing Li, Zhuangde Jiang, Yiping Luo. Measurement of three-dimensional profiles with multi structure linear lighting [J]. Robotics and Computer Integrated Manufacturing. 2003, 19 (6): 493-499.

[44] 刘志刚. 逆向工程中线结构光视觉传感器与CMM集成测量技术研究 [D]. 西安: 西安交通大学, 2000.

[45] Colln Bradley, Geofrey W Vickers. Free-form surface reconstruction for machine vision rapid prototyping [J]. Optical Engineering, 1993, 32 (9): 2191-2200.

[46] Milroy M J, Geofrey W Vickers. Automated laser scanning based orthogonal cross section [J]. Machine Vision and Application, 1996, 9: 106-118.

[47] Tzung-Sz Shen, Jianbing Huang, Chia-Hsiang Menq. Multiple-sensor integration for rapid and high-precision coordinate metrology [C]. Proceedings of the 1999 IEEE: International Conference on Advanced Intelligent Mechatronics. September 19-23, 1999, Atlanta, USA.

[48] 王春和, 邹定海, 叶声华. 三维视觉检测与结构光视觉标定 [J]. 仪器仪表学报, 1994, 15 (2): 119-124.

[49] 樊强, 陈大为, 习俊通. 高精度激光点扫描三维测量系统及应用 [J]. 上海交通大学学报, 2006, 40 (2): 227-230.

[50] Besl P J, Mckay N D. A method for registration of 3-D shapes [J]. IEEE Transactions on Pattern Analysis and Machine Intelligence, 1992, 14 (2): 239～256.

[51] Hongbin Zha. Surface reconstruction in overlapping range images for generating close-surface 3-D object models [C]. Proceedings of the 1998 IEEE International Conference on Systems, Man and Cybernetics: 4530-4535.

[52] Hong Tzong, Chun Yan Chen, Robert G Wilhelm. Registration and intergration of multiple laser scanned data for reverse engineering [J]. International Journal of Production Research, 2000, 38 (2): 269-285.

[53] 周利民, 赵万华, 卢秉恒. 自由曲面的快速逆求工程及实现技术 [J]. 中国机械工程, 1997, 8 (4): 62-64.

[54] 李剑. 基于激光测量的自由曲面数字制造基础技术研究 [D]. 杭州: 浙江大学, 2001.

[55] Jun-Seon Kim, Hyun Wook Park. Adaptive 3-D median filtering for restoration of an image sequence corrupted by impulse noise [J]. Signal Processing: Image Communication, 2001, 16 (7): 657-668.

[56] 张宇, 王希勤, 彭应宁. 自适应中心加权的改进均值滤波算法 [J]. 清华大学学报 (自然科学版), 1999, 39 (9): 76-78.

[57] 黄庆华, 周荷琴, 冯焕清. 一种快速有效的图像脉冲噪声滤除方法 [J]. 计算机工程与应用, 2002, (17): 113-114.

[58] 胡向红, 陈康宁. 激光扫描数据的脉冲噪声过滤 [J]. 计算机辅助设计与图形学学报, 2003, 15 (9): 1056-1059.

[59] 董明晓, 郑康平. 一种点云数据噪声点的随机滤波处理方法 [J]. 中国图象图形学报, 2004, 9

(2)：245-248.

[60] R R Martin，I A Stroud，A D Marshall. Data Reduction for Reverse Engineering [J]. 1996. RECCAD，Deliverable Document 1 COPERUNICUS project，No. 1068，1997：111.

[61] 姜振春，鞠鲁粤，冯祖军. 逆向工程中点云孔洞填充算法的研究 [J]. 机械制造，2005，43 (1)：43-45.

[62] Lee K H，Woo H，Suk T. Data reduction methods for reverse engineering [J]. International of Advanced Manufacturing Technology，2001，17 (10)：735-743.

[63] Lee K H，Woo H，Suk T. Point data reduction using 3D grids [J]. International of Advanced Manufacturing Technology，2002，18 (3)：201-210.

[64] Chen Y H，Ng C T，Wang Y Z. Data reduction in integrated reverse engineering and rapid prototyping [J]. International Journal of Computer Integrated Manufacturing，1999，12 (2)：97-103.

[65] Weir D J ，Milroy M J ，Bradley C ，et al. Reverse engineering physical models employing wraparound B-spline surfaces and quadrics [C]. Proceedings of the Institution of Mechanical Engineers. Suffolk ，UK：Professional Engineering Publishing Limited ，1996：147-157.

[66] Filip D ，Magedson R ，Markot R. Surface algorithms using bounds on derivatives [J]. Computer Aided Geometric Design ，1986 ，3 (2)：295-311.

[67] Sun W，Bradley C ，Zhang Y F ，et al. Cloud data modeling employing a unified non-redundant triangular mesh [J]. Computer Aided Design，2001，33 (2)：183-193.

[68] 洪军，丁玉成，曹亮. 逆向工程中的测量数据精简技术研究 [J]. 西安交通大学学报，2004，38 (7)：661-664.

[69] Demetris Koutsoyiannis. Broken line smoothing：a simple method for interpolating and smoothing data series [J]. Environmental Modeling & Software，2000，15 (2)：139-149.

[70] Liu G H，Wong Y S，Zhang Y F，et al. Error-based segmentation of cloud data for direct rapid prototyping [J]. Computer Aided Design，2003，35 (7)：633-645.

[71] 吴维勇，王英惠，周晏. 平面轮廓识别与分段技术的研究与快速实现 [J]. 工程图学学报，2003，(4)：14-19.

[72] Liu S，Ma W. Seed-growing segmentation of 3D surfaces from CT-contour data [J]. Computer Aided Design，1999，31 (8)：517-536.

[73] Liu S，Ma W. Motif analysis for automatic segmentation of CT surface contours into surface feature [J]. Computer Aided Design，2001，33 (14)：1091-1109.

[74] Marshall D，Lukacs G，Martin R. Robust segmentation of primitives from range data in the presence of geometric degeneracy [J]. IEEE Transactions on Pattern Analysis and Machine Intelligence，2001，23 (3)：304-314.

[75] Miguel Vieira，Kenji Shimada. Surface mesh segmentation and smooth surface extraction through region growing [J]. Computer Aided Geometric Design，2005，22 (8)：771-792.

[76] Yang M，Lee E. Segmentation of measured point data using a parametric quadric surface approximation [J]. Computer Aided Design，1999，31 (7)：449-457.

[77] Weiyin Ma，J P Kruth. Parameterization of randomly measured points for least squares fitting of B-spline curves and surfaces [J]. Computer Aided Design，1995，27 (9)：683-675.

[78] Lian Fang，David C Gossard. Multidimensional curve fitting to unorganized data points by nonlinear minimization [J]. Computer Aided Design，1995，27 (1)：48-58.

[79] Yinglin Ke，Weidong Zhu，Fengshan Liu. Constrained fitting for 2D profile-based reverse modeling [J]. Computer Aided Design，2006，38 (2)：101-114.

[80] Wen-Der Ueng，Jiing-Yih Lai，Ji-Liang Doong. Sweep-surface reconstruction from three-dimensional measured data [J]. Computer Aided Design，1998，30 (10)：791-805.

[81] Jiing-Yih Lai，Wen-Der Ueng. Reconstruction of surfaces of revolution from measured points [J]. Computers in Industry，2000，41 (2)：147-161.

[82] Chih-Young Lin，Chung-Shan Liou，Jiing-Yih Lai. A surface-lofting approach for smooth-surface reconstruction from 3D measurement data [J]. Computers in Industry，1997，34 (1)：73-85.

[83] 刘云峰. 基于截面特征的反求工程CAD建模关键技术研究 [D]. 杭州：浙江大学，2004.

[84] Andre Meyer，Philippe Marin. Segmentation of 3D triangulated data points using edges constructed with a C1 discontinuous surface fitting [J]. Computer Aided Design，2004，36 (13)：1327-1336.

[85] Seok Hee Lee，Ho Chan Kim，Sung Min Hur. STL file generation from measured point data by segmentation and Delaunay triangulation [J]. Computer Aided Design，2004，36 (10)：1327-1336.

[86] 柯映林，单东日. 基于边特征的点云数据区域分割 [J]. 浙江大学学报（工学版），2005，39 (3)：377-380.

[87] Woo H，Kang E，Semyyung Wang. A new segmentation method for point cloud data [J]. International Journal of Machine Tools & Manufacture，2002，(42)：167-178.

[88] 汪俊，周来水，安鲁陵. 基于网格模型的一种新的区域分割算法 [J]. 中国机械工程，2005，16 (9)：796-801.

[89] Huang Ming-Chih，Tai Ching-Chih. The pre-processing of data points for curve fitting in reverse engineering [J]. The International Journal of Advanced Manufacturing Technology. 2000，16 (9)：635-642.

[90] Martin Petemell，Tibor Steiner. Reconstruction of piecewise planar objects from point clouds [J]. Computer Aided Design，2004，36 (4)：333-342.

[91] Ming J Tsai，Jia H Hwunga，Tien-Fu Lub. Recognition of quadratic surface of revolution using a robotic vision system [J]. Robotics and Computer Integrated Manufacturing，2006，22 (2)：134-143.

[92] Cai Y Y，Nee A Y C，Loh H T. Geometric feature detection for reverse engineering using range imaging [J]. Journal of Visual Communication and Image Representation. 1996，7 (3)：205-216 .

[93] 柯映林，陈曦. 点云数据的几何属性分析及区域分割 [J]. 机械工程学报，2006，42 (8)：7-15.

[94] 吕震，柯映林，孙庆. 反求工程中过渡曲面特征提取算法研究 [J]. 计算机集成制造系统，2003，19 (2)：154-157.

[95] Yunfeng Liu，Mingfei Guo，Xianfeng Jiang. Section feature based modeling strategy of reverse en-

gineering [C]. Proceedings of the 6th World Congress on Intelligent Control and Automation, 2006, 8416-8420.

[96] Youping Gong, Jianliang Chen, Tao Jin. Feature and constraints-based to reconstruct model prototype methods and application [C]. Proceedings of the IEEE International Conference on Mechatronics & Automation, 2005, 776-781.

[97] 姜峻岭，张英杰. 面向反求工程的特征识别技术的研究与实现 [J]. 机械科学与技术，2004，23 (10)：1257-1260.

[98] Langbein F C, Mills B I, Marshall A D. Finding Approximate Shape Regularities for Reverse Engineering [J]. Computing and Information Science in Engineering, 2001, 1 (4): 282-290.

[99] Langbein F C, Marshall A D, Martin R R. Choosing consistent constraints for beautification of reverse engineered geometric models [J]. Computer Aided Design. 2004, 36 (3): 261-278.

[100] Kyu-Yeul Lee, O-Hwan Kwon, Jae-Yeol Lee. A hybrid approach to geometric constraint solving with graph analysis and reduction [J]. Advances in Engineering Software, 2003, 34 (2): 103-113.

[101] 俞士光，刘晓平，李琳. 约束信息的模板表示模型及其应用 [J]. 系统仿真学报，2003，15 (4)：593-596.

[102] Arie Karniel. Decomposing the problem of constrained surface fitting in reverse engineering [J]. Computer Aided Design, 2005, 37 (4): 399-417.

[103] 成学领，唐荣锡. 变量化机械制图中的几何约束表示和求解 [J]. 工程图学学报，1992，(2)：49-55.

[104] Chung J C, Hwang T S, Wu C T. Framework for integrated mechanical design automation [J]. Compute Aided Design, 2000, 32 (5/6): 355-365.

[105] 贾宝玺，黄毓瑜. 组合式变量化设计的研究及应用 [J]. 机械设计，2004，21 (7)：22-26.

[106] 刘斌，阮建兴，张林鍹. 二维变量化设计求解方法综述 [J]. 机械科学与技术，1999，18 (5)：712-714.

[107] 董玉德. 离线参数化理论与方法 [M]. 合肥：中国科学技术大学出版社，2004.

[108] Meera Sitharam, Jian-Jun Oung, Yong Zhou. Geometric constraints within feature hierarchies [J]. Computer Aided Design, 2006, 38 (1): 22-38.

[109] 高小山，蒋鲲. 几何约束求解研究综述 [J]. 计算机辅助设计与图形学学报，2004，16 (4)：385-396.

[110] William Bouma, Ioannis Fudos, Christoph Hoffmann. Geometric constraint solver [J]. Computer Aided Design, 1995, 27 (6): 487-501.

[111] Joan-Arinyo R, Soto-Riera A, Vila-Marta S. Revisiting decomposition analysis of geometric constraint graphs [J]. Computer Aided Design, 2004, 36 (2): 123-140.

[112] 何伟，唐敏，董金祥. 一种基于图分解的几何约束求解方法 [J]. 中国图象图形学报（A 版），2003，18 (8)：926-931.

[113] Michelucci D, Sebti F. Geometric constraint solving: the witness configuration method [J]. Computer Aided Design. 2006, 38 (4): 284-299.

[114] Gao X S, Chou S C. Solving geometric constraint systems. I. A global propagation approach [J].

Computer Aided Design. 1998，30 (1)：47-54.

[115] Gao X S，Chou S C. Solving geometric constraint systems. II. A symbolic approach and decision of Re-constructibility [J]. Computer Aided Design，1998，30 (2)：115-122.

[116] 李彦涛，刘世霞，胡事民. 基于计算代数和图分解的几何约束求解技术 [J]. 清华大学学报(自然科学版)，2002，42 (10)：1410-1413.

[117] Adrees Muhammad. Usability of the design structure matrix for automotive design engineering [D]. Canada：Ryerson University. 2003.

[118] 谢政，李建平，汤泽滢. 非线性最优化 [M]. 长沙：国防科技大学出版社，2003.

[119] 卢险峰. 最优化方法应用基础 [M]. 上海：同济大学出版社，2003.

[120] Xingping Cao，Neelima Shrikhande，Gongzhu Hu. Approximate orthogonal distance regression method for fitting quadric surfaces to range data [J]. Pattern Recognition Letters，1994，15 (8)：781-796.

[121] 李春玲. 复杂曲面激光测量与重构相关技术研究 [D]. 济南：山东大学，2005.

[122] 冯雷. 自由曲面原型系统的开发和研究 [D]. 西安：西安交通大学，2001.

[123] Farzin Mokhtarian. A theory of multiscale，curvature-based shape representation for planar curves [J]. IEEE Transactions on Pattern Analysis and Machine Intelligence，1992，14 (8)：789-805.

[124] Armande N，Montesinos P，Monga O. Thin nets extraction using a multi-scale approach [J]. Computer Vision and Image Understanding，1999，73 (2)：248-257.

[125] 杨少军，杨艺山，刘晨亮，线特征提取的多尺度分析 [J]. 计算机应用，2004，24 (9)：16-18.

[126] Hsin Teng Sheu. Multi primitive segmentation of planar curves-A two-level breakpoint classification and tuning approach [J]. IEEE Transactions on Pattern Analysis and Machine intelligence. 1999，21 (8)：791-797.

[127] 孙家广. 计算机辅助设计技术基础 [M]. 2 版. 北京：清华大学出版社，2000.

[128] Chen Y H，Liu C Y. Robust segmentation of CMM data based on NURBS [J]. International Journal of Advanced Manufacturing Technology，1997，13 (8)：530-534.

[129] 惠延波. 基于断层测量的 CAD 几何模型反求技术研究 [D]. 西安：西安交通大学，1997.

[130] Del Bimbo A，Pala P. Visual image retrieval by elastic matching of user sketches [J]. IEEE Pattern Analysis and Machine Intelligence，1997，19 (2)：121-132.

[131] Dong Xu，Wenli Xu. Description and recognition of object contours using arc length and tangent orientation [J]. Pattern Recognition Letters. 2005，26 (7)：855-864.

[132] Thomas Lehmann，Abhijit Sovakar，Walter Schmiti. A comparison of similarity measures for digital subtraction radiography [J]. Computers in Biology and Medicine，1997，27 (2)：151-167.

[133] Shmuel Cohen，Gershon Elber，Reuven Bar-Yehuda. Matching of free form curves [J]. Computer Aided Design，1997，29 (5)：369-378.

[134] 施法中. 计算机辅助几何设计与非均匀有理 B 样条 [M]. 北京：北京航空航天大学出版社，1994.

[135] 朱心雄，等．自由曲线曲面造型技术［M］．北京：科学出版社，2000．

[136] 徐晓刚，刘伟，刘达斌，等．产品开发中的设计迭代及其解耦策略［J］．组合机床与自动化加工技术，2001，(9)：29-31．

[137] 苏财茂，柯映林．面向协同设计的任务规划与解耦策略［J］．计算机集成制造系统，2006，12(1)：21-26．

[138] 李彦涛，陈玉健，孙家广．混合式几何约束满足的研究［J］．计算机学报，2001，24（4）：347-353．

[139] Xiuzi Ye，Hongzheng Liu，Lei Chen，et al. Reverse innovative design—an integrated product design methodology［J］. Computer Aided Design，2008，40（7）：812-827．

[140] Basilio Ramos Barbero. The recovery of design intent in reverse engineering problems［J］. Computers & Industrial Engineering，2009，56（4）：1265-1275．

[141] 张义宽，张晓鹏，查红彬．3维点云的拓扑结构表征与计算技术［J］．中国图象图形学报，2008，13（8）：1576-1587．

[142] 张国雄．坐标测量技术发展方向［J］．红外与激光，2008，2（3）：62-66．

[143] Mussa Mahmud，David Joannic，Michael Roy，et al. 3D part inspection path planning of a laser scanner with control on the uncertainty［J］. Computer Aided Design，2011，43（4）：345-355．

[144] 罗先波，钟约先，李仁举．三维扫描系统中的数据配准技术［J］．清华大学学报（自然科学版），2004，44（8）：1104-1108．

[145] Rusinkiewiez S，Levoy M. Efficient variants of the ICP algorithm［C］. Quebec City，Canada：Proceedings of the 3rd International Conference on 3D Digital Imaging and Modeling，2001：145-152．

[146] 黄运保，谭志辉，王启富，等．基于移动最小二乘曲面的多视三维点云数据ICP对齐方法［J］．武汉大学学报（工学版），2011，44（2）：249-254．

[147] Sharp G C，Lee S W，Wehe D K. ICP registration using invariant features［J］. IEEE Transactions on Pattern Analysis and Machine Intelligence，2002，24（1）：90-102．

[148] 朱延娟，周来水，张丽艳．散乱点云数据配准算法［J］．计算机辅助设计与图形学学报，2006，18（4）：475-481．

[149] 吴维勇，王英惠．基于多尺度特征点识别与局部谱特征的离散数据匹配［J］．计算机应用 2009，29（11）：3011-3014．

[150] Lowe D G. Distinctive image features from scale-invariant keypoints［J］. International Journal of Computer Vision，2004，60（2）：91-110．

[151] Jian Chen，Jie Tian. Real-time multi-modal rigid registration based on a novel symmetric-SIFT descriptor［J］. Progress in Natural Science，2009，19（5）：643-651．

[152] Yu-Kun Lai，Qian-Yi Zhou，Shi-Min Hu，et al. Robust feature classification and editing［J］. IEEE Transaction on Visualization and Computer Graphics，2007，13（1）：34-45．

[153] 郝泳涛，肖文生，胡雅俊．离散点云数据的小波变换处理算法［J］．同济大学学报（自然科学版），2009，37（5）：674-679．

[154] 杨红娟，周以齐，陈成军．基于多尺度分析的逆向工程截面线特征分割［J］．计算机集成制造系统，2007，13（2）：375-380．

[155] Candes E J，Demanet L，Donoho D L. Fast discrete curvelet transforms［J］. Applied and Com-

putational Mathematics. California Institute of Technology，2005，1-43.

［156］ 张春捷，周雄辉，李从心. 复杂近净成形产品 CAD 模型多视域转换平台［J］. 计算机集成制造系统，2010，16（5）：922-928.

［157］ 皇甫中民，闫雒恒，刘雪梅. 拉伸与旋转面轮廓数据分段及约束重建技术研究［J］. 计算机工程与设计，2009，30（20）：4788-4791.

［158］ 刘炉. 基于工业 CT 切片数据的 CAD 模型重构［D］. 重庆：重庆大学，2006.

［159］ 杨旭升. 基于 Pro-E 的曲轴数控加工应用研究［D］. 大连：大连交通大学，2008.

［160］ 王庆仓. 涡轮钻具叶片的逆向分析及流场仿真研究［D］. 成都：西南石油大学 2015.

［161］ Tamás Várady，Michael A，Facello，et al. Automatic extraction of surface structures in digital shape reconstruction［J］. Computer Aided Design，2007，39（5）：379-388.

［162］ 蔡颖. CAD/CAM 原理与应用［M］. 北京：机械工业出版社，2004.

［163］ 杨红娟，陈继文，周以齐. 逆向工程中约束驱动数据点云曲面特征优化［J］. 计算机辅助设计与图形学学报，2010，23（5）：811-816.

［164］ Yang Hongjuan，Chen Jiwen. Point cloud data enhancement based on homomorphic filter［C］. Proceedings of the IEEE International Conference on Software Engineering and Service Sciences，2014，6：509-512.

［165］ Yang Hongjuan，Chen Jiwen. Point cloud data enhancement based on layer connected region［C］. 2014 International Conference on Audio，Language and Image Processing，Proceedings. 2014，7：600-604.

［166］ Yang H J，Chen J W，Zhang Y C，et al. Surface feature extraction based on curvelet transform from point cloud data［J］. Applied Mechanics & Materials，2015，719-720：1236-1243.

［167］ 杨红娟，陈继文，张运楚，等. 基于 SIFT 特征的低区分度点云数据匹配［J］. 计算机辅助设计与图形学报，2016. 28（3）：498-504.

［168］ 吴尧锋. 逆向工程中基于语义的复杂零件描述与建模关键技术研究［D］. 杭州：浙江大学，2015.

［169］ 顾小进. 逆向工程辅助的废旧零部件再制造方法及关键技术［D］. 重庆：重庆大学，2015.

［170］ 蔡闯. 基于特征分解的逆向工程创新设计方法研究［D］. 广州：广东工业大学，2016.

［171］ 雷蔓，吕健，刘征宏，等. 基于逆向工程及数控技术的曲面产品设计制造［J］. 制造业自动化，2014，36（10）：52-55.

［172］ 陈清朋. 面向增材制造的机械产品拓扑结构优化设计与研究［D］. 济南：山东建筑大学，2019.

［173］ 赵文勇，刘湘波，吴海江，等. 基于逆向工程的焊接过程有限元模拟［J］. 机械工程学报，2018，54（2）：102-109.

［174］ 窦旭凯. 工业 RE/结构仿生/3D 打印的集成研究［D］. 秦皇岛：燕山大学，2018.

［175］ 马长辉. 复杂曲面零件的逆向设计与数控加工［D］. 济南：齐鲁工业大学，2017.

［176］ Francesco Buonamici，Monica Carfagni，Rocco Furferi，et al. Reverse engineering of mechanical parts：a template-based approach［J］. Journal of Computational Design and Engineering，2018，5（2）：145-159.

［177］ Fabian Bauer，Michael Schrapp，Janos Szijarto. Accuracy analysis of a piece-to-piece reverse engineering workflflow for a turbine foil based on multi-modal computed tomography and additive

manufacturing [J]. Precision Engineering, 2019, 60: 63-75.

[178] Matej Paulic, Tomaz Irgolic, Joze Balic, et al. Reverse engineering of parts with optical scanning and additive manufacturing [J]. Procedia Engineering, 2014, 69: 795-803.

[179] Voicu A C, Gheorghe I G, Badita L L, et al. 3D Measuring of complex automotive parts by multiple laser scanning [J]. Applied Mechanics and Materials, 2013, 371, 519-523.

[180] Anwer N, Mathieu L. From reverse engineering to shape engineering in mechanical design [J]. CIRP Annals-Manufacturing Technology, 2016, 65 (1), 165-168 .

[181] Geng Z, Bidanda B. Review of reverse engineering systems-current state of the art [J]. Virtual and Physical Prototyping, 2017, 12 (2), 161-172.

[182] Buonamici F, Carfagni M. Reverse engineering of mechanical parts: a brief overview of existing approaches and possible new strategies [C]. In ASME 2016 international design engineering technical conferences and computers and information in engineering conference, 2016.

[183] Burston M, Sabatini R, Gardi A, et al. Reverse engineering of a fixed wing unmanned aircraft 6-DOF model based on laser scanner measurements [C]. In 2014 IEEE Metrology for Aerospace (MetroAeroSpace), 2014, 144-149 .

[184] Solaberrieta E, Minguez R, Barrenetxea L, et al. Computer-aided dental prostheses construction using reverse engineering [J]. Computer Methods in Biomechanics and Biomedical Engineering, 2014, 17 (12), 1335-1346.

[185] Erdos G, Nakano T, Váncza J. Adapting CAD models of complex engineering objects to measured point cloud data [J]. CIRP Annals-Manufacturing Technology, 2014, 63 (1): 157-160 .

[186] Fayolle P A, Pasko A. User-assisted reverse modeling with evolutionary algorithms [C]. In 2015 IEEE congress on evolutionary computation, 2015, 2176-2183.

[187] Lingling Li, Congbo Li, Ying Tang, et al. An integrated approach of reverse engineering aided remanufacturing process for worn components [J]. Robotics and Computer Integrated Manufacturing, 2017, 48: 39-50 .

[188] Tamás Várady, Péter Salvi. Applying geometric constraints for perfecting CAD models in reverse engineering [J]. Graphical Models, 2015, 82: 44-57.